U0321387

本书出版得到天津市哲学社会科学规划
后期资助项目(TJZLHQ1402)资助

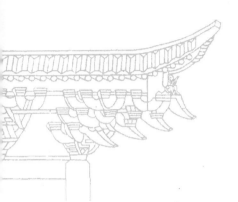

梁思成的学术实践

1928—1955

胡志刚　著

中 华 书 局

图书在版编目（CIP）数据

梁思成的学术实践：1928－1955/胡志刚著. —北京：中华书局，2017.5
ISBN 978-7-101-12352-4

Ⅰ.梁⋯ Ⅱ.胡⋯ Ⅲ.梁思成（1901-1972）-建筑学-思想评论 Ⅳ.TU-092.7

中国版本图书馆 CIP 数据核字（2016）第 299302 号

书　　名	梁思成的学术实践（1928—1955）	
著　　者	胡志刚	
责任编辑	邹　旭	
出版发行	中华书局	
	（北京市丰台区太平桥西里 38 号　100073）	
	http://www.zhbc.com.cn	
	E-mail:zhbc@zhbc.com.cn	
印　　刷	北京市白帆印务有限公司	
版　　次	2017 年 5 月北京第 1 版	
	2017 年 5 月北京第 1 次印刷	
规　　格	开本/920×1250 毫米　1/32	
	印张 14¼　插页 2　字数 310 千字	
印　　数	1-3000 册	
国际书号	ISBN 978-7-101-12352-4	
定　　价	49.00 元	

目　录

附图表目录

绪　论

第一节　缘起

　　梁思成是近代中国最著名的建筑学家之一,是中国第一代建筑师的杰出代表,其学术成就是多方面的,从古建筑调查研究、文物建筑保护,再到建筑教育、城市规划、艺术史研究,著述等身,堪称一代宗师,十卷本的《梁思成全集》记录了他的学术历程。1948 年,梁思成当选为国立中央研究院首届院士,新中国成立后,又于 1955 年当选为中国科学院技术科学部首批学部委员。梁思成出身名门世家,接受过良好的教育,和学术界、文化界、教育界的诸多专家、学者有着密切的交往和深厚的友谊,在近代知识分子中颇具影响力和代表性。1930 年代,位于北平北总布胡同 3 号的梁思成林徽因夫妇家即成为北平学术文化界人士聚会的重要场所,是近代中国知识分子公共交往的一个重要代表。梁思成一生虽屡经磨砺,但始终专心学术,追求真理。1930 年代从事古建筑研究伊始,他幸运地发现了蓟县独乐寺观音阁,所撰写的调查报告亦引起广泛关注,之后的一系列研究成果赢得了国内外学术界的充分肯定。建国之后,他积极参与国家建设,表现出了一名学者高度的社会责任感和前瞻意识。

梁思成早年远离政治,潜心古建筑研究,建国之后,虽积极参加政治活动,担任多项领导职务,但就其职务性质而言,仍是在其专业领域发挥专家特长,可以说,终其一生,始终保持了学者的本色。梁思成一生的学术实践活动,不仅彰显了梁的学术追求和学术成就,更如实地记录了其人生境遇和政治命运,是研究梁思成最直接、最生动、最有价值的载体。梁思成的学术实践活动及学术成果主要集中在建筑学领域,但就梁思成研究而言,则已超越了学科窠臼,具有更深刻的人文价值和学术意义。梁思成的学术人生,是我们从微观上观察、感知、思考近代中国知识分子群体及中国近现代历史的一个很好的个案。从近代社会文化史的角度开展梁思成学术实践活动的研究,一方面,可以对建筑史研究提供有益的借鉴和补充,丰富其研究内容,拓宽其研究视域;另一方面,则可以通过梁思成的学术参与、学术思考及其与政府、学界同仁的合作与冲突,重新审视中国近现代历史上的一些重要学术团体和重要历史事件,例如,关于中国营造学社的研究,关于建国初期北京城市规划问题的争论,关于 1950 年代"大屋顶"问题的争论,关于北京市文物建筑保护问题的争论,等等。

1930 年代是梁思成学术生涯的第一个高峰期,成立于 1930 年的中国营造学社是梁思成投身古建筑研究事业,在艰难中起步，并最终铸就大师地位的重要学术机构。可以说，梁思成在中国营造学社找到了实现学术梦想、充分施展才华的广阔天空，并与朱启钤、刘敦桢等人一同成为其灵魂。就梁思成一生的学术实践而言，中国营造学社时期无疑是最丰富的，也是成果最显赫的。新中国成立前后至1950年代中期，是梁思成学术生涯的又一个高峰期。北平和平解放之后，梁思成以学者身份积极参与新政权的创建活动，不仅得以充分发挥自身的学识和能力，而且在赢得广泛社会赞誉的同时亦赢得新政权的信任。进入1950年代之后，梁思成在北京城市规划、文物建筑保护、探索建筑的民族形式的实现路径等诸多工作领域一度十分活跃，提出了大量极有价值的意见和建议，但由于不被新政权所认可，其学术观点亦受到质疑与批判，屡遭挫折，并成为建筑学界形式主义、复古主义错误的原罪承担者，在不断的自我反思与学术批判中逐渐失去学术话语权，亦失去学术研究的活力和创造力。1955年之后，梁思成基本上再未开展大的创新性的学术实践。

基于上述认识，本书以梁思成自1928年回国创办东北大学建筑系至1955年期间的学术实践作为选题。之所以使用"学术实践"这个概念，主要是希望以梁思成在1928年至1955年之间所从事的教学、研究工作，以及梁以专家身份参与的政治活动和技术管理工作为主要考察点，来梳理、剖析梁思成的学术经历、学术思想、学术成果和学术贡献。也正是基于这样的考虑，本书将重点讨论5个方面的问题：

一是梁思成与中国营造学社，研究重点是梁思成与中国营造学社从传统到现代的转型的关系，中国营造学社转型的过程及典型做法,梁思成及中国营造学社在古建筑研究领域取得的成就。

二是梁思成与近代中国的高等建筑教育,研究重点是梁思成早期建筑教育思想,建国前后梁思成的建筑教育理念变革及实践。

三是梁思成与新政权的创建,研究重点是梁思成对新政权的选择及其政治参与意识的转变,梁思成与新中国国歌、国旗方案的审定和国徽、人民英雄纪念碑的设计。

四是梁思成与新中国的城市建设与文物建筑保护,研究重点是梁思成与北京市城市规划的编制,梁思成与北京文物建筑保护。

五是梁思成与建国初期的建筑民族形式问题,研究重点是梁思成"大屋顶"建筑理念的转变。

第二节　研究现状

梁思成一生的学术实践活动十分丰富,涉及古建筑调查研究、文物建筑保护、建筑史、建筑设计、城市规划、建筑教育等多个领域,具有较强的专业性。到目前为止,梁思成研究主要在建筑学界开展,学者们多从建筑史学角度去研究梁思成的学术思想及实践,从人文社会科学的角度对其思想及实践进行专题研究的学者和成果还比较少。

一、梁思成研究的历史分期

就目前学术界的研究动态和已经公开发表的研究成果而言,梁思成研究基本上可分为3个阶段。

(一)政治批判:1950年代中期至1970年代中后期

梁思成研究最早出现在1950年代中期,这是一种特殊形式的学术"研究",主要为配合批判建筑设计中以"大屋顶"为代表的形式主义、复古主义思潮需要,带有浓厚的政治色彩。自1955年起,出于政治批判的需要,在中央及北京市有关部门的组织下,大批建筑学界的专家、学者,以及其他领域的人员,先后撰写了数百篇文章,剖析并批判梁思成在建筑的民族形式问题上的理论和实践,其中一部分文章在《建筑学报》、《学习》、《新建设》、《文艺报》等刊物发表。尽管这一时期发表的文章不乏学术性较强的论文,对梁思成的建筑思想作了一些梳理和剖析,但总体而言,政治色彩浓厚,基本上是站在阶级斗争的立场上,将理论探讨与政治批判相结合,全面批判梁思成的建筑思想。

(二)学术争鸣与缅怀回忆:1970年代末至1980年代

"文革"结束后至1980年代,建筑学界围绕建筑的民族形式问题再次展开了讨论,对梁思成学术思想及学术实践的研究亦由此步入正轨。从这次讨论发表的论文看,学术性较强,突出了学术争鸣的特点,比较客观地论述了建筑设计中的民族形式问题,并对梁思成的观点进行了较为公允的评价。

1986年适逢梁思成诞辰85周年,中国建筑学会、北京土木建筑学会、清华大学建筑系联合举办了"梁思成先生诞辰八十五周年纪念大会",引发了学界对梁思成研究的广泛关注,亦形成了研究的高潮。这一时期,最突出的成果有两项:一是清华大学建筑系和中国建筑工业出版社合作,组织编辑了《梁思成文集》,该文集共4卷,收录了梁思成著述61篇(部),并附有近千张图片和插图,是研究梁思成学术实践的重要文献。① 二是清华大学建筑系牵头征集并编辑成书的《梁思成先生诞辰八十五周年纪念文集》,该文集收录了梁思成亲友、同事、学生及建筑界同仁撰写的 40 篇缅怀梁的文章,其中有些文章曾在一些建筑类学术刊物上发表。② 这些文章较为全面地追述了梁思成一生的学术实践活动,部分作者还详细地回忆了自己和梁思成一起工作、学习的情景,其中包括梁思成领导清华大学营建系师生设计新中国国徽,③受解放军委托编撰《全国重要建筑文物简目》,④提出《关于中央人民政府行政中心区位置的建议》,⑤创办东北大学建筑系,⑥领导中国营造学社,⑦保护北京城墙、牌楼和团城等,⑧具有一定的史料价值。

　　总的来看,这一时期梁思成研究还主要集中在建筑学界,发表的学术论文数量不多,亦无专著出版,但围绕建筑的民族

---

① 《梁思成文集》,共四卷,中国建筑工业出版社出版,四卷的出版时间分别是:1982年,1984 年,1985 年,1986 年。

② 编辑委员会编:《梁思成先生诞辰八十五周年纪念文集》,北京:清华大学出版社,1986 年。

③ 朱畅中:《梁先生和国徽设计》,《梁思成先生诞辰八十五周年纪念文集》,第 119—132 页。

④ 汪国瑜:《忆梁先生二三事》;罗哲文:《难忘的记忆 深切的怀念》,《梁思成先生诞辰八十五周年纪念文集》,第 115—118 页;第 133—146 页。

⑤ 陈占祥:《忆梁思成教授》,《梁思成先生诞辰八十五周年纪念文集》,第 51—56 页。

⑥ 刘致平:《高山仰止 心向往之》;张镈:《怀念恩师梁思成教授》;林宣:《梁先生的建筑史课》,《梁思成先生诞辰八十五周年纪念文集》,第 79—81 页;第 83—95页;第 97—102 页。

⑦ 罗哲文:《难忘的记忆 深切的怀念》;陈明达:《纪念梁先生八十五诞辰》,《梁思成先生诞辰八十五周年纪念文集》,第 133—146 页;第 103—110 页。

⑧ 罗哲文:《难忘的记忆 深切的怀念》,《梁思成先生诞辰八十五周年纪念文集》,第 133—146 页。

形式,中国营造学社,国旗、国歌方案征集,国徽设计,北京市文物建筑保护等问题,学术界陆续发表了一批研究论文及回忆性文章,其中亦不乏提及梁思成的学术思想及其所做的贡献。

(三)全方位的学术研究:1990 年代以来

1990 年代以来,梁思成研究日趋活跃,研究成果的数量和种类逐步增加,水平亦有很大提升,关于中国营造学社、建国初期的北京城市规划、北京市文物建筑保护、东北大学建筑系及清华大学建筑教育等问题的研究亦日益繁荣,出现了一批高水平论文和著作,总体而言,4 个方面的成果较为突出。

其一,编辑出版了十卷本的《梁思成全集》。① 2001 年,中国建筑工业出版社在 1980 年代四卷本《梁思成文集》的基础上,编辑出版了《梁思成全集》第一至第九卷,2007 年出版了第十卷。《梁思成全集》比较全面地收录了梁思成的著述,甚至连其 1947 年访美时的部分工作笔记都收录其中,校对亦十分严谨,是梁思成研究最基本的文献。但就学术研究而言,《梁思成全集》的编撰亦存在 3 点不足:一是对梁思成的书信收录较少,日记未收录,工作笔记亦较少收录,目前只有极少数的研究者从清华大学建筑学院和梁思成遗孀林洙女士处获许使用梁思成日记、部分书信及工作笔记,并在其研究成果中予以体现。二是尚未完全收齐梁思成公开发表的著述,例如,北平和平解放之后,梁思成在《人民日

---

① 《梁思成全集》(第一至九卷),北京:中国建筑工业出版社,2001 年;《梁思成全集》(第十卷),北京:中国建筑工业出版社,2007 年。

报》发表了《城市的体形及其计划》①一文，这是梁思成研究城市规划与建设问题的一篇重要论文，亦代表了建国前后梁思成对现代城市规划及建设问题的理解和认识，是研究梁思成学术思想的重要文献，但未被收录。鉴于《城市的体形及其计划》一文的学术价值及其鲜为人知的现状，本书特将其全文附录于书后。三是建国之后，梁思成对个别建国前发表的学术论文进行了修改，并重新发表，《梁思成全集》仅收录了修订版。例如，梁思成发表在《中国营造学社汇刊》第七卷第一期、第二期的《记五台山佛光寺建筑》②一文，建国后梁对其进行了修订，《梁思成全集》收录的即是修订版。

其二，传记作品空前繁荣。1990 年代以来，梁思成及其妻子林徽因的人生经历开始更多地为普通百姓所关注，尤其是林徽因的情感往事更成为影视作品不断演绎、甚或炒作的热门题材。在众多的传记作者中，特别要感谢两个人。一是梁思成的遗孀林洙女士，她不仅精心照顾梁思成走完人生的最后一段旅途，而且在晚年致力于梁思成文献资料的整理和传记作品的著述，自 1990 年代以来，林洙先后出版了《建筑师梁思成》、《困惑的大匠·梁思成》、《梁思成、林徽因与我》等著作，这些著作虽非严格意义上的史学传记，但系作者亲身经历和感受，而且参考了大量的梁思成书信、日记和工作记录，对于深入了解梁思成及其学术经历颇

---

① 梁思成：《城市的体形及其计划》，《人民日报》，1949 年 6 月 11 日第 4 版。
② 梁思成：《记五台山佛光寺建筑》，《中国营造学社汇刊》第七卷第一、二期，1944 年 10 月、1945 年 10 月。

有启发;①二是梁思成的好友美国人费慰梅(Wilma Fairbank),她在晚年出版了关于梁思成林徽因夫妇的传记——《Liang and Lin:partners in exploring China's architectural past》,②费慰梅及其丈夫费正清和梁思成林徽因夫妇的交往始于1930年代初期,一直持续到新中国成立,他们见证了梁思成林徽因夫妇的许多往事,亦保存了大量的信件,费慰梅的传记比较客观地讲述了她所了解的建国之前梁思成林徽因夫妇的经历。此外,建筑学界、史学界、文学界均从不同的角度出版了有关梁思成的传记,比较客观严谨的作品有郭黛姮、高亦兰、夏路编著的《一代宗师梁思成》,窦忠如著《梁思成传》,罗检秋著《新会梁氏·梁启超家族的文化史》,岳南著《1937—1984:梁思成、林徽因和他们那一代文化名人》等。③

其三,学术研究趋于理性,研究内容日益丰富。近年来,学术界陆续发表了一批颇具分量的研究论文。例如,朱涛在《时代建筑》上连载发表了《新中国建筑运动与梁思成的思想改造》系列论文,作者以梁思成在1950年代初期公开发表的检讨为考察点,

---

① 林洙:《建筑师梁思成》,天津:天津科学技术出版社,1996年;林洙:《困惑的大匠·梁思成》,济南:山东画报出版社,2001年;林洙:《梁思成、林徽因与我》,北京:清华大学出版社,2004年。

② 中文版有两个译本,分别是:费慰梅著,成寒译:《中国建筑之魂:一个外国学者眼中的梁思成林徽因夫妇》,上海:上海文艺出版社,2003年;费慰梅著,曲莹璞、关超等译:《梁思成与林徽因:一对探索中国建筑史的伴侣》,北京:中国文联出版公司,1997年。

③ 郭黛姮、高亦兰、夏路:《一代宗师梁思成》,北京:中国建筑工业出版社,2006年;窦忠如:《梁思成传》,天津:百花文艺出版社,2007年;罗检秋:《新会梁氏·梁启超家族的文化史》,北京:中国人民大学出版社,1999年;岳南:《1937—1984:梁思成、林徽因和他们那一代文化名人》,海口:海南出版社,2007年。

从建筑史和思想史的角度深入剖析了梁思成的学术思想转变及
其所折射出的时代背景；①王军发表的多篇关于建国之后梁思成
研究的论文，对"梁陈方案"和梁思成文物建筑保护思想予以充
分的肯定。② 1996 年，清华大学建筑学院（系）50 周年院（系）庆
之际，广泛征集梁思成研究论文，分别收录在《清华大学建筑学
院（系）成立 50 周年纪念文集》和《梁思成学术思想研究论文集》
之中。③ 前书收录的多为回忆性文章，后书则偏重学术性，就梁
思成的学术思想进行了深入的探讨，这些论文大多发表于 1980
年代末至 1996 年之间的有关学术刊物上，体现了那个时期建筑
学界关于梁思成学术实践研究的动态和水平。2001 年梁思成百
岁诞辰之际，清华大学建筑学院再度收集梁思成研究论文，并编
辑成《梁思成先生百岁诞辰纪念文集》出版，其中既有纪念性文
章，也有多篇梁思成学术思想及实践研究论文。④ 2004 年为纪念

① 朱涛：《新中国建筑运动与梁思成的思想改造：1949—1952 阅读梁思成之三》，
《时代建筑》，2012 年第 5 期；朱涛：《新中国建筑运动与梁思成的思想改造：
1952—1954 阅读梁思成之四》，《时代建筑》，2012 年第 6 期；朱涛：《新中国建筑
运动与梁思成的思想改造：1955 阅读梁思成之五》，《时代建筑》，2013 年第 1 期；
朱涛：《新中国建筑运动与梁思成的思想改造：1956—1957 阅读梁思成之六》，
《时代建筑》，2013 年第 3 期；朱涛：《"梁陈方案"：两部国都史的总结与终结 阅读
梁思成之八》，《时代建筑》，2013 年第 5 期。
② 王军：《建国初的牌楼之争》，《文史博览》，2005 年第 9 期；王军：《梁陈方案的历
史考察：谨以此文纪念梁思成诞辰 100 周年并悼念陈占祥逝世》，《城市规划》，
2001 年第 6 期；王军：《中国建筑史上的 1955 年》，《学习时报》，2006 年 11 月 6 日
第 9 版。
③ 赵炳时、陈衍庆编：《清华大学建筑学院（系）成立 50 周年纪念文集》，北京：中国
建筑工业出版社，1996 年；高亦兰编：《梁思成学术思想研究论文集》，北京：中国
建筑工业出版社，1996 年。
④ 清华大学建筑学院：《梁思成先生百岁诞辰纪念文集》，北京：清华大学出版社，
2001 年。

林徽因百岁诞辰,清华大学建筑学院亦编辑出版了《建筑师林徽因》一书,收录了多篇林徽因的著述和其亲人、同事、学生的回忆性文章及研究论文,亦可为梁思成研究所参考。①

　　近年来,学术界也开始出现少量专题研究梁思成的著作。2014 年 1 月,朱涛在其撰写的《新中国建筑运动与梁思成的思想改造》系列论文基础上,出版了专著《梁思成与他的时代》,这也是目前学术界出版的为数不多的关于梁思成研究的学术著作,该书论点与作者之前发表的系列论文基本一致,内容上则进一步作了充实和完善。朱涛系建筑学专业学者,但其著述努力从近现代思想史的视角,结合规划建筑学科的专业分析,去观察和评述梁思成建国初期学术思想的转变。② 本书关于"梁陈规划"的研究亦深受该书启发,并借鉴了其中的一些研究方法。王军的《城记》曾在社会各界引起广泛的影响,作者通过对搜集到的梁思成手稿、相关当事人的访谈材料以及建国初期北京城市规划、文物建筑保护、"大屋顶"问题等方面的文献资料的解读,对梁思成在建国之后的学术实践活动进行了较为系统的梳理,虽然不是严格意义上的学术著作,但考证颇为严谨,叙事较清晰,具有一定的学术价值,是研究 1950 年代初期梁思成学术实践活动的重要著作。③

　　其四,相关的专题研究成果颇丰。围绕中国营造学社、"梁陈方案"及建国初期北京城市规划、北京城墙保护、中国近现代

---

① 　清华大学建筑学院:《建筑师林徽因》,北京:清华大学出版社,2004 年。
② 　朱涛:《梁思成与他的时代》,桂林:广西师范大学出版社,2014 年。
③ 　王军:《城记》,北京:三联书店,2003 年。

建筑教育史等专题,学术界进行了深入的探讨和研究,此外,还有
一些高校攻读建筑史专业或规划专业的博士生、硕士生以上述专
题为选题完成了多篇高质量的学位论文。

二、梁思成研究的代表性成果

目前,学术界关于梁思成学术实践研究的成果主要集中在相
关的专题研究领域,整体性的研究成果还未见到,已有的研究成
果多出自建筑学界,来自历史学界的研究著述亦较少。从已有的
研究成果看,比较集中在以下 6 个专题。

(一)梁思成建筑教育思想研究

梁思成是中国近代建筑教育的开拓者,其一生创办了两个
大学建筑系,即东北大学建筑系和清华大学建筑系。"九一八"
事变后,东北大学建筑系被迫流亡关内,历经坎坷,仅有两届学
生得以毕业。由于存在时间较短,且历史档案资料缺失,对于
梁思成执教东北大学建筑系时期的教育思想和教育实践的研
究成果很少。秦佑国的《从宾大到清华——梁思成建筑教育思
想(1928—1949)》通过对有关历史资料的梳理,较全面地论述
了梁思成从 1928 年到 1949 年期间建筑思想和建筑教育思想
的演变历程。[①] 涂欢的《东北大学建筑系及其教学体系述评
(1928—1931)》对梁思成创建东北大学建筑系的历史背景、教

---

① 秦佑国:《从宾大到清华——梁思成建筑教育思想(1928—1949)》,《建筑史》(第
28 辑),北京:清华大学出版社,2012 年。

师队伍及教学体系设置等问题进行了初步的探讨和评述。① 范弘的《梁思成与东北建筑》对梁思成创办东北大学建筑系的有关活动和在东北开展的建筑设计、建筑史研究及文物建筑保护工作进行了梳理和叙述。② 赖德霖的《梁思成建筑教育思想的形成及特色》通过对东北大学建筑系、美国宾夕法尼亚大学建筑系、中央大学建筑系、全国统一科目表及清华大学营建系课程设置方案的比较分析,总结出梁思成建筑教育思想的 3个突出特色。③ 高亦兰的《梁思成的办学思想》将梁思成创办清华大学建筑系的办学思想概括为 3 个方面,即以"体形环境论"为核心设置教学体系,调整基础训练和建筑设计教学内容,重视人文知识教育。④ 蔡志昶的《评"学院派"在中国近代建筑教育中的主导地位》,⑤温玉清、谭立峰的《从学院派到包豪斯——关于中国近代建筑教育参照系的探讨》⑥等论文专题讨论了近代中国建筑教育的指导思想及其演变过程,其中亦论及梁思成及其办学实践。此外,钱锋的博士论文《现代建筑教育在中国(1920s—1980s)》、⑦黄晓通的博士论文《近代东北高等教

① 涂欢:《东北大学建筑系及其教学体系述评(1928—1931)》,《建筑学报》,2007 年第 1 期。
② 范弘:《梁思成与东北建筑》,《社会科学战线》,2009 年第 12 期。
③ 赖德霖:《梁思成建筑教育思想的形成及特色》,《建筑学报》,1996 年第 6 期。
④ 高亦兰:《梁思成的办学思想》,《世界建筑》,2006 年第 11 期。
⑤ 蔡志昶:《评"学院派"在中国近代建筑教育中的主导地位》,《新建筑》,2010 年第 4 期。
⑥ 温玉清、谭立峰:《从学院派到包豪斯——关于中国近代建筑教育参照系的探讨》,《新建筑》,2007 年第 4 期。
⑦ 钱锋:《现代建筑教育在中国(1920s—1980s)》(博士学位论文),上海:同济大学,2005 年。

育研究（1901—1931）》、①路中康的博士论文《民国时期建筑师群体研究》②等亦对梁思成的建筑教育思想及其实践活动有所评述。

（二）梁思成与中国营造学社研究

抗战胜利后，中国营造学社的档案资料大多运至清华大学建筑系保存，"文革"期间，这些资料被毁，档案资料的缺失在很大程度上制约了中国营造学社问题的研究。目前关于中国营造学社研究最重要的历史资料即是1930—1940年代该学社编辑出版的《中国营造学社汇刊》共七卷23期，以及梁思成、刘敦桢等人的工作笔记及日记。

著作方面，林洙编撰的《叩开鲁班的大门——中国营造学社史略》一书整理了部分中国营造学社的文献资料，尤其是对人员结构、抗战前的经费收支、调查活动的开展、取得的成果等问题作了较为详细的考证。③崔勇在其博士论文基础上出版的《中国营造学社研究》一书是目前见到的唯一一部研究中国营造学社的学术著作，该书作者做了大量的口述史料的搜集和整理工作，对中国营造学社及其主要成员的学术实践进行了较为全面的研究，既充分肯定他们的学术成就，亦指出了他们的学术思

---

① 黄晓通：《近代东北高等教育研究（1901—1931）》（博士学位论文），长春：吉林大学，2011年。
② 路中康：《民国时期建筑师群体研究》（博士学位论文），武汉：华中师范大学，2009年。
③ 林洙：《叩开鲁班的大门——中国营造学社史略》，北京：中国建筑工业出版社，1995年。

想及实践方面的不足。① 崔勇、杨永生选编的《营造论——暨朱启钤纪念文选》收录了中国营造学社创始人朱启钤的多篇著述及年谱,此外还辑录了部分已经发表的关于中国营造学社的回忆性文章和研究论文,较好地反映了朱启钤与中国营造学社的关系。②

论文方面,关于《中国营造学社汇刊》的研究一直为学术界所关注,并发表了多篇论文。张驭寰的《〈中国营造学社汇刊〉评介》是比较早的一篇专题评述《中国营造学社汇刊》的论文。③ 陈薇的《〈中国营造学社汇刊〉的学术轨迹与图景》对《中国营造学社汇刊》各卷内容逐一进行了梳理和评述,并对其中的一些重要文献予以简要的解读。④ 常清华、沈源的《中国营造学社的学术特点和发展历程——以〈中国营造学社汇刊〉为研究视角》对《中国营造学社汇刊》发表的文章及作者进行了全面的数据统计与量化分析,从中国营造学社的不同发展阶段、文章的分类、主要作者的学术方向等 3 个方面讨论了中国营造学社的研究特点和发展历程。⑤ 关于中国营造学社历史贡献及国际影响的讨论亦为学术界所关注,崔勇的《中国营造学社的学术精神及历史地位》、郭黛姮的《中国营造学社的历史贡

---

① 崔勇:《中国营造学社研究》,南京:东南大学出版社,2004 年。
② 崔勇、杨永生选编:《营造论——暨朱启钤纪念文选》,天津:天津大学出版社,2009 年。
③ 张驭寰:《〈中国营造学社汇刊〉评介》,《中国科技史料》,1987 年第 5 期。
④ 陈薇:《〈中国营造学社汇刊〉的学术轨迹与图景》,《建筑学报》,2010 年第 1 期。
⑤ 常清华、沈源:《中国营造学社的学术特点和发展历程——以〈中国营造学社汇刊〉为研究视角》,《哈尔滨工业大学学报(社会科学版)》,2011 年第 2 期。

献》、崔勇的《中国营造学社在国际学术界的影响》、许冠儿的
《国外对中国营造学社的接受史——从费慰梅到李约瑟》等论
文从不同角度进行了探讨，并高度评价了中国营造学社的学
术成就和社会影响。① 此外，学术界还就朱启钤、刘敦桢、梁
思成等人与中国营造学社的关系，中国营造学社学术研究的
特点，中国营造学社其他成员的学术风格与学术成就等问题
发表了论文。

（三）梁思成与新政权创建问题研究

专题研究梁思成与新政权创建问题的学术论文较少，已发表
的大多为梁的亲友、同事、学生的回忆性文章。关于梁思成编撰
《全国重要建筑文物简目》问题，林洙的《梁思成与〈全国重要建
筑文物简目〉》和罗哲文的《向新中国献上的一份厚礼——记保
护古都北平和〈全国重要建筑文物简目〉的编写》作了较为详细
的记录和评述。② 关于国歌、国旗方案的评选与国徽的设计问
题，秦佑国的《梁思成、林徽因与国徽设计》对梁思成、林徽因主
持国徽设计的过程进行了详细的梳理，对国徽的设计风格及梁、

---

① 崔勇：《中国营造学社的学术精神及历史地位》，《建筑师》，2003 年第 1 期；郭黛
姮：《中国营造学社的历史贡献》，《建筑学报》，2010 年第 1 期；崔勇：《中国营造
学社在国际学术界的影响》，《古建园林技术》，2006 年第 1 期；许冠儿：《国外对
中国营造学社的接受史——从费慰梅到李约瑟》，《世界建筑》，2010 年第 4 期。
② 林洙：《梁思成与〈全国重要建筑文物简目〉》，张复合主编：《建筑史论文集》
（第 12 辑），北京：清华大学出版社，2000 年；罗哲文：《向新中国献上的一份厚
礼——记保护古都北平和〈全国重要建筑文物简目〉的编写》，《建筑学报》，2010
年第 1 期。

林二人的艺术修养亦予以评述。① 高峻、朱勉的《林徽因在国徽
和人民英雄纪念碑设计中对民族形式的探索与追求》则重点讨
论了林徽因在国徽和人民英雄纪念碑设计中对民族形式的理解
并将其融入设计之中的有关问题。② 张郎郎所著《大雅宝旧事》
一书亦有部分章节讨论梁思成、林徽因与国徽设计问题,虽非学
术著作,但其中评述亦颇有见地。③

(四) 梁思成与北京城市规划研究

　　围绕梁思成与"梁陈方案"问题,建筑学界发表了大量的著
述,一些非建筑学界的研究人员也开始涉足这一领域,并有著述
发表。值得注意的是,部分学者在研究这一问题时开始注意搜集
和运用有关的档案资料。

　　文献资料方面,一是北京市档案馆馆藏档案,北京市档案
馆较为全面地收藏了民国以来北京市城市建设档案,本书亦查
阅了大量的北京市档案馆馆藏档案,以此为依据开展这一专题
的研究。二是中央及北京市有关单位编辑出版的文献资料汇
编,与建国之后梁思成学术实践活动关系比较密切的文献有中
国档案出版社出版的《北京市重要文献选编》,该书从 2001 年
出版第 1 卷起,目前已出版 17 卷,收录了北京市从 1948 年 12

---

① 秦佑国:《梁思成、林徽因与国徽设计》,《梁思成先生百岁诞辰纪念文集》,北京:清
　 华大学出版社,2001 年,第 117—119 页。
② 高峻、朱勉:《林徽因在国徽和人民英雄纪念碑设计中对民族形式的探索与追
　 求》,《当代中国史研究》,2009 年第 1 期。
③ 张郎郎:《大雅宝旧事》,上海:文汇出版社,2004 年。

月到 1965 年之间的重要党政工作文献;①中央文献出版社出版
的《建国以来重要文献选编》,共 20 册;②中央文献出版社出版
的《建国以来毛泽东文稿》③及《建国以来周恩来文稿》④。三是
北京市规划建设部门编撰的一些内部资料集,收录了一批北京
市建国初期重要的城市建设文献,非常有价值,例如,《建国以
来的北京城市建设资料 第一卷 城市规划》⑤和《建国以来的北
京城市建设》⑥。

　　论文方面的代表性成果有:高亦兰、王蒙徽的《梁思成的古城
保护及城市规划思想研究》,⑦吴良镛的《北京旧城保护研究(上
篇)》和《北京旧城保护研究(下篇)》,⑧王军的《梁陈方案的历史
考察:谨以此文纪念梁思成诞辰 100 周年并悼念陈占祥逝世》,⑨左

---

① 北京市档案馆、中共北京市委党史研究室编:《北京市重要文献选编》(1948.12—
　　1965,共 17 册),北京:中国档案出版社,2001—2007 年。
② 中共中央文献研究室:《建国以来重要文献选编》(共 20 册),北京:中央文献出版
　　社,1992—2011 年。
③ 中共中央文献研究室:《建国以来毛泽东文稿》(1—13 册),北京:中央文献出版
　　社,1987—1998 年。
④ 中共中央文献研究室、中央档案馆:《建国以来周恩来文稿》(第 1—2 册),北京:
　　中央文献出版社,2008 年。
⑤ 北京建设史书编辑委员会编辑部:《建国以来的北京城市建设资料 第一卷 城市
　　规划》,北京,1987 年。
⑥ 北京建设史书编辑委员会编:《建国以来的北京城市建设》,北京,1986 年。
⑦ 高亦兰、王蒙徽:《梁思成的古城保护及城市规划思想研究》,《世界建筑》,1991
　　年第 1—5 期。
⑧ 吴良镛:《北京旧城保护研究(上篇)》,《北京规划建设》,2005 年第 1 期;吴良镛:
　　《北京旧城保护研究(下篇)》,《北京规划建设》,2005 年第 2 期。
⑨ 王军:《梁陈方案的历史考察:谨以此文纪念梁思成诞辰 100 周年并悼念陈占祥
　　逝世》,《城市规划》,2001 年第 6 期。

川的《首都行政中心位置确定的历史回顾》,①刘小石的《一个历史性的建议——梁思成的规划思想及古都文化保护》,②陈志华的《我国文物建筑和历史地段保护的先驱》,③李永乐的《"梁陈方案"对当前城市规划建设的启示》,④王凯的《从"梁陈方案"到"两轴两带多中心"》,⑤朱涛的《"梁陈方案":两部国都史的总结与终结 阅读梁思成之八》,⑥李忻、郭盛裕、潘宜的《原真性视角下的"梁陈方案"评述》,⑦乔永学的硕士学位论文《北京城市设计史纲(1949—1978)》,⑧刘晓婷的硕士学位论文《陈占祥的城市规划思想与实践》,⑨等等。这些论文比较全面地论述了梁思成城市规划思想的学术价值及现实意义,并从城市规划学的角度对其中的优缺点予以客观的评述,就"梁陈方案"未被认可的原因进行了讨论。有两点值得注意:一是朱涛的《"梁陈方案":两部国都史的总结与终结 阅读梁思成之八》及左川的《首都行政中心位

①　左川:《首都行政中心位置确定的历史回顾》,《城市与区域规划研究》,2008 年第3 期。

②　刘小石:《一个历史性的建议——梁思成的规划思想及古都文化保护》,《北京城市学院学报(城市科学论集)》,2006 年 S1 期。

③　陈志华:《我国文物建筑和历史地段保护的先驱》,《建筑学报》,1986 年第 9 期。

④　李永乐:《"梁陈方案"对当前城市规划建设的启示》,《城市》,2011 年第 3 期。

⑤　王凯:《从"梁陈方案"到"两轴两带多中心"》,《北京规划建设》,2005 年第 1 期。

⑥　朱涛:《"梁陈方案":两部国都史的总结与终结 阅读梁思成之八》,《时代建筑》,2013 年第 5 期。

⑦　李忻、郭盛裕、潘宜:《原真性视角下的"梁陈方案"评述》,《城市时代,协同规划——2013 中国城市规划年会论文集(08—城市规划历史与理论)》,2013 年12 月。

⑧　乔永学:《北京城市设计史纲(1949—1978)》(硕士学位论文),北京:清华大学,2003 年。

⑨　刘晓婷:《陈占祥的城市规划思想与实践》(硕士学位论文),武汉:武汉理工大学,2012 年。

置确定的历史回顾》以北京市档案馆的部分馆藏档案为依据,就有关问题进行了较为深入的剖析;二是王军是少数从事梁思成及北京城市建设问题研究的非建筑专业学者,近年来致力于这一领域相关资料的搜集、整理和研究,其著述较为真实地再现了建国初期北京城市规划、文物建筑保护等重要事件的历史过程。

比较有代表性的回忆性文章有:娄舰整理的《梁思成关于北京历史文化名城保护的杰出思想及其贡献——纪念梁思成先生八十五周年诞辰》,刘小石的《城市规划杰出的先驱——纪念梁思成先生诞辰一百周年》,吴良镛的《纪念梁思成先生诞辰一百周年》,陶宗震口述、胡元整理的《一场持续三十年的争论与"新北京"规划 陶宗震:〈梁陈方案〉救不了"新北京"》。① 陶宗震作为梁思成的学生,曾经参与了"梁陈方案"的修订,他在《一场持续三十年的争论与"新北京"规划 陶宗震:〈梁陈方案〉救不了"新北京"》一文中对"梁陈方案"的评价颇为冷静和中肯。

著作方面的成果基本上都是规划建筑学科研究者的专业著述,包括前文提到的朱涛的《梁思成与他的时代》。非规划专业著作中比较有代表性的是王军的《城记》。② 此外,规划学家陈占祥的女儿陈愉庆所著《多少往事烟雨中》记述了父亲一生的经历,其中很

---

① 娄舰整理:《梁思成关于北京历史文化名城保护的杰出思想及其贡献——纪念梁思成先生八十五周年诞辰》,《城市规划》,1986 年第 6 期;刘小石:《城市规划杰出的先驱——纪念梁思成先生诞辰一百周年》,《城市规划》,2001 年第 5 期;吴良镛:《纪念梁思成先生诞辰一百周年》,《世界建筑》,2001 年第 4 期;陶宗震口述、胡元整理:《一场持续三十年的争论与"新北京"规划 陶宗震:〈梁陈方案〉救不了"新北京"》,《文史参考》,2012 年第 4 期。
② 王军:《城记》,北京:三联书店,2003 年。

多事件系作者亲历,对研究梁思成及"梁陈方案"颇有参考价值。①

(五) 梁思成与文物建筑保护研究

　　关于这一领域的研究主要集中在北京城墙保护问题上,建筑学界和历史学界均发表了一些颇具分量的论文。王国华辑录的《北京城墙存废记——一个老地方志工作者的资料辑存》则是一部较为全面系统的关于北京城墙保护问题的资料集。②

　　现有的研究成果基本上分为两类:一类是纪实风格的史实记述,依据文献资料记载对相关的问题进行回顾;另一类则主要集中在对城墙、牌楼、团城等具体的文物建筑的拆除过程以及政府的决策过程的研究。第一类成果中比较有代表性的有王军的《北京城墙的最后拆除》和《建国初的牌楼之争》,窦忠如的《梁思成与"北京保卫战"》,艾英旭的《北京五大古建筑保护背后的周恩来身影》,郑宏的《北京牌坊牌楼景观的保护、恢复与增建》,等等。③ 第二类成果中比较有代表性的有侯仁之的《论北京旧城的改造》,曾自的《周恩来与新中国的文物保护事业》,瞿宛林的《论争与结局——对建国后北京城墙的历史考察》和《"存"与"废"的抉择——北京城墙存废争论下的民众反应》,张淑华的《建国初期北京城墙留与拆的争论》,郑珺的《梁思成与北京城》,郭婷的

---

① 陈愉庆:《多少往事烟雨中》,北京:人民文学出版社,2010 年。
② 王国华:《北京城墙存废记——一个老地方志工作者的资料辑存》,北京:北京出版社,2007 年。
③ 王军:《北京城墙的最后拆除》,《世界建筑导报》,2005 年第 5 期;王军:《建国初的牌楼之争》,《文史博览》,2005 年第 9 期;窦忠如:《梁思成与"北京保卫战"》,《纵横》,2007 年第 1 期;艾英旭:《北京五大古建筑保护背后的周恩来身影》,《党史博览》,2010 年第 3 期;郑宏:《北京牌坊牌楼景观的保护、恢复与增建》,《北京规划建设》,2010 年第 5 期。

硕士学位论文《城墙的命运——20 世纪中国城市空间的现代转型》,等等。① 曾自的论文以周恩来研究为中心,论述了新中国文物保护的有关问题。瞿宛林的两篇论文则以北京市档案馆部分馆藏档案为依据,着重讨论了建国初期北京城墙拆除的决策过程、学者的意见及民众的反映等问题,并对城墙拆除的原因进行了剖析。此外,李少兵关于北京城墙研究的两篇论文《1912—1937 年官方市政规划与北京城墙的变迁》和《1912—1937 年北京城墙的变迁:城市角色、市民认知与文化存废》,关注点虽然在建国之前,但其研究方法及研究结论对于建国初期的北京城墙研究很有启发和借鉴。②

(六)梁思成与建筑民族形式问题研究

关于梁思成与建筑民族形式问题的研究主要集中在建筑学界,1950 年代中期和 1980 年代初期集中发表了一批学术论文,形成了两次讨论的高潮。

第一次发表的论文数量不多,政治色彩浓厚。陈干、高汉

---

① 侯仁之:《论北京旧城的改造》,《城市规划》,1983 年第 1 期;曾自:《周恩来与新中国的文物保护事业》,《党的文献》,1998 年第 1 期;瞿宛林:《论争与结局——对建国后北京城墙的历史考察》,《北京社会科学》,2005 年第 4 期;瞿宛林:《"存"与"废"的抉择——北京城墙存废争论下的民众反应》,《北京社会科学》,2006 年第 3 期;张淑华:《建国初期北京城墙留与拆的争论》,《北京党史》,2006 年第 1 期;郑珺:《梁思成与北京城》,北京市社科联编:《科学发展:文化软实力与民族复兴——纪念中华人民共和国成立 60 周年论文集(下卷)》,北京:北京师范大学出版社,2009 年;郭婷:《城墙的命运——20 世纪中国城市空间的现代转型》(硕士学位论文),上海:上海师范大学,2012 年。
② 李少兵:《1912—1937 年官方市政规划与北京城墙的变迁》,"近代中国的城市·乡村·民间文化"学术研讨会会议论文,2005 年;李少兵:《1912—1937 年北京城墙的变迁:城市角色、市民认知与文化存废》,《历史档案》,2006 年第 3 期。

兄弟的 3 篇文章和何祚庥的一篇文章影响较大。前者对梁思成的建筑思想进行了系统的梳理和批判,①后者则在对梁思成建筑思想中存在的问题进行基本的学理剖析的基础上,总结出其建筑思想存在的 3 项严重错误,并强调梁思成的错误已超出了学术问题的范畴,是直接违反总路线的错误理论。② 在当时特殊的政治语境下,建筑学界的很多同仁或迫于强大的政治压力,或出于明哲保身的无奈想法,也加入到批梁的队伍中来,其中,比较有代表性的文章有刘敦桢的《批判梁思成先生的唯心主义建筑思想》,牛明的《梁思成先生是如何歪曲建筑艺术和民族形式的》,王鹰的《关于形式主义复古主义建筑思想的检查——对梁思成先生建筑思想的批判与自我批判》,卢绳的《对于形式主义复古主义建筑理论的几点批判》,等等。③ 刘敦桢、卢绳等建筑界同仁的文章大多从学术讨论的角度对梁思成所谓的唯心主义建筑思想加以批判,虽不乏政治批判话语,但总的来看,自我检讨和学术讨论色彩更浓一些。

　　第二次则突出了学术争鸣的特点,比较深入地论述了建筑设

---

① 　陈干、高汉:《〈建筑艺术中社会主义现实主义和民族遗产的学习与运用的问题〉的商榷》,《文艺报》,1954 年第 16 号;陈干、高汉:《论梁思成关于祖国建筑的基本认识》,《建筑学报》,1955 年第 1 期;高汉、陈干:《论"法式"的本质和梁思成对"法式"的错误认识》,《新建设》,1955 年 12 月号。

② 　何祚庥:《论梁思成对建筑问题的若干错误见解》,《学习》,1955 年第 10 期。

③ 　刘敦桢:《批判梁思成先生的唯心主义建筑思想》,《建筑学报》,1955 年第 1 期;牛明:《梁思成先生是如何歪曲建筑艺术和民族形式的》,《建筑学报》,1955 年第 2 期;王鹰:《关于形式主义复古主义建筑思想的检查——对梁思成先生建筑思想的批判与自我批判》,《建筑学报》,1955 年第 2 期;卢绳:《对于形式主义复古主义建筑理论的几点批判》,《建筑学报》,1955 年第 3 期。

计中的民族形式问题,并对梁思成的观点进行了较为客观的评价。比较有代表性的论文有:陈世民的《"民族形式"与建筑风格》,王世仁的《民族形式再认识》,陈重庆的《为"大屋顶"辩》,曹庆涵的《建筑创作理论中不宜用"民族形式"一词》,陈鲛的《评建筑的民族形式——兼论社会主义建筑》,应若的《谈建筑中"社会主义内容,民族形式"的口号》,沈浩的《对建筑"民族形式"提法的几点意见》,袁镜身的《回顾三十年建筑思想发展的里程》,戴念慈的《论建筑的风格、形式、内容及其他——在繁荣建筑创作学术座谈会上的讲话》,等等。①

近些年,学术界又陆续发表了一些论文,邹德侬的《两次引进外国建筑理论的教训——从"民族形式"到"后现代建筑"》比较客观地反思了 1950 年代引进苏联的"民族形式"和 1980 年代引进美国的"后现代建筑"理论对建筑创作带来的负面影响。②赵海翔的《全球化视野下民族性建筑的再思考》通过对民族性建筑历史沿革的梳理,重新审视民族性建筑以及建筑的民族性、地方性在全球化社会中的内涵与意义,提出不可忽视其具有的民族

---

① 陈世民:《"民族形式"与建筑风格》,《建筑学报》,1980 年第 2 期;王世仁:《民族形式再认识》,《建筑学报》,1980 年第 3 期;陈重庆:《为"大屋顶"辩》,《建筑学报》,1980 年第 4 期;曹庆涵:《建筑创作理论中不宜用"民族形式"一词》,《建筑学报》,1980 年第 5 期;陈鲛:《评建筑的民族形式——兼论社会主义建筑》,《建筑学报》,1981 年第 1 期;应若:《谈建筑中"社会主义内容,民族形式"的口号》,《建筑学报》,1981 年第 2 期;沈浩:《对建筑"民族形式"提法的几点意见》,《建筑学报》,1984 年第 5 期;袁镜身:《回顾三十年建筑思想发展的里程》,《建筑学报》,1984 年第 6 期;戴念慈:《论建筑的风格、形式、内容及其他——在繁荣建筑创作学术座谈会上的讲话》,《建筑学报》,1986 年第 2 期。
② 邹德侬:《两次引进外国建筑理论的教训——从"民族形式"到"后现代建筑"》,《建筑学报》,1989 年第 11 期。

自尊与民族意识的社会性隐喻。① 朱涛的《新中国建筑运动与梁思成的思想改造：1952—1954　阅读梁思成之四》提出梁思成为新政权寻找合适的建筑表达的努力实际上也是在向他已经于二十世纪三、四十年代抛弃的布扎折衷主义的回归。②

三、梁思成学术实践研究的不足和努力方向

学术界关于梁思成学术实践的研究还存在以下 3 点不足，需要在今后的研究中注意并予以有效的改进。

（一）缺乏宏观的整体性的研究著述

到目前为止，除去传记性作品外，学术界尚未见到宏观的整体性的梁思成研究著作，这也是促使笔者将梁思成学术实践研究作为著述选题的一个重要原因。朱涛的《梁思成与他的时代》是一个非常好的开端，虽然其研究的重点是建国初期梁思成的思想转变，但对梁思成各个时期的学术实践亦有所涉及。

（二）对档案史料的挖掘整理不足

由于研究梁思成的学者多集中于规划建筑学界，其著述多从专业的角度去展开关于梁思成学术思想和学术实践的研究，他们比较注重专业问题的分析，而对史料的考证和档案文献的整理使用尚有待加强。比较可喜的是，在北京城墙保护、北京文物建筑保护等研究领域，陆续有史学界同仁加入，对于档案史料的梳理、

---

① 赵海翔：《全球化视野下民族性建筑的再思考》，《中央民族大学学报（哲学社会科学版）》，2011 年第 6 期。

② 朱涛：《新中国建筑运动与梁思成的思想改造：1952—1954　阅读梁思成之四》，《时代建筑》，2012 年第 6 期。

考证及运用明显增加,著述的叙事方式也较规划建筑学界有大的改变。

(三)对专题问题的研究过于局限在建筑史的研究视域

　　这一问题是前一个问题的延续。由于梁思成学术实践研究的专业特点,以往的研究者多从建筑史学的角度开展研究,未将其置于近现代人文社会科学研究的大视野之中,研究的广度和深度受到较大制约。例如,关于中国营造学社研究,已有的研究主要集中在对其学术贡献和《中国营造学社汇刊》研究两个方面,由于缺乏新的资料,新的成果已不多见。但如果跳出这一限制,从近代学术文化史的角度重新审视这一重要的学术团体,则有很多地方值得深入讨论,包括中国营造学社的现代化转型问题,其在发展中形成的人才培养机制问题,等等,本书即着重从这些方面进行了考证和论述。

第三节　研究思路

　　1955年之前梁思成的学术实践活动,主要包括7个方面,分别是:创建东北大学建筑系及其早期的建筑设计与古建筑调查(1928—1931年);加入中国营造学社及开展古建筑调查与研究(1931—1946年);创建清华大学建筑系及其教育实践(1946年以后);参与创建新政权(1949—1950年);参与首都规划工作并提出"梁陈方案"(1949—1955年);保护北京市文物建筑(1949年以后);积极探索建筑民族形式的实现路径(1949—1955年)。本书将这7个方面分别设为专题,开展研究。梁思成与中国营造学社问题研究这一专题,由于内容较多,设两章专门讨论,其他专题各设一章,全书除绪论和结语外,共8章,从而完成对梁思成学术实践的整体性研究。

第一章:梁思成早期建筑教育思想与实践研究。以梁思成早期建筑教育实践活动为中心,重点讨论3个问题:一是梁思成选择执教东北大学建筑系的动机,以及由此表现出的学术特长和学术兴趣;二是梁思成在东北大学建筑系课程体系设置、组织教学、师资队伍建设等方面的实践活动,以及由此体现出的建筑教育思想;三是梁思成在教学之余着手开展的建筑设计及古建筑调查等学术实践活动。

第二章、第三章:铸就学术辉煌:梁思成与中国营造学社。这两章集中研究一个专题,即梁思成在中国营造学社期间的学术实践,重点讨论了4个问题:一是中国营造学社的发展历史;二是梁思成选择入职中国营造学社的动机;三是梁思成与中国营造学社的现代转型;四是梁思成领导中国营造学社开展的学术实践活动及取得的成就。

第四章:从建筑到营建:梁思成与清华大学建筑教育。通过对1946年至1950年代中期梁思成教育实践活动的有关资料的梳理分析,着重讨论3个问题:一是梁思成的人才意识及对执教清华的态度和认知;二是梁思成领导下的清华大学建筑系对于新的建筑教育理念的探索;三是梁思成在1950年代初期建筑教育思想的转变。

第五章:愉快的合作:梁思成与新政权创建。以梁思成编制《全国重要建筑文物简目》,参与审定国歌、国旗方案,主持设计国徽和人民英雄纪念碑等活动为考察点,全面梳理梁思成在建国前后从政态度的转变及参与新政权创建的相关学术实践活动的文献资料,评述梁思成与新政权最初的合作。

第六章:规划新北京:以"梁陈方案"为中心的历史考察。着重讨论3个问题:一是"梁陈方案"提出的历史背景;二是"梁陈方案"的主要内容及其体现出的学术思想;三是各方对于"梁陈方案"的不同态度及"梁陈方案"的最终命运。

第七章:无力的争取:梁思成与北京文物建筑保护。以建国初期梁思成保护北京城墙、北京牌楼两个典型案例为载体,梳理其在建国后的文物建筑保护思想及实践活动,并对梁在这一时期学术实践活动的风格和特点作进一步剖析。

第八章:从积极到无奈:梁思成与"大屋顶"建筑。建筑的民族形式问题是研究建国之后梁思成学术实践的重点和难点,亦是梁思成学术命运的转折点。本章拟对1950年代初期建筑的民族形式问题产生的背景进行全面的考察,以梁思成学术观点和个人命运的悲剧式转变为中心,讨论其关于建筑的民族形式问题的认识及实践。

本书在准备阶段和写作过程中,较为系统地整理和汲取了建筑学界关于梁思成研究的成果,受益匪浅。同时,力求突破建筑学研究的窠臼,站在近现代社会文化史的角度,以历史学理论和方法为本位,以文献分析和实证分析为基本方法,突出问题意识,努力用多学科的视角进行综合研究,提出问题,分析问题,形成结论,对梁思成的学术实践活动及其一生的命运作出客观的观察和思考。

　　由于中国营造学社档案资料的损毁，关于 1930—1940 年代梁思成学术实践研究的资料较为匮乏，需要从中国营造学社出版的学术刊物、众多当事人的回忆以及学术界已有的研究成果中去钩沉考证，方可作为著述的依据。建国之后的有关专题的研究则需大量查阅档案文献，这也是目前学术界开展梁思成研究所欠缺的。本书一方面广泛搜集已整理出版或内部发行的文献资料，以期为叙事及论述提供详实的资料；另一方面则充分运用北京市档案馆的馆藏资料，以此印证学术界已有的一些看法和结论，形成自己的思考和观点。

　　需要说明的是，为便于读者阅读，除"绪论"部分外，本书其他章节中的注释仅标注所引用图书涉及的作者、书名及页码等信息，其他信息则未予标注，详细的图书信息在"参考文献"中均有明确说明。

第一章　梁思成早期
建筑教育思想与实践研究

　　梁思成一生创办了两个大学的建筑系,即 1928 年创办的东北大学建筑系和 1946 年创办的清华大学建筑系,前者是近代中国最早的大学建筑系之一。执教东北大学时期既是梁思成从事建筑教育的起步期和建筑教育思想的萌发及初步形成阶段,也是其致力于古建筑调查与研究的初启阶段,是梁思成学术生涯的开端。研究梁思成在这一时期的学术实践,有 3 个问题值得深入思考:一是梁思成选择执教东北大学建筑系的动机,以及由此表现出的学术特长和学术兴趣;二是梁思成在东北大学建筑系课程体系设置、组织教学、师资队伍建设等方面的实践活动,以及由此体现出的建筑教育思想;三是梁思成在教学之余开展的建筑设计及古建筑调查等学术实践活动。

第一节　东北大学建筑系的
创建与梁思成的学术兴趣

　　建筑是人类最基本的实践活动之一,是人类文化的重要组成部分。古代中国的建筑文明历史悠久,经过长期的发展演变,自成体系,"不论在城市规划、建筑群、园林、民居等方面,还是在建筑空间处理、建筑艺术与材料结构的和谐统一、设计方法、施工技术等方面,都有卓越的创造与贡献"。① 但在传统的重士农轻工商的政治和文化语境下,建筑从业者却不得不面临一个很尴尬的现实,即始终得不到主流社会和文化的认可,正如日本建筑史学家伊东忠太所评述:"建筑之学术,中国与日本,自古皆不甚尊重。"②国人把建筑之术称为匠学,虽然技术日益复杂,但极少有士大夫愿意从事这一行业,"匠人每暗于文字,故赖口授实习,传其衣钵,而不重书籍"。③ 1910 年代以后,随着庄俊、范文照、吕彦直、柳士英、刘敦桢、杨廷宝、梁思成等一批主修建筑学专业的留学生学成归国,中国社会真正有了严格意义上的第一代建筑师群体和近代建筑教育,中国建筑之学术亦开始步入近代化轨道,面貌焕然一新,传统观念中的"师徒传授,不重书籍"④的匠学身份亦随之而消褪。

---

① 潘谷西:《中国建筑史》(第 6 版),第 17 页。
② [日]伊东忠太著,陈清泉译补:《中国建筑史》,第 3 页。
③ 梁思成:《中国建筑史》,《梁思成全集》(第四卷),第 15 页。
④ 同上。

　　高等建筑教育机构的创立,极大地推动了近代建筑人才的培养和建筑学的发展。1923 年 9 月,毕业于日本东京工业高等学校建筑科的柳士英创建了苏州工业专门学校建筑科,开启了近代中国建筑教育的先河。1927 年,苏州工业专门学校建筑科整体并入"国立第四中山大学",①以此为基础,正式成立了中国近代教育史上的第一个大学建筑系。东北大学建筑系则是紧随其后成立的第二个大学建筑系。东北大学前身是国立沈阳高等师范学校和公立文学专门学校。张作霖执掌奉天政局之后,东北地区的民族工业和经济有了较快的发展,亟需各类新式高等人才。面对日本咄咄逼人的侵略态势,东北地区民族主义思潮勃发,社会各界强烈呼吁:"欲使东北富强,不受外人侵略,必须兴办大学教育,培养各方面人材。"②1922 年春,东北大学筹备委员会成立,数月之间,规模初具。12 月,筹备委员会推举奉天省长王永江为首任校长,在沈阳北陵前辟地五百余亩,依照德国柏林大学图纸建造。1923 年春季,东北大学正式成立,分为文、法、理、工四科。1928 年 8 月,少帅张学良就任该校校长。年少气盛的张少帅一心想在东北干出些名堂,任职不久,即着手大学的改革与扩充,增建校舍,广聘贤才,把原有的四个学科改为文学院、法学院、理学院、工学院,下设 19 个系,原师范部改设学院,开办了教育学系和国文、英文、数理、博理等 4 个专修科。③　一时间,沈阳大有成为中国高等教育重镇的架势。

---

① 该校 1928 年 4 月更名为中央大学。
② 王振乾:《记东北大学》,《沈阳文史资料》第一辑,第 1 页。
③ 《校史》,《东北大学年鉴》(民国十八年),1929 年 6 月。

　　在学科设置上,当时的东北大学还是很有远见的,他们看到社会发展对于新式建筑学人才的需求,1928 年即设立建筑系并招收了第一届 15 名学生。而此时,偌大中国,仅有国立中央大学成立了建筑系,其他大学,包括清华大学、北京大学均无此专业。当时的中国,真正接受过近代建筑教育的人很少,能有资格和水平创办大学建筑系的人才更是凤毛麟角。

　　对于新成立的建筑系主任人选,时任东北大学工学院院长的高惜冰颇感为难。他最初提出的人选是其清华校友、刚刚在美国宾夕法尼亚大学获得建筑学硕士学位的杨廷宝,但杨廷宝自 1927 年回国后即加盟天津基泰工程司,负责图房工作,①实在无法分身。面对东北大学的盛情邀请,杨廷宝想到了一个合适的人选,这个人就是也在美国宾夕法尼亚大学学习建筑学,但比自己晚毕业两年的梁思成。鉴于东北大学开学在即,未及与正在欧洲度蜜月的梁思成商量,杨廷宝便直接来到梁家,向梁思成的父亲梁启超谈及此事。正在为儿子工作谋虑并竭力在清华为其寻求教职的梁启超闻听此事,颇感兴趣。在给梁思成的信中,梁启超告之这一重要信息,他说:"该大学有建筑专系,学生约五十人,秋后要成立本科(前是预科),曾欲聘廷宝,渠不能往(渠在基泰公司)荐汝自代。"②相比较清华,梁启超显然倾向于梁思成到东北大学任教,他指出:"奉天建筑事业极发达,而工程师无一人,汝在彼任教授,同时可以组织一营业公事房,立此基础前途发展

---

① 相当于现在的总建筑师。

② 梁启超:《致梁思成(1928 年 5 月 8 日)》,张品兴编:《梁启超家书》,第 539 页。

不可限量。"①一个月后,梁启超再次致信梁思成,表示:"为你前途立身计,东北确比清华好(所差者只是参考书不如北京之多),况且东北相需甚殷,而清华实带勉强。"②他希望梁思成八月前赶回,以免耽误东北大学开学。

此前,1924年6月,毕业于清华学校的梁思成和女友林徽因一同赴美国宾夕法尼亚大学留学。经过康奈尔大学暑期班短暂的学习后,梁思成顺利进入宾夕法尼亚大学美术学院建筑系,林徽因则因为建筑系不招女生而改入同一学院的美术系。1927年2月,梁思成获得建筑系学士学位,6月获得建筑系硕士学位,7月进入哈佛大学研究生院城市设计专业攻读博士学位。在准备博士论文《中国宫室史》过程中,梁思成发现美国大学所收藏的中国古建筑资料甚少,不足以满足博士论文之需要,于是与导师兰登·华尔纳(L. Warner)商定回国作实地调查,搜集资料,两年后提交博士论文。③

选择大学教书这一具有浓厚知识分子倾向的举动,在很大程度上显示出了梁思成的学术兴趣和父亲梁启超的教育子女理念。

就梁启超而言,虽然梁思成"学了工程回来当教书匠是一件极不经济的事",但东北大学发展空间大,且可磨砺意志,"将来或可辟一新路"。④ 对于之前一直在努力争取的到清华任教,梁启超将其和东北大学作了比较之后,亦明确表示"清华园是'温

① 梁启超:《致梁思成(1928年5月8日)》,《梁启超家书》,第539页。
② 梁启超:《致梁思成(1928年6月10日)》,《梁启超家书》,第546页。
③ 林洙、楼庆西、王军:《梁思成年谱》,《梁思成全集》(第九卷),第101—102页。
④ 梁启超:《致梁思成(1928年5月4日)》,《梁启超家书》,第535—536页。

柔乡',我颇不愿汝消磨于彼中"。①

　　梁思成的专业兴趣和理想,以及求学期间表现出的古建筑研究能力,则是促使他选择到东北大学执教的最根本的原因。留学期间,梁思成对建筑历史的学习和研究产生了浓厚的兴趣,而他在艺术领域的天分又使得这一兴趣充分展现出来。其同窗好友陈植曾回忆说:"除建筑设计外,思成兄对建筑史及古典装饰饶有兴趣,课余常在图书馆翻资料、作笔记、临插图,在掩卷之余,发思古之情。……考古已开始从喜爱逐渐成为他致志的方向。"②在宾大就读的最后一年,梁思成对意大利文艺复兴时代的建筑进行了较为系统的研究,从比较草图、正面图及其他建筑特色入手,梳理、分析这一时期建筑风格的演变过程。虽然建筑学理论来自欧美国家,其本人亦深受西方历史文化和审美观念的熏染,但梁思成始终没有全盘照搬西方的建筑学,而是尝试将中西建筑文化熔为一炉。留美期间,梁思成逐渐认识到中国建筑历史研究的浅薄与匮乏,欧洲各国普遍重视本国建筑历史的研究,成果丰硕,日本建筑学界亦涌现出一批建筑史学者,他们在本国古建筑研究方面颇有建树,并将研究领域延伸至中国建筑,而中国学者却很少关注中国建筑史研究,更未形成有分量的成果。对此,梁思成深感忧虑,他表示:"如果我们不整理自己的建筑史,那末早晚这块领地会被日本学术界占领。作为一个中国建筑师,我不能容忍这样的事情发生。"③最终梁思成下定决心研究中国建筑史,并终生

---

① 　梁启超:《致梁思成(1928 年 5 月 8 日)》,《梁启超家书》,第 539 页。
② 　陈植:《缅怀思成兄》,《清华大学建筑学院(系)成立 50 周年纪念文集》,第 6 页。
③ 　林洙:《梁思成、林徽因与我》,第 36 页。

矢志不渝,则源自对于《营造法式》一书的浓厚兴趣。晚年梁思成曾回忆说:"1925 年父亲寄给我一部重新出版的古籍,'陶本'《营造法式》,我从书的序及目录上,知道这是一本北宋官订的建筑设计与施工的专书,是我国古籍中少有的一部建筑技术专书。但是在一阵惊喜之后,又带来了莫大的失望和苦恼,原来这部精美的巨著竟如天书一般,无法看懂。我想既然在北宋(公元960—1127 年)就有这样系统完整的建筑技术方面的巨著,可见我国建筑发展到宋代已经很成熟了,因此也就更加强了研究中国建筑史、研究这本巨著的决心。"①

正是出于对古建筑研究的浓厚兴趣,在选择就业方向时,梁思成更倾向于选择大学和学术研究机构。在大学从事教学工作比较自由,少去不少的应酬,可以集中时间和精力研究古建筑和《营造法式》,继而梳理清楚整个古代中国的建筑发展脉络。此外,学成归来的他意气风发,踌躇满志,非常渴望能有一片独立的天地一展身手,而筹建中的东北大学建筑系恰恰是一块待开发的处女地,那里除了十几位对近代建筑学一无所知的青年学生外,一无所有,一切都要等待他去开创。

第二节　梁思成的早期建筑教育思想及实践

1928 年 9 月,梁思成赴沈阳就任东北大学建筑系主任,时年

---

① 林洙:《梁思成、林徽因与我》,第 36—37 页。

27 岁,妻子林徽因亦随同赴东北大学任教,两人均被聘为专任教授。[1] 事实上,最初的一个学年,整个建筑系只有他们两位专业教师。1930 年冬天,林徽因结核病复发,回北平[2]养病。1931 年6 月,梁思成离开东北大学回北平,9 月,正式就职中国营造学社。执教东北大学的 3 年时间里,梁思成在承担了大量教学工作任务的同时,积极推动建筑系的基础性建设,以课程设置和学生培养为重点,初步形成了"学院派"特色突出的教学体系,努力充实教师队伍,陈植、童寯等美国留学时的同学先后应邀前来执教。这一时期,也是梁思成建筑教育思想的初步形成期。

一、全盘学习与构建"学院派"教学体系

创办东北大学建筑系,梁思成面临诸多问题和困难,其中,最核心的是遵循何种风格和模式构建自己的教学体系。中央大学建筑系刚成立一年,尚无成功经验可资借鉴。之前的苏州工业专门学校建筑科,其创办者柳士英及学校的几位主要任课教师均为留日学生,在教学体系上受日本影响明显,偏重工程教育,其目标是"培养全面懂得建筑工程的人才,能担负整个工程从设计到施

---

[1] 《工学院职教员题名》,《东北大学概览》(民国十七年度),1929 年 3 月刊行。

[2] 近代以来,北京市的名称曾多次更改。1928 年 6 月 21 日国民党中央政治会议第 145 次会议决定自 6 月 28 日起将北京更名为北平;1937 年 7 月,日军占领北平后,随即将其改称北京,中国政府始终不予承认;1945 年 8 月 21日,中国政府将北京复名为北平;1949 年 9 月 27 日,中国人民政治协商会议第一届全体会议通过决议,将北平更名为北京,并确定为新中国的首都。本书各章节提及北京时,均以其当时的名称为准,抗战时期则沿用中国政府的观点,称其为北平。

工的全部工作"。① 与柳士英等人的教育背景不同,梁思成留学
的宾夕法尼亚大学建筑系属于 1920 年代美国高等建筑教育中采
用"学院派"②教学体系的代表,重艺术教学,多采用学徒制和设
计竞赛制度组织教学,设计风格上历史主义和古典折中主义色彩
突出。

　　梁思成在 1928 年游历欧洲后的归国途中着手拟订建筑系的
组织和课程草案,火车经过沈阳时,与高惜冰就草案内容作了磋
商,之后便予定稿。③ 基于国内高等建筑教育几乎空白一片的现
状和对美国高等建筑教育模式和理念的认同,梁思成采取了拿来
主义的做法,从教学设备的选择,到学制、教学法及课程设置,基
本上完全沿袭了宾夕法尼亚大学的经验和模式,从而在较短的时
间内确立了东北大学建筑系的教学体系,有效地缩短了各项工作
的磨合期,高效率地完成建筑系创建任务。(见表 1.1)童寯后来
在评述东北大学建筑系时,指出:该系建立之初,"所有设备,悉
仿美国费城本雪文尼亚大学建筑科",④可以说,"东北大学建筑
系就是本雪文亚建筑系的'分校'"。⑤

---

① 张镛森遗稿,王蕙英整理:《关于中大建筑系创建的回忆》,《建筑师》,第 24 期。
② "学院派"建筑教育始于 17 世纪中叶以后成立的法国皇家建筑研究会及其学校,
　巴黎美术学院(1819—1968)是其发展的后续阶段。巴黎美术学院由一种建筑学
　说演绎出一套建筑教学体系,完成了早期正规学校式建筑教育体系的成型。19
　世纪后期,"学院派"建筑思想和方法影响到美国,特别是宾夕法尼亚大学建筑
　系,并进一步通过留学该校的中国学生传入中国。
③ 梁思成:《祝东北大学建筑系第一班毕业生》,《梁思成全集》(第一卷),第 311 页。
④ 童寯:《东北大学建筑系小史》,《童寯文集》(第一卷),第 32 页。
⑤ 童寯:《美国本雪文亚大学建筑系简述》,《童寯文集》(第一卷),第 224 页。

表1.1　美国宾夕法尼亚大学与东北大学建筑系课程比较

The Curriculum of U. Penn School of Fine Arts(1927)①	东北大学建筑系课程表（1928 年）②
Technical subjects: Design; Architectural Drawing; Elements of Architecture Construction	图案;图画
Construction: Mechanics; Carpentry; Mansonry; Ironwork; Graphic Statics; Theory of Construction; Sanitation of Building	应用力学;铁石式木工;木工式铁石;图式力学;营造则例;卫生学
Drawing: Freehand; Water Color; Historic Ornament	炭画;水彩;雕饰
Graphics: Descriptive Geometry; Shades&Shadows; Perspective	图式几何;阴影;透视学
History of Architecture: Ancient; Medieval; Renaissance; Modern; History of Painting and Sculpture	宫室史(西洋);宫室史;宫室史(中国);美术史(西洋);东洋美术史
	国文;英文;法文;营业法;合同

　　就高等建筑教育而言,1920 年代的美国宾夕法尼亚大学建筑系师从法国,已经形成了规范而成熟的"学院派"教育模式和体系,东北大学乃至整个中国高校则处于从零开始的起步阶段,"照搬照抄"看似简单,实则不易,要做好更是对中国大学建筑系

①　Xu Subin: Chinese Foreign Students in Japan and America and the Development of Modern Architectural Education in China, Newsletter, The Institute of Asian Architecture(Japan), Vol. 6, No. 1, Dec. 1993.
②　《建筑系课程表》,《东北大学概览》(民国十七年度),1929 年 3 月刊行。

的发展大有裨益。这样做也许自身特色不是很鲜明,模仿的痕迹明显,但对于初创时期的中国高等建筑教育而言,则可视为是在高起点上和世界一流大学的自觉接轨。

在梁思成等人的努力下,东北大学建筑系的各项教学活动得以开展,一年之后,"学生成绩斐然可见",两年之后,"图书照片模型等,几已应有尽有"。[①] 随着教学体系的逐步完善和对高等建筑教育认识的深化,东北大学建筑系除了较为完整地沿袭了宾夕法尼亚大学的特色和风格,也形成了一些自己的办学特色。

一是从课程设置上看,强调艺术教育和设计能力培养,后期则在建筑工程和中国历史文化教育方面有所加强。建系之初,东北大学建筑系的艺术及设计课程几乎占了总课程的一半以上,这是"学院派"教育的典型特点之一。童寯后来曾指出:和中央大学建筑系相比,东北大学建筑系特别注重设计,"东北之碳画学程,亦较中央为重"。[②]

经过两年的运行后,东北大学建筑系提出了新的课程设置方案(见表1.2)。和建系之初出台的方案相比,一是增设了"东洋建筑史"、"东洋雕塑史"等专门讲授中国古代艺术的课程;二是增设了"材料力学"、"暖气通风"、"装备排水"、"工程设计"、"钢筋混凝土"等建筑工程类课程。由此可见,东北大学建筑系的办学风格与特色逐渐从单一强调艺术能力培养,向艺术和技术能力培养相结合方向转变。梁思成在1932年7月写给建筑系首届毕

---

① 童寯:《东北大学建筑系小史》,《童寯文集》(第一卷),第32页。
② 童寯:《建筑教育》,《童寯文集》(第一卷),第113页。

业生的信中，也再次教诲自己的学生要切记建筑是融艺术和技术于一体的，缺一不可，即所谓"建筑之真义，乃在求其合用，坚固，美"。①

表1.2　东北大学建筑系课程表（1930年前后）②

一年级	二年级	三年级	四年级（图案组）	四年级（工程组）
应用力学	建筑图案	木工	建筑图案	工程设计
国文	炭画	建筑图案	人体写生	工程理论
建筑则例	法文	炭画	东洋雕塑史	东洋美术史
建筑图案	图式力学	暖气通风	营业规例	石工基础
英文	东洋建筑史	东洋建筑史	合同估价	营业规例
徒手画	石工铁工	西洋建筑史	水彩	钢筋混凝土
法文	透视	雕饰	论文	说明书
西洋建筑史	材料力学	装备排水		论文
阴影法	应力分析	水彩		
建筑理论				

　　二是从教学方法上看，坚持采用学徒制和设计竞赛制度。1920年代，欧洲和美国的大学建筑系多采用学徒制度组织教学，即将所有建筑学专业学生安排在一个大制图教室做设计，在设计过程中，打破学生的年级界限，分成若干设计小组，有专业教师现场指导，更多的则是由高年级学生指导低年级学生画图，大家现场交流，取长补短。东北大学建筑系早期毕业生张镈对这种"师

① 梁思成：《祝东北大学建筑系第一班毕业生》，《梁思成全集》（第一卷），第312页。
② 童寯：《建筑教育》，《童寯文集》（第一卷），第115—116页。

带徒"的教学方法印象颇深,他回忆说:"大家集中在一间大教室里,图桌纵横密排,座席不按年级划分。主要指导老师三人……每师分带一、二、三年级学生十数人。"①

教学方法上的另一个做法是设计竞赛制度。这也是宾夕法尼亚大学的经典做法之一,"图案限期交卷,合集比赛,而由各教授甄列给奖"。② 东北大学建筑系对学生设计要求十分严格,"设计课采取奖优罚劣的办法,过期交图无分。不符合原始意图的无奖"。③ 当时法国和美国的大学建筑系普遍实行设计竞赛制度,到交图前夕,学生们都忙着赶图纸,灯火通明,乱作一团,别具特色。组织学生开展设计竞赛,使得这一"开夜车"的风气也成为东北大学建筑系的一景。

二、以清华同学和宾大校友为核心建设高水平师资队伍

1920 年代末,中国大学初设建筑学科,尚无建筑学专业的毕业生。东北大学建筑系要招聘专业教师,只能从国内建筑公司聘请已经从业的建筑师,或是从在欧美和日本学习建筑学专业的留学生中选聘。聘请已经从业的建筑师到大学任教,难度极大,一方面,国内建筑公司本身就缺乏懂得现代建筑技术的建筑师,关内缺,关外的沈阳等地更是人才难得,这也正是促使东北大学决心设立建筑系的重要原因之一;另一方面,则是收入问题,虽然奉天和黑龙江两省全力支持东北大学的发展,经费较为充裕,教职

① 张镈:《怀念恩师梁思成教授》,《梁思成先生诞辰八十五周年纪念文集》,第 85 页。
② 童寯:《建筑教育》,《童寯文集》(第一卷),第 113 页。
③ 张镈:《怀念恩师梁思成教授》,《梁思成先生诞辰八十五周年纪念文集》,第 85 页。

员工薪金相对较高(见表1.3),但和财力雄厚的建筑公司相比,还是有较大差距的。对于梁思成接受东北大学的聘请,梁启超身边的一些朋友都曾因经济收入原因而极力反对,认为这是件极不经济的事,梁思成应该约人打伙办个小小的营业公司,或者"宁可在人家公司里当劳动者",[①]收入也会很丰厚。

表1.3　教员薪俸统计表[②]　　　　单位:银圆

教职名称	科别	月薪最高额	数目最底额	每周授课钟点	
				最高数	最少数
教授	预科	260	150	17	12
教授	本科	300	180	15	12
助教		120	50		
助手		50	30		
技手		50	30		

既然国内现有的建筑人才难求,只有到国外高校招聘了。梁思成采取的即是这个办法,他着力从尚未归国的国外高校中国留学生中招揽人才,构建起一支高素质的专业教师团队。

一是以清华同学和宾大校友为基础选聘师资,构建团队。就梁思成招聘的专业教师的教育背景看,均为其清华校友,且多为美国宾夕法尼亚大学建筑系同窗。首先受聘执教的是陈植,他到东北大学的时间是1929年8月新学年开学之际。陈植于1915年进入清华学校,和梁思成同班级又同寝室,他们意气相投,成为

---

① 梁启超:《致梁思成(1928年5月4日)》,《梁启超家书》,第535页。
② 杨佩祯、王国钧、张五昌主编:《东北大学八十年》,第38页。

知己。陈植在清华读书期间,高年级的朱彬、赵深、杨廷宝等学长先后赴美国宾夕法尼亚大学学习建筑学专业,好友梁思成也对建筑学专业产生了浓厚的兴趣并鼓励他留学美国学习建筑。受诸多学长及好友影响,1923 年陈植自清华毕业之后,便远赴美国,进入宾夕法尼亚大学建筑系学习。一年后,梁思成亦进入宾夕法尼亚大学建筑系,两人继续同学之谊。第二位应邀来建筑系执教的是童寯,到校时间是 1930 年 9 月。1921 年 9 月,童寯考入清华学校高等科,1925 年 7 月毕业,之后赴美国留学,进入宾夕法尼亚大学建筑系,获得硕士学位后曾在一家建筑师事务所工作两年。[①] 第三位来任教的蔡方荫同样是清华学校的毕业生。蔡方荫于 1920 年考入清华学校,1925 年赴美留学,1928 年获美国麻省理工学院土木工程专业硕士学位,之后在纽约珀迪－亨德森事务所任顾问工程师,1930 年应邀回国担任东北大学建筑系教授,主讲建筑工程、阴影、图式几何等课程。

　　二是引进人才专业素养高,学术成就显赫。梅贻琦在就任清华大学校长的演说中提出:"一个大学之所以为大学,全在于有没有好的教授……所谓大学者,非谓有大楼之谓也,有大师之谓也。"[②]东北大学建筑系之所以能够在很短的时间内成为国内建筑人才培养重镇,关键一点在于其拥有高水平的教师团队,当时任教于此的几位骨干教师后来均在各自的专业领域取得显著成就。梁思成、童寯、陈植皆为建筑学界一致认可的中国第一代建

---

① 《童寯年谱》,《童寯文集》(第一卷),第 388 页。
② 刘述礼、黄延复编:《梅贻琦教育论著选》,第 10 页。

筑师中的杰出代表。梁思成于 1948 年当选为国立中央研究院首届院士，新中国成立后，又于 1955 年 6 月当选为中国科学院技术科学部首批学部委员。陈植在 1933 年与赵深、童寯联手建立了华盖建筑师事务所，成为中国现代建筑设计的开创者之一。之后他又参与创办了之江大学建筑系，并长期执教于此。建国后，陈植先后担任华东建筑设计公司总建筑师、上海市民用建筑设计院院长兼总建筑师等职务，主持完成了多项重要建筑的设计，1989 年，荣获国家建设部首批授予的"中国工程设计大师"称号。童寯在华盖建筑师事务所工作期间，负责图房设计工作，主持或参加设计的工程达百余项，其中不乏南京国民政府外交部大楼、南京中山文化教育馆、大上海大戏院等近代建筑经典作品。童寯学术功底深厚，是学术界公认的中国古典园林和西方近现代建筑史研究的开拓者。[①] 新中国成立后，童寯长期执教南京工学院建筑系、建筑研究所，著述甚丰。蔡方荫的专业领域是结构工程，离开东北大学后，先后在清华大学、西南联合大学、国立中正大学（现江西师范大学的前身）、南昌大学等校任教授，1953 年当选为中国土木工程学会副理事长。1948 年国立中央研究院首届院士候选人名单中即有蔡方荫，他也是数理组 49 位正式候选人中唯一的土木工程专家。[②] 虽未最终当选，其学术成就之高亦可见一斑。1955 年 6 月，蔡方荫当选为中国科学院技术科学部首批学

---

① 《童寯年谱》，《童寯文集》（第一卷），第 389 页。
② 《国立中央研究院公告》（中华民国三十六年十一月十五日），《中央研究院第一次院士选举（第一次补选院士选举）》，南京：中国第二历史档案馆，全宗号 393，案卷号 494（1）。

部委员。林徽因号称"一代才女",发表了《窗子以外》、《九十九度中》等在现代文学史上颇有影响的文学作品。1930—1940 年代,林徽因虽未正式加入中国营造学社,但一直和梁思成一起从事古建筑的调查研究,抗战胜利后又协助梁思成创建了清华大学建筑系。新中国成立后,林徽因先后参加了中华人民共和国国徽和人民英雄纪念碑的设计工作,并带领清华大学营建系学生积极开展景泰蓝工艺革新。

三是教师团队恪尽职守,表现出很高的道德操守。在写给东北大学首届毕业生的信中,梁思成亲切地称他们为小弟弟,在对自己的学生寄予殷切期望的同时,亦满怀深情地回顾了和他们一起度过的岁月,并自豪地表示:在师生的共同努力下,"建筑系已无形中形成了我们独有的一种 Tradition,在东北大学成为最健全,最用功,最和谐的一系"。① 事实上,梁思成、童寯、陈植等人高度的敬业精神和道德操守,是办好建筑系的一个重要因素,也是后来支撑危局,于困境中实现两届学生毕业的关键。童寯于1931 年 2 月接替梁思成担任建筑系主任,在东北时局渐趋混乱的局面下,竭力维系建筑系运转。"九一八"事变后,童寯携家人流亡关内,尽管时局混乱,生活艰辛,但仍全力履行建筑系主任职责。一是妥善保管教学设备。离开沈阳之后,无论旅途多么艰险,童寯始终随身携带着东北大学建筑系讲课用的西方建筑史幻灯片多箱,虽流亡入关,辗转各地,但爱护备至,"解放后完璧归

---

① 梁思成:《祝东北大学建筑系第一班毕业生》,《梁思成全集》(第一卷),第 311 页。

赵,交还东北工学院"。① 二是四处奔走,实现建筑系学生复课。东北大学师生流亡到关内后,先后在北平、西安、开封等地办学,教学活动受到严重影响。建筑系三、四年级的学生在童寯的召集和奔走呼吁下,陆续到达上海,并得以进入大夏大学借读。童寯、陈植、赵深等人及部分建筑界同仁亲自担任有关课程的教学工作。1932 年,东北大学建筑系首届学生历经磨难之后终于在上海通过毕业答辩。

三、梁思成的教学风格与特色

东北大学建筑系从一年级即开设设计课,这意味着梁思成林徽因夫妇不仅要承担全部的专业基础课和专业课的教学任务,还要拿出大量的精力指导学生的设计。良好的教育背景、扎实的专业基础和一丝不苟的治学态度,使梁思成在课堂上很快找到了施展才华的空间,其生动风趣、富有激情的讲授,以及对于学生的谆谆教诲和悉心呵护,不仅赢得了学生们的喜爱、信任和尊重,使建筑系创建伊始就形成了良好的学习风气和强大的凝聚力,而且显示出了一名教育家良好的职业素养和人格魅力。后来,梁思成执教清华大学建筑系时,学生们对其治学态度和教学风格同样感触颇深,并给予很高的评价。

一是教学态度一丝不苟,兢兢业业。在近代教育史上,东北大学建筑系可谓命运坎坷。创办三年,刚成气候,便因"九一八"事变而被迫中止在沈阳的办学,师生流亡关内,辗转数地,最终经

---

① 郭湖生:《前言》,《童寯文集》(第一卷)。

童寯、陈植等人竭力奔走,方有两届十余名学生得以毕业。虽然培养的学生数量不多,但不乏成绩优异而名扬建筑学界者,如刘致平、张镈、林宣、刘鸿典、赵正之、张翔等人。其中张镈建国后曾担任北京市建筑设计院总建筑师,主持完成了新中国成立十周年"国庆十大献礼工程"中民族文化宫和民族饭店的设计任务。从这些为数不多的学生的回忆中不难看出,他们对于东北大学建筑系及梁思成本人充满了敬意,对梁思成严谨敬业的教学态度更是赞誉有加。刘致平回忆说:"当时最苦的是没有助教,所以先生只能在课余,利用晚上来教室为我们改图,讲授渲染技法……他和林徽因先生几乎每晚到教室来为我们改图直到深夜才回去休息。"①张镈则对梁思成的学识和耐心记忆犹新,称:"梁师先熟悉了解学生作业的意图,铺薄纸改图时,尽量维持原意,精心修改,说明理由,使我心服、口服。"②1932 年 7 月,梁思成致信祝贺东北大学第一届毕业生在上海毕业。在信中,他回顾了自己初登讲台时的情景,坦言当时的心情"正如看见一个小弟弟刚学会走路,在旁边扶持他,保护他,引导他,鼓励他,惟恐不周密"。③ 其对学生的关爱之情溢于言表。

二是教学内容中西兼顾,丰富生动。陈植对梁思成的一生作了一个概括和评价,称梁"学识渊博,才华横溢,毅力惊人,贡献杰出"。梁思成先后就读于清华学校、美国宾夕法尼亚大学和哈佛大学,又在父亲梁启超的指导下,较为系统地学习了国学知识,

---

① 刘致平:《高山仰止 心向往之》,《梁思成先生诞辰八十五周年纪念文集》,第 80 页。
② 张镈:《我的建筑创作道路》(增订版),第 18 页。
③ 梁思成:《祝东北大学建筑系第一班毕业生》,《梁思成全集》(第一卷),第 311 页。

对中西文化有着较为深刻的理解和认知。在清华学校学习期间，梁思成不仅在英语语言、西方自然科学和人文知识的学习方面打下了厚实的基础，而且兴趣广泛，特长突出，在艺术、音乐、体育等方面均有过人之处，给任课老师和同学们留下了深刻印象。陈植就对其在绘画、音乐等多方面显示出的才能赞叹不已。[1] 梁思成当年的体育老师、著名体育教育家马约翰教授则对梁思成的体育才能评价颇高，称"象施嘉炀、梁思成等，体育都是很好的。梁思成能爬高，爬绳爬得很好"。[2] 梁启超极为重视子女的国学学习，不仅对梁思成提出了具体要求，而且利用假期为子女开设国学经典补习班，亲自讲授。可以说，个人的勤奋和良好的教育形成的渊博学识，是梁思成高水平授课的重要源泉和基础。刘致平回忆说："先生对历史很有研究，知识渊博，在美学上亦深有造诣"，"讲课引经据典，在评论某一建筑时往往先准确地在黑板上钩画出其轮廓及特点，在分析过程中善于运用中西建筑作对比，及古今建筑作比较。"[3]张镈也高度评价梁思成的教学水平，称其"讲授方式是深入浅出而又脉络清楚，抓住要害，突出重点，深入人心，永世难忘"。[4]

三是教学风格轻松风趣，栩栩如生。生活中的梁思成是个乐观、幽默的人。抗战期间，梁思成携家人远赴四川李庄，由于

---

[1] 陈植：《缅怀思成兄》，《清华大学建筑学院(系)成立50周年纪念文集》，第5页。

[2] 黄延复：《有政治头脑的青年艺术家》，《梁思成先生诞辰八十五周年纪念文集》，第208页。

[3] 刘致平：《高山仰止 心向往之》，《梁思成先生诞辰八十五周年纪念文集》，第80页。

[4] 张镈：《怀念恩师梁思成教授》，《梁思成先生诞辰八十五周年纪念文集》，第86页。

工作忙碌,生活条件恶劣,因年轻时车祸而造成的脊柱关节硬化症不断加重。在给好友费正清费慰梅夫妇的信中,自称"车站"的梁思成用幽默的言辞介绍了自己的状况,称"其主梁因构造不佳而严重倾斜,加以协和医院设计和施工的丑陋的钢铁支架经过七年服务已经严重损耗,从我下面经过的繁忙的战时交通看来已经动摇了我的基础"。① 这种乐观、幽默的性格特点同样体现在梁思成的课堂教学上。在授课过程中,梁思成十分注重营造宽松的学术氛围,鼓励学生提出自己的观点,打破常规,"放手大胆的从事新建筑的创作"。② 同时,梁思成非常注重激发学生听课的兴趣,"经常穿插一些妙趣横生的故事,引人入胜",③加之高度的视觉化效果,"几乎每个典型实例都在黑板上画一遍",④既有助于学生理解课堂所学知识,更大大激发了他们求知的欲望,"听课好像是在听有血、有肉、有骨、有神的故事"。⑤

四、梁思成早期建筑教育思想及实践的不足

在"九一八"事变之前短短 3 年的办学实践过程中,虽然东北大学建筑系形成了自身的特色,取得了显著成绩,成为国内高等建筑教育的重镇,但毕竟处于初创阶段,时局的动荡,办学经验

---

① 梁从诫编:《林徽因文集·文学卷》,第381页。
② 刘致平:《高山仰止 心向往之》,《梁思成先生诞辰八十五周年纪念文集》,第80页。
③ 同上。
④ 林宣:《梁先生的建筑史课》,《梁思成先生诞辰八十五周年纪念文集》,第98页。
⑤ 张镈:《怀念恩师梁思成教授》,《梁思成先生诞辰八十五周年纪念文集》,第86页。

和专业人才的匮乏,在很大程度上制约着其发展,不足也表现得比较明显。

一是骨干教师学缘结构单一,教育背景趋同。受建筑人才匮乏的制约,梁思成主要在自己熟识的同学和校友圈内聘请专业教师,应聘的陈植、童寯、蔡方荫等3位骨干专业教师,均为其清华学校校友,且主要留学美国宾夕法尼亚大学建筑系,教育背景过于趋同。

二是办学未能持续。这是动荡的中国政局造成的。东北的沦陷,使得原本雄心勃勃、蒸蒸日上的东北大学建筑系的办学实践戛然而止。师生流亡关内,学业难以为继。虽经童寯、陈植多方努力,头两届学生在上海实现复课,并有16位学生最终得以毕业,但实际培养效果恐怕和当初在沈阳办学时相去甚远。

三是对工程实践能力的培养不够重视。东北大学建筑系学生设计课程多,注重艺术教育和学生设计能力的培养,但实际到工程技术一线实习实践较少。梁思成、童寯后来对课程设置作了一些调整,但总体变化不大,且由于战乱而未能很好的得以实施。这一状况对学生们的影响较为明显,张镈回忆说:"因为建筑设计课占学时较多,经常日夜在大图房赶图,给技术课留下的自修复习时间较少——以能及格升班为目标,从一开始就有了重艺术、轻技术的倾向。"①

---

① 张镈:《我的建筑创作道路》(增订版),第18页。

第三节　梁思成早期的建筑设计及古建筑调查实践

执教东北大学时期是梁思成学术实践的起步期,不仅建筑教育领域,在建筑设计、古建筑调查研究及中国雕塑史研究等领域,梁均表现出了浓厚的兴趣,并积极付诸实践,使之成为其早期学术实践活动的重要组成部分。

一、成立"梁陈童蔡营造事务所"

建筑学本身就是一个实践性很强的学科,其学科特点要求建筑学理论研究必须与建筑设计、工程施工充分结合,缺乏丰富的实践经验作支撑,理论研究往往难以深入,苍白无力。此外,单纯从经济上考虑,从事建筑设计的收入通常也要远远高于从事理论研究的收入。梁启超生前写给梁思成的信中即表达了这个想法,他希望梁思成在教学之余,组织营造事务所,多做一些实践工作。① 到达沈阳之初,梁思成林徽因夫妇一度为建筑系的工作忙得不可开交,根本拿不出时间和精力从事设计工作。陈植、童寯、蔡方荫等人陆续加盟后,教学工作任务一下子减轻了很多,成立营造事务所事宜旋即提上日程。营造事务所最终以梁思成、陈植、童寯、蔡方荫等4人姓氏命名,名曰"梁陈童蔡营造事务所",林徽因虽然未名列其中,但亦为重要成员之一。

就目前可考证的资料看,"梁陈童蔡营造事务所"承揽完成

---

① 梁启超:《致梁思成(1928年5月8日)》,《梁启超家书》,第539页。

的较大规模的建筑设计项目主要有两项:一是原省立吉林大学教学楼群;二是原东北交通大学部分校舍。

原省立吉林大学教学楼群是梁思成等人的一项重要设计作品,也是完好保存至今、并较好地体现梁思成建筑设计思想的一组建筑。当时的"吉林大学"并不是现在坐落于长春市的吉林大学,而是1920年代末吉林省地方政府创办的一所省立大学。1929年,时任吉林省督军张作相决定在吉林市西郊八百垅办一所省立大学,特意聘请东北大学建筑系主任梁思成主持教学楼群的建筑设计工作。该工程包括主楼及东、西两栋楼,中间形成一个广场。三栋楼均向院内广场开口,主楼朝南,为礼堂和图书馆,东、西两栋楼为教学楼。教学楼群的设计始于1929年,1930年基本完成。就设计风格而言,该楼群既坚持现代主义建筑的风格,采用平顶结构、立体划分,简捷、质朴,功能、结构、形式统一,又具有一定的民族特色,在细部设计上充分吸收了中国传统古典元素,从立面上看,"东楼、西楼檐部运用了连续的一斗三升和人字斗栱形的浮雕;在主楼和东、西楼的主入口顶部,设有似传统建筑中屋脊和鸱尾形象的石作装饰"。[①] 此外,传统牌楼的基座、梁头装饰、带有传统花纹的石柱等中国建筑元素及一些传统构件亦有采用和体现。

东北交通大学是东北地区的第一所国立大学,其前身是交通部锦县(今辽宁锦州市)交通大学。1927年春,时任北洋政府交

---

① 高亦兰:《探索中国的新建筑——梁思成早期建筑思想和作品研究引发的思考》,《梁思成学术思想研究论文集》,第83页。

通部次长的常荫槐提议创办该校,1927 年 9 月 19 日举行了成立典礼。1929 年 3 月,学校改归东北政务委员会直辖,张学良兼任校长,4 月,学校更名为东北交通大学,并购地二百余亩,拟新建造楼房一座,作为图书馆及讲堂。① 梁思成等人受聘主持新校舍的设计。"九一八"事变之后,东北交通大学停办,学生并入流亡中的东北大学,校舍亦遭到日军轰炸,毁坏殆尽。

　　"梁陈童蔡营造事务所"的具体成立时间已无从考证,陈植曾回忆说是在 1929 年。② 鉴于童寯、蔡方荫于 1930 年 9 月来东北大学执教,1931 年春夏之际,陈植、梁思成先后离开沈阳,"梁陈童蔡营造事务所"应该在 1930 年下半年成立,而在其正式成立之前,梁思成等人已开始承接一些大学校舍、小型的公共建筑和私人住宅的设计任务了。据梁思成的好友费慰梅记述,梁思成、林徽因一起设计了沈阳郊区的一座公园——肖何园,以及一些有钱的军阀的私宅。③ 由于东北局势的迅速恶化,"梁陈童蔡营造事务所"存在的时间并不长,承接并完成的设计项目数量也不多,但对于梁思成、陈植等人而言,这段经历却是很好的历练,对于他们日后组建营造事务所或是从事建筑设计应该大有裨益。

二、开始调查古建筑

　　留学美国期间,梁思成即对中国古代建筑史产生了浓厚的兴

① 《校史》,《东北交通大学一览》,1929 年 11 月刊行。
② 陈植:《缅怀思成兄》,《清华大学建筑学院(系)成立 50 周年纪念文集》,第 6 页。
③ 费慰梅著,成寒译:《中国建筑之魂:一个外国学者眼中的梁思成林徽因夫妇》,第 59 页。

趣,并希望借助现代建筑学知识在这一领域深入开展研究。在具体的研究方法和路径上,梁思成高度重视古建筑实例调查,以此来印证《营造法式》等建筑文献中的描述和记载。他指出:近代学者治学,首重证据,"研究古建筑,非作遗物之实地调查测绘不可",①须用近代建筑学理论和方法去重新解读这些"凝固的历史",才有可能梳理出中国建筑发展演变的脉络,还原中国古代辉煌的建筑成就。1930 到 1940 年代,梁思成在古建筑研究领域取得显赫成果,赢得国内外学术界的一致赞誉,其学术研究的基础即是常年不懈的野外古建筑调查测绘。

执教东北大学时期是梁思成学术生涯的起步期,其对古建筑的调查测绘亦由此而开始。沈阳曾经是满清入主关内之前的都城,有着大量的皇家建筑物,无疑为梁思成的古建筑调查提供了丰富的实例。位于沈阳郊区的清"北陵"——也就是埋葬清太宗皇太极和孝端文皇后博尔济吉特氏的昭陵,是梁思成着手调查测绘的第一座古建筑。据其学生张镈回忆,1930 年冬,梁思成经常去东北大学操场后山的北陵去开展调查测绘工作。② 测绘结果并不令人满意,原因在于测量数据与绘制图纸的比例要求无法取得一致,经过反复试验,梁思成决定不再使用英尺、英寸,代之以公制,从而很好地解决了这一问题。类似的问题还有很多,应该说,这期间积累的实际工作经验成为以后梁思成在古建筑调查与研究领域取得辉煌成就的必要基础。

---

① 梁思成:《蓟县独乐寺观音阁山门考》,《梁思成全集》(第一卷),第 161 页。
② 张镈:《怀念恩师梁思成教授》,《梁思成先生诞辰八十五周年纪念文集》,第 86 页。

对古建筑的保护也始于这一时期。据费慰梅记述,时任沈阳市市长以阻碍交通为由,决定拆除漂亮的钟鼓楼。梁思成得知消息后,立即向市政当局进言,希望保全古建筑,另觅解决交通问题的办法,结果遭到了拒绝。①

三、学术研究的初步成果

在中国雕塑史和现代城市规划与建设研究方面,梁思成亦表现出了浓厚的学术兴趣和扎实的学术功力,并取得了一定的研究成果。

(一)撰写中国第一部雕塑史

执教东北大学建筑系期间,为授课需要,梁思成对中国雕塑史进行了系统的研究,并精心编写了讲课提纲,在此基础上,进一步充实内容,撰写了《中国雕塑史》一书。② 这部著作既是梁思成早期学术研究的一项重要成果,也是近代中国第一部雕塑史。全书未排出章节目次,而是按历史朝代编排,共有"上古"、"三代——夏"、"三代——商"、"三代——周"、"秦"、"两汉"、"三国、两晋"、"南北朝——南朝"、"南北朝——北朝"、"北齐、北周"、"隋"、"唐"、"宋"和"元、明、清"等 14 个部分,三万余字,并配有近二百幅插图。篇幅虽然不长,但图文并茂,文笔生动,如新风扑面,趣味盎然。就中国古代雕塑的成就而言,梁思成极为推崇魏风唐味,将北朝元魏时期的雕塑视为中国雕塑史上的"第一

---

① 费慰梅著,成寒译:《中国建筑之魂:一个外国学者眼中的梁思成林徽因夫妇》,第60页。
② 梁思成:《中国雕塑史》,《梁思成全集》(第一卷),第59—128页。

次光彩",盛唐则进入登峰造极之时期,"与西方所谓造型美术之观念亦较近"。宋代以后的雕塑,虽然不乏实例,但却由于步入衰退期,江河日下,"于雕塑一道,或仿古而不得其道,或写实而不了解自然",少有亮点可言。① 全书的篇幅取舍亦充分体现了作者的学术观点和学术情趣,讲宋元明清雕塑惜墨如金,共计不足两千字,而对魏风唐味,则饱含激情,尽情讲述。在论及初唐雕塑时,梁思成的评论幽默、诙谐而不失分寸,他这样写到:"自北齐起,神通寺窟像已开始刻造。唐代像皆太宗、高宗时代造。形制大略相同,并无何等特别美术价值,其姿态颇平板,背肩方整,四肢如木。其头部笨蠢,手指如木棍一束。当时此地石匠,殆毫无美术思想,其唯一任务即按照古制,刻成佛形,至于其于美术上能否有所发挥不顾也。此诸像者,与其称作印度佛陀,莫如谓为中国吃饱的和尚,毫无宗教纯净沉重之气,然对人世罪恶,尚似微笑以示仁慈。中国对于虚无玄妙之宗教,恒能使人世俗化,其在印度与人间疏远者,至中国乃渐与尘世接触。神通寺诸像,甚足伸引此义也。"②

(二)编制《天津特别市物质建设方案》

1928 年 12 月 29 日,张学良发表"易帜通电",宣布东北"遵守三民主义,服从国民政府,改易旗帜",③北洋军阀割据时代基本结束,南京国民政府在形式上实现了国家的统一。之后发生的党统之争和中原大战,蒋介石均获得胜利,其政治地位得以巩固,

① 以上见梁思成:《中国雕塑史》,《梁思成全集》(第一卷),第 78、118、128 页。
② 同上书,第 112—115 页。
③ 张学良:《易帜通电》,毕万闻编:《张学良文集》(1),第 150 页。

南京国民政府也基本上确立了在中国的正统地位。政局的稳定极大地推动了经济社会发展,民族资本主义经济蒸蒸日上,城市规划与建设事业也开始被各级政府提到议事日程。1929 年 12月,由南京国民政府国都设计技术专员办事处制定的《首都计划》正式公布,引起广泛关注,国内其他一些大中城市也纷纷仿效,按照现代城市建设规划的基本原理和方法,组织制定本地的城市建设规划方案。《天津特别市物质建设方案》即是在这一背景下提出编制意愿并面向全社会公开征集的。[1] 梁思成和好友张锐合作编写的方案最终入选并获评最佳方案。

张锐是清末两广总督张鸣岐之子,张家和梁家是通家之好。张锐生于 1906 年,既是梁思成的清华校友,又同在哈佛留学,和梁是多年的好朋友。张锐所学专业为市政管理,留学归国后曾在东北大学短暂执教,后进入天津市政府从事市政管理与建设工作。[2]《天津特别市物质建设方案》(以下简称"梁张方案")是两位好友一生唯一的一次学术合作。方案对规划范围、道路系统、用地功能布局、市政工程设施和海河等均作了全面的规划,是天津近代第一部较完整的城市总体规划。[3] 值得一提的是,梁思成、张锐在制定"梁张方案"时,比较注意考虑天津特别市的政治、经济、文化、民生等问题的现状,力图以此为前提,寻求解决问

---

[1]　天津市城市规划志编纂委员会编著:《天津市地方志丛书·天津市城市规划志》,第 48 页。
[2]　张镈:《我的建筑创作道路》(增订版),第 9—11 页。
[3]　张秀芹、洪再生:《近代天津城市空间形态的演变》,《城市规划学刊》,2009 年第 6 期。

题的思路。"梁张方案"提出,实现大天津市城市规划的基础包括6个方面,分别是"鼓励生产,培植工商业,促进本市繁荣","提倡市政公民教育,培养开明的市民,以树地方自治之基","改善现有组织,以得经济的与能率的行政","采用新式吏治法规,实行尚贤与能的原则","推行新式预算划一市政府会计簿记制度,使财政得以真正公开","唤起民众,打倒帝国主义,一致努力誓归租界"。"梁张方案"呼吁政府,要竭力收回租界,否则,不仅行政事务备受掣肘,而且,无论何种城市发展规划,都会"因事权不能统一,决难见诸实施"。[①] 出于此种考虑,"梁张方案"规划的大天津市的区域范围亦包括各国租界地。

虽然"梁张方案"还缺乏具体的实施措施,"充满了理想主义的色彩,规划与现实有相当的脱节",[②]且由于社会条件的限制,并未能付诸实践,但它对后来天津城市规划产生了较大的影响,且对同时期国内其他城市制定规划起到了一定的借鉴作用。此外,应征制定大天津城市规划,在很大程度上体现出梁思成对现代城市规划及与此相关的城市建设、文物建筑保护、城市管理等问题的重视和学术兴趣。就梁思成的学术轨迹看,主持制定"梁张方案"应是梁思成积极参与城市规划设计与实践的开端。从1940年代中期开始,梁思成日益关注战后中国重建过程中的城市规划与设计,发表了多篇论文阐述其城市规划思想,着力培养

① 梁思成、张锐:《天津特别市物质建设方案》,《梁思成全集》(第一卷),第17—18页。
② 张秀芹:《天津市重要城市规划事件及规划思想研究》(博士学位论文),天津:天津大学,2010年,第41页。

现代规划人才,并将其对规划人才的培养理念融入清华大学建筑系的教育改革实践,甚至一度将建筑系更名为营建学系。新中国成立之初,基于北京旧城保护和未来北京发展范式的构建,梁思成联合规划专家陈占祥提出了《关于中央人民政府行政中心区位置的建议》,即"梁陈方案"。可以说,对于城市规划与建设问题的探索是梁思成一生学术实践活动的重要组成部分。

小　结

　　创建东北大学建筑系,既是梁思成职业生涯的开端,又是其从事教育事业的起点。在构建建筑系基本框架的过程中,梁思成没有纠结于"照搬照抄"与独立创新的两难选择,而是全面学习、吸收美国高校建筑教育的先进模式和经验,实现了办学的高起点,人才培养的高质量。在 3 年的办学实践中,梁思成对高等建筑教育及建筑人才培养的理解和认识在不断深化,其建筑教育思想亦得以萌生和发展,并在后来的教育实践中不断得到完善。这一时期,梁思成在古建筑调查、建筑设计、中国雕塑史研究及编制天津城市规划方面所做的工作极大地丰富了其早期学术实践活动的内容,成为其学术生涯的重要开端。

第二章 铸就学术辉煌:
梁思成与中国营造学社(上)

　　1920—1930 年代是中国建筑学学科创立时期,随着第一代
建筑师群体的形成,中国建筑之学术开始步入现代化轨道,实现
了由传统的"师徒传授,不重书籍"[①]的"匠学"向现代新兴学科的
转型。同一时期成立的中国营造学社是近代中国第一个专门研
究古建筑的学术机构,其成立初期仍是一个传统模式下运行的私
人研究团体,内部机构设置、研究思路和治学方法均与现代学术
团体相去甚远,自身发展亦受到较大影响。梁思成的加入对于中
国营造学社的转型起到了关键作用。在梁的推动下,中国营造学
社较好地完成了内部结构调整,全面引进现代建筑学理论与研究
方法,形成了特色鲜明的学术研究方向和人才培养机制,完成了
学社从传统到现代的转型,成为 1930—1940 年代国内研究水平

---

① 梁思成:《中国建筑史》,《梁思成全集》(第四卷),第15页。

最高、学术成果最丰富、社会影响力最大的古建筑研究机构。本章将重点通过对有关历史文献的解读和分析,对中国营造学社的创建过程,梁思成与中国营造学社转型的关系,中国营造学社转型的过程及典型做法等问题进行梳理和评述。

第一节　朱启钤与中国营造学社

中国营造学社成立于 1930 年 3 月,其创始人是朱启钤。朱是清末民初一个非常著名的人物,曾先后出任北洋政府交通总长、内务总长、代理国务总理等要职。朱又极为热心古建筑研究、文物收集和整理,先后两次组织校勘发行宋代李诫的《营造法式》。在古建筑研究领域,朱启钤最大的贡献在于发起成立了中国营造学社,并广揽人才,使其从成立初期仅能整理古籍的"私人组织",①转变为拥有梁思成、刘敦桢等知名建筑学家的现代学术团体,在古建筑调查与研究、建筑古籍文献整理等方面取得了诸多成就。

一、刊行《营造法式》

朱启钤的人生经历较为复杂,仕途尤显起伏曲折,他在北洋政府任职多年,是老交通系的重要成员之一,因长期跟随袁世凯和徐世昌,特别是参与袁世凯复辟帝制,担任大典筹备处处长而遭到通缉,成为其一生的污点。但另一方面,朱启钤对近代市政

---

① 单士元:《朱启钤与中国营造学社》,《营造论——暨朱启钤纪念文选》,第 190 页。

建设非常熟悉,积累了丰富的经验。在他的主持下,近代北京城市发展史上多项有着重要意义的工程项目得以实施,包括正阳门城垣改建工程,修造环城铁路工程,打通东西长安街,开放南北长街、南北池子,整治护城河,开放皇家园林及名胜古迹等。其中,正阳门城垣改建工程一度在社会各界产生广泛影响。由于“正阳城外京奉、京汉两干路贯达于斯,愈形逼窄,循是不变,于市政交通动多窒碍”,①朱启钤经过充分调研和论证,拟订了正阳门城垣改建方案,拆除瓮城,保留箭楼,在正阳门左右两侧城墙分别开两个门洞,以便利交通。改建方案提出伊始,反对之声一度势头很猛,资金方面也遇到诸多困难,朱启钤最终力排众议,精心筹措,使工程于1915年6月16日得以顺利启动。为表示对朱启钤的支持,时任大总统袁世凯特意命人制作了一把银镐,颁发给朱,银镐上镌“内务总长朱启钤奉大总统命令修改正阳门,爰于1915年6月16日用此器拆去旧城第一砖,俾交通永便”。②朱启钤还热衷于公众文化事业,在其内务总长任内,多方筹资将社稷坛改造成北京市的第一个近代公园——中央公园(今中山公园),又在北京紫禁城的外廷设立了古物陈列所,将清王室藏于承德避暑山庄的二十余万件文物运于此处,面向公众展示,这也是近代中国历史上第一个真正意义上的博物馆。1917年朱启钤退出政坛,专心从事实业,自1918年起长期担任中兴煤矿公司总经理,经营一度颇有成效。

---

① 朱启钤:《修改京师前三门城垣工程呈》,《营造论——暨朱启钤纪念文选》,第85页。

② 朱海北:《正阳门城垣改建史话》,《建筑创作》,2003年第12期。

和许许多多旧式官僚不同,朱启钤对当时难登大雅之堂的古建筑研究情有独钟。他曾主持开展过一些古建筑的修缮与保护工作,和诸多长年维修皇家建筑的工匠建立了密切而愉快的关系,从他们那里,他了解了很多中国古建筑方面的知识,并对此产生了浓厚的兴趣。1919 年,南北议和会议在上海召开,朱启钤受徐世昌总统委派出席会议,途经南京时,他在江南图书馆发现了34 卷本的《营造法式》手抄本,"其书乃宋李诚奉敕编进,分别部居,举凡木、石、土作,以及彩绘各制至纤至悉,无不详具,并附图样、颜色、尺寸尤极明晰"。① 多年积累的古建筑知识,使朱启钤敏锐地认识到这部书的重要价值。《营造法式》是宋徽宗在位时官订的建筑设计、施工的专书,也是现存的中国古籍中最完善的一部建筑技术专书。公元 1097 年(宋绍圣四年),时任将作监②主簿的李诚奉旨在原有《营造法式》的基础上重新编修,公元1100 年(宋元符三年)成书,全书共 34 卷。③ 在时任江苏省省长严震的协调帮助下,朱启钤得以将《营造法式》一书借出,后筹措资金,委托商务印书馆影印出版,这就是"丁本"《营造法式》。由

---

① 朱启钤:《石印〈营造法式〉序》,《营造论——暨朱启钤纪念文选》,第 53 页。
② "将作监"是宋代隶属于工部的土建设计施工机构。
③ 第 1—2 卷为"总释";第 3 卷为"壕寨制度"和"石作制度"("壕寨"相当于今天的土石方工程,"石作"基本包括台基、台阶、柱础、石栏杆等);第 4—5 卷为"大木作制度"(基本包括梁、柱、斗栱、椽等);第 6—11 卷为"小木作制度"(基本包括门、窗、栏杆,属于建筑装修部分,以及佛龛、神龛、经卷书架的做法);第 12 卷为"雕作"、"旋作"、"锯作"、"竹作"四制度;第 13 卷为"瓦作"、"泥作"制度;第 14 卷为"彩画作制度";第 15 卷为"砖作"、"窑作"制度;第 16—25 卷为诸作"功限"(即各工种的劳动定额);第 26—28 卷为诸作"料例"(即各作按构件的等第大小所需的材料限量);第 29—34 卷为"诸作图样"。

于"丁本"《营造法式》"惜系钞本,影绘原图不甚精审",①朱启钤经多方搜求,得到四库文渊阁、文津阁、文溯阁三阁《营造法式》藏本和蒋氏密韵楼本,他再次筹措资金,并邀请陶湘、傅增湘、罗振玉、祝书元、郭葆昌、吴昌绶等专家学者将上述藏本与"丁本"《营造法式》互相勘校,于1925年刊印发行了"陶本"《营造法式》。"陶本"《营造法式》行款字体均仿宋刊本,校勘精良,印制精美,除正文外,还集录了诸家记载及题跋,并对《营造法式》的版本流传予以详细考证。该书的出版发行在学术界产生了较大的影响,中国古代营造之学亦逐渐为海内外学人所关注。

二、成立中国营造学社

后人评价朱启钤,称其"前半生从政中,就重视从事很多实事,后半生办实业、创办中国营造学社,成绩更大"。② 自发现《营造法式》,朱启钤如获至宝,一方面想方设法集资刊印,另一方面精心组织校勘,"几经寒暑,至今所未能疏证者,犹有十之一二。然其大体,已可句读。且触类旁通,可与它书相印证者,往往而有"。③ 为进一步推动《营造法式》的研究,并以此为契机,推动中国古代建筑历史的研究,经多方努力,朱启钤筹备成立了中国营造学社。

---

① 朱启钤:《石印〈营造法式〉序》,《营造论——暨朱启钤纪念文选》,第53页。
② 章文晋:《回忆外祖父朱启钤》,同上书,第162页。
③ 朱启钤:《中国营造学社开会演词》,《中国营造学社汇刊》第一卷第一册,1930年7月。

（一）成立中国营造学社的动机

退出政坛后，朱启钤致力于实业和社会文化事业。作为中兴煤矿公司的大股东之一，自 1916 年起，朱长期担任该公司的总经理，经营上颇有章法，公司发展亦步入正轨，成为全国第三大煤矿和近代中国十大厂矿之一。[①] 在社会文化领域，朱启钤也有很多作为，如创办北戴河海滨公益会并组织开发北戴河地区，等等。[②]但对后世影响最大的，莫过于创建了中国营造学社。考察朱启钤创建中国营造学社的动机，主要有以下 3 个方面。

1. 基于《营造法式》的重大学术价值及深入研究的需要

朱启钤认为《营造法式》在中国古代建筑史上具有重要的学术价值。一方面，建筑在古代中国难登大雅之堂，向来为工匠口耳相传之技术，文字记载很少，"自《考工记》以后，未见工书，更未见专言建筑之工书"。[③] 而《营造法式》是极其少有的较为系统全面地记载工程设计、施工做法的专书，"使如留声摄影之机，存其真状，以待后人之研索"。另一方面，《营造法式》成书的时间使其拥有了特殊的学术价值。就中国建筑沿革而言，北宋是一个承上启下的朝代。《营造法式》所记载的建筑规范，"去有唐之遗风未远"，"固粗可代表唐代之艺术"，基本上体现了中国古代建筑的最高水平。[④] 以此为标准，对秦汉建筑及两宋以后建筑的年

① 王作贤、常文涵：《朱启钤与中兴煤矿公司》，《营造论——暨朱启钤纪念文选》，第233 页。
② 朱启钤：《朱启钤自撰年谱》，同上书，第 139 页。
③ 朱启钤：《李明仲八百二十周忌之纪念》，《中国营造学社汇刊》第一卷第一册，1930 年 7 月。
④ 朱启钤：《中国营造学社开会演词》，同上书。

代、特点均可作出较为清晰的推论或判断。由此可见,朱启钤之所以高度重视《营造法式》,不仅仅在于其作为古籍的稀缺性,更在于其在中国古代建筑史研究中所具有的重要学术价值。随着研究内容的深入和研究范围的扩大,朱启钤愈加感到中国建筑历史的博大精深,非有专门机构难以担此重任,他曾坦言:"因李氏书,而发生寻求全部营造史之途径。因全部营造史之寻求,而益感于全部文化史之必须作一鸟瞰也……而欲通文化史,非研求实质之营造不可"。[①]

  2. 基于朱启钤对古建筑研究的浓厚兴趣及远见卓识

  据《朱启钤自撰年谱》记载,光绪二十二年(1896 年)冬,25 岁的朱启钤"受督办夏公菽轩之知,派修凿云阳大荡子新滩工事","专任工程,是为身任劳役之始"。[②] 之后数十年,朱启钤与工程实业结下不解之缘,领导完成了多项市政建设项目和工程建设项目。他自己亦乐此不疲,身先士卒,奔波于工程一线,考察实情,统筹协调。1911 年,朱启钤被任命为津浦铁路督办,主持修建济南以北泺口黄河大桥。该工程完全采用了现代设计施工方法,朱不仅对工程勘察、设计、施工的各个环节亲自过问,而且深入施工现场查验重要部位的工程进展。朱的这种务实的作风在重功名、讲义理的清代官员中是比较少见的。长期领导工程建设的经历使朱启钤积累了较为丰富的工程知识,并逐步形成注重实

---

① 朱启钤:《中国营造学社开会演词》,《中国营造学社汇刊》第一卷第一册,1930 年7 月。

② 朱启钤:《朱启钤自撰年谱》,《营造论——暨朱启钤纪念文选》,第 134 页。

学的思想,对于当时流行的辞章和考据之学,则颇不在意。① 在组织开展京师市政改造和其他一些工程项目的过程中,朱启钤意识到,由于传统文化对于建筑工程的不重视,大量的建筑施工技术和经验是靠最底层的工匠口耳相传,"古今载籍所不经观",欲求这些技术和经验,必须和工匠们打成一片,从他们的讲述和实际操作中了解纷繁复杂的建筑施工术语和技术。朱启钤很好地做到了这一点,据其自述,"所与往还者,颇有坊巷编氓、匠师耆宿,聆其所说",即便是零闻片语、残鳞断爪,也"宝若拱璧"。② 对于能够搜集到的古代工书,如工程则例之类,朱启钤无不视若至宝,细心研读。

3. 基于挖掘中国古代建筑成就、弘扬中华文明的需要

前文曾提及朱启钤的政治生涯很复杂,也有着因参与袁世凯复辟而被通缉这样的政治污点,但对外则始终坚持民族气节,未有卑躬屈膝取悦列强之言行。尤其是在抗战时期,拒任伪职,坚决不与日本人合作,赢得各方的充分肯定。抗战胜利后,国共两党的高层官员都曾专门拜访或宴请朱启钤,对其爱国精神赞誉有加。1920 年代,国内学术界关于中国古代建筑史的研究还是一片空白,少数的研究成果均为欧美学者和日本学者所取得。对此,朱启钤深感遗憾,认为"夫以数千年之专门绝学,乃至不能为

---

① 刘宗汉:《试述朱桂辛先生从事中国古代建筑研究的动因》,《营造论——暨朱启钤纪念文选》,第 199 页。
② 朱启钤:《中国营造学社开会演词》,《中国营造学社汇刊》第一卷第一册,1930 年 7 月。

外人道,不惟匠式之羞,抑亦士大夫之责也"。① 数年后,"陶本"《营造法式》刊行之际,朱又提及此问题,他指出,"我国历算绵邈,事物繁赜,数典恐贻忘祖之羞,问礼更滋求野之怯。正宜及时理董,刻意搜罗,庶俾文质之源流秩然不紊,而营造之沿革,乃能阐扬发挥前民而利用"。② 此外,就现存的古建筑,特别是大量的木结构建筑而言,由于建筑材料老化、自然灾害及战争破坏等原因,数量不断减少;就传统的营造工艺而言,由于现代建造技术的广泛应用,越来越失去用武之地,"而名师巨匠,相继凋谢,及今不治,行见文物沦胥,传述渐替",③系统地开展中国古代营造学研究,显得尤为紧迫。朱启钤亦为此专门呼吁"若再濡滞,不逮数年,阙失弥甚"。④

(二)中国营造学社筹建经过

早在 1925 年,刊行"陶本"《营造法式》之后不久,朱启钤即组织成立了私人的研究机构——营造学会,与阚铎、瞿兑之等人一起搜集营造佚书史及图纸,制作古建筑模型,学会的经费由朱启钤个人承担,会址即设在北京东城宝珠子胡同朱的家里。在此期间,朱启钤等人相继编辑整理了《哲匠录》、《漆书》等论著。1928 年,营造学会在中央公园举办专题展览,向公众展示了历年搜集、整理的古建筑书刊、图纸及模型等物品,在普及古建筑知

---

① 朱启钤:《石印〈营造法式〉序》,《营造论——暨朱启钤纪念文选》,第 53 页。
② 朱启钤:《重刊营造法式后序》,同上书,第 61 页。
③ 朱启钤:《呈请教育部立案文》,见《社事纪要》,《中国营造学社汇刊》第三卷第三期,1932 年 9 月。
④ 朱启钤:《中国营造学社缘起》,《中国营造学社汇刊》第一卷第一册,1930 年 7 月。

识、弘扬传统文化方面发挥了积极作用。时任中华教育文化基金
董事会常务董事的周贻春曾在北洋政府为官多年,与朱启钤多有
交往,他对朱所从事的研究工作很感兴趣,明确表示可通过基金
会拨款资助营造学会。

对于周贻春的建议,朱启钤非常赞同。究其原因,一是经济
上的考虑。虽然朱启钤退出政坛后致力于实业,一度收入颇丰,
但无奈连年战乱,企业经营很不稳定,收入自然受到影响。除去
庞杂的家庭生活开支外,朱启钤在刊行"陶本"《营造法式》、购置
古建筑图书等方面亦投入巨资,几乎入不敷出,到了 1928 年,不
得不变卖其个人珍藏的部分文物,才得以还清所欠债务 14 万元,
若继续维持营造学会的运行,则须不断投入资金,这对于经济上
已渐窘迫的朱启钤来说,显然是个不小的难题。二是研究上的需
要。自刊行《营造法式》之后,朱启钤专心中国营造学研究,对该
书悉心校读,"治营造学之趣味乃愈增,希望乃愈大,发见亦渐
多"。① 然而,随着研究的深入,朱启钤越来越感到"营造范围,千
门万类,凡属艺术,靡不包容,同时历代政治宗教学术交通,下及
风俗材料,罔不关连弥切"。② 如此繁杂的研究对象,加上研究古
建筑必须的实地考察等工作,由两三个爱好者继续维系,显然是
勉为其难的。只有设立专门的学术机构,科学规划,分步实施,相
关的研究工作才有可能深入开展并取得实效。鉴于此,朱启钤决

---

① 朱启钤:《中国营造学社开会演词》,《中国营造学社汇刊》第一卷第一册,1930 年
   7 月。
② 朱启钤:《呈请教育部立案文》,见《社事纪要》,《中国营造学社汇刊》第三卷第三
   期,1932 年 9 月。

心采纳周贻春的建议,改组营造学会,争取资金支持,成立专门的研究机构。

1929 年 6 月 3 日,朱启钤致函中华教育文化基金董事会,申请资金资助,并明确表达了希望继续进行营造学研究的愿望。7 月 5 日,中华教育文化基金董事会回函,同意每年补助经费 15000 元,暂以 3 年为限,条件很宽松,即学社的研究成果须交北海图书馆收存。① 11 月 19 日,中华教育文化基金董事会又致函朱启钤,告之资助经费计划于 1930 年 1 月起按季度拨付。②

在积极争取经费的同时,朱启钤还着力解决好两件事:一是社址问题;二是选聘职员及邀请社员问题。退出政坛后,朱启钤曾长期居住天津,1922 年,因妻子病重,为便于养病,特意在天津南郊吴窑村自建住房,取名为蠖园,自组织营造学会开展营造学研究以来,所搜集的图书、实物也多存于天津。而成立中国营造学社,在办公地点上,北平显然比天津更合适:一则北平为古都,古建筑众多,本身即为中国营造学研究提供了丰富的资源;二则北平学术机构及学者较为集中,学术氛围浓厚,对于开展学术研究、选聘研究人才较为有利,朱启钤在 1929 年 11 月 10 日《致中华教育文化基金会函》中亦表示希望在故宫三海附近寻找合适的办公地点,便于和相关的文化机构交往;③三则北平曾是清政

① 《中华教育文化基金董事会复函(1929 年 7 月 5 日)》,见《社事纪要》,《中国营造学社汇刊》第一卷第一册,1930 年 7 月。
② 《中华教育文化基金董事会复函(1929 年 11 月 19 日)》,见《社事纪要》,《中国营造学社汇刊》第一卷第一册,1930 年 7 月。
③ 朱启钤:《致中华教育文化基金会函(1929 年 11 月 10 日)》,见《社事纪要》,《中国营造学社汇刊》第一卷第一册,1930 年 7 月。

府和北洋政府的首都，政界要员云集，他们中的很多人为朱启钤故交，系维持中国营造学社运行不可或缺的人脉资源；四则中国营造学社的主要资金来源中华教育文化基金董事会和中英庚款董事会均设立在北平，学社在此办公，便于争取各方面资金支持。最终，朱启钤决定即将成立的中国营造学社在北平办公，办公地点临时设在北平宝珠子胡同七号。后来随着中国营造学社社务的逐渐扩展，朱感觉原办公地点狭隘不敷支配，经多方寻觅，最终确定租借中山公园行健会东侧旧朝房十一间，即皇城天安门内社稷街门南首之千步廊为新社址。该处"适居市区中央，且为旧日紫禁城之一部，不仅交通便利，即考订故迹，证验实物，尤有左右逢源之益"。① 1932 年 7 月中旬，中国营造学社迁入新址办公，一直至"卢沟桥事变"爆发后撤离北平。

在选聘职员及邀请社会各界人士入社问题上，亦显示出朱启钤的办社思路。朱启钤将中国营造学社成员分为常务和名誉两类，常务社员是专职从事研究和行政事务的工作人员，即正式的学社职员，他们每天须到学社上班，从学社领取报酬；名誉社员非学社正式职员，他们只参加学社的活动，不负责具体的工作，亦不领取报酬。由于受限于学社的发展定位及现代建筑学人才的缺乏，中国营造学社创建之初，朱启钤并未聘请太多的常务社员，正式职员只有阚铎、瞿兑之、刘南策、陶洙等人，②他们多为原营造学会的研究人员。名誉社员的选聘则更注重扩大影响，争取各方

① 《本社纪事》，《中国营造学社汇刊》第三卷第二期，1932 年 6 月。
② 《社事纪要》，《中国营造学社汇刊》第一卷第一册，1930 年 7 月。

支持,因而人员来自社会各界,背景亦较为复杂。中国营造学社成立时首批名誉社员 31 人,分为"评议"、"校理"和"参校"(见表2.1)。单纯从名单上看,很多人和古建筑研究毫无瓜葛,但细究起来,他们当中,不乏来自政界、财经界、学术文化界、建筑界等社会各界的知名人士,无形中为学社编织了一张巨大的人脉资源网,这对于中国营造学社这个刚刚起步的学术机构而言,显然是基本的生存和发展需要。后来的实践也证明了这一点,梁思成、刘敦桢等人外出开展古建筑调查测绘,往往先由朱启钤出面,疏通好各方面的关系,保证调查工作能够得到当地政府和有关单位的支持。当然,社员队伍的繁杂也带来一些负面影响,人们有时难免因一些社员的复杂背景而对学社的性质产生误解。

表 2.1　中国营造学社名誉社员名单(1930 年)①

评议 (14 人)	华南圭	周贻春	郭葆昌	关冕钧	孟锡珏	徐世章
	吴延清	张文孚	马世杰	张万禄	林行规	温　德
	翟孟生	李庆芳				
校理 (12 人)	陈　垣	袁同礼	叶　瀚	胡玉缙	马　衡	任凤苞
	叶恭绰	江绍杰	陶　湘	孙　壮	卢　毅	荒木清三
参校 (5 人)	梁思成	林徽音②	陈　植	松崎鹤雄	桥川时雄	

　　在资金、办公地点、人员基本就绪的情况下,1930 年 3 月 16

---

① 《社事纪要》,《中国营造学社汇刊》第一卷第一册,1930 年 7 月。
② 林徽因原名林徽音,1930 年代因与作家林徽音姓名读音、字形接近,常被文学界同仁和广大读者混淆,遂决定改名,自 1935 年起,林徽因发表作品一律改署林徽因。为便于叙述,本书除引用的文献资料之外,一律用林徽因。

日,近代中国第一个研究古建筑的学术团体——中国营造学社在北平成立,朱启钤亲自担任社长。在成立大会上,朱启钤发表演说,详细阐述了创建中国营造学社的初衷及对中国古代建筑研究的体会,并表示研究中国古代建筑史"如此造端宏大之学术工作,更不知何日观成",但"费一分气力,即深一层发现,但务耕耘,不计收获"。①

第二节　专心古建筑研究:梁思成的职业选择

如果说作为近代中国的第一代建筑师,梁思成回国伊始便远赴东北执教,是一个具有浓厚知识分子倾向的选择的话,梁思成的第二次职业选择——入职中国营造学社,则同样具有浓厚的知识分子倾向和理想主义色彩。就梁思成一生的学术经历而言,在中国营造学社工作期间无疑是最自由的,成果最辉煌的,虽然这期间也是磨难重重,特别是抗战时期,全家流亡西南,食不果腹,朝不保夕,妻子林徽因病情不断恶化,几近无可医治。可以说,梁思成个人的学术成就和中国营造学社是密不可分的。考察梁思成在中国营造学社时期的学术成就,有必要先就其选择到中国营造学社工作的原因作一详细剖析,有助于对其更全面地认知。

一、最初的拒绝

对于和朱启钤以及中国营造学社最初的交往,尚未见到梁思

---

① 朱启钤:《中国营造学社开会演词》,《中国营造学社汇刊》第一卷第一册,1930 年7月。

成本人撰写的文字记录。目前,关于这段历史最有价值的记述来自两方面:一是梁思成的第二任妻子林洙所撰写的关于梁思成的传记和回忆录;二是梁思成林徽因夫妇的生前好友美国人费慰梅为他们撰写的传记,①其他的研究著作则多采用他们的说法。根据这些传记的记述,朱启钤在筹备成立中国营造学社时,即通过好友周贻春的介绍知道了梁思成,并对其家庭、学术背景及研究兴趣有了一些了解。周贻春曾任清华学校的校长,对梁家应该比较熟悉,虽然他不懂建筑学,但他认为中国营造学社要想有所作为,不能仅靠研读古代建筑典籍,必须要有精通现代建筑学知识的人来担当研究重任。显然,这个思路是极富远见的。鉴于梁家的社会声望和梁思成的专业背景,周贻春向朱启钤推荐了梁思成,并亲自到沈阳面见梁思成,代朱启钤发出了入社邀请。朱启钤筹建中国营造学社是在 1929 年至 1930 年初,梁思成赴东北大学任教则是在 1928 年秋季,考虑上述时间,朱启钤邀请梁思成入社应该在 1929 年下半年。中国营造学社正式成立时,梁思成仍然在东北大学任教,并没有离开沈阳,只是和妻子林徽因、好友兼同事陈植等人一起作为"参校"挂名学社名誉社员名单。显然,对于朱启钤最初的入社邀请,梁思成并未接受,而仅同意挂名。

　　从梁思成的人生经历和他在东北大学执教情况来分析,梁思成拒绝作为专职人员参加中国营造学社是有他的考虑的,也符合梁的为人行事风格。

————————

① 费慰梅著,成寒译:《中国建筑之魂:一个外国学者眼中的梁思成林徽因夫妇》。

　　一是执教东北大学的吸引力。梁思成在其人生职业生涯的第一站——执教东北大学期间，不仅成功地创建了近代中国第二个大学建筑系，构建了"学院派"风格突出的教学体系，初步形成了自己的建筑教育思想和风格，而且在建筑设计、古建筑调查研究等方面取得了不小的成果，有了较为扎实的学术积累。更重要的是，当初放弃到清华大学执教和加入有实力的建筑公司从事设计工作，本身就表明了梁思成渴望创业、专心学术研究的强烈愿望。到了1929年下半年，经过一年的苦心经营，特别是陈植等人应邀前来执教，基础条件已比较齐备，教学亦步入正轨，建筑系最困难的创业阶段已基本过去，开始进入正常发展阶段。对于自己一手开创的建筑系，梁思成自然不愿轻易离开。

　　二是出于对政治的本能排斥。筹备成立中国营造学社时，朱启钤已退出政坛多年，专心实业和学术文化研究，但他毕竟是位经历非常复杂的老官僚，虽然做过很多有益于社会进步的事情，但也不可避免地卷入过许多政治斗争，做过一些糊涂事，为国人所诟病。自清华毕业之后，梁思成就逐渐远离了政治，而专心学术，他的显赫声名也主要源于后来取得的举世公认的学术成就。出于对朱启钤复杂政治背景的本能排斥，梁思成自然不愿意与其交往过密。梁思成之所以远离政治，其主要原因应该是来自父亲梁启超的影响，以及梁思成本人对建筑学专业的无比热爱。梁启超早年因为从政而出名，成为世人瞩目的政治明星，民国初年亦曾多次在内阁担任要职。对于从政，梁启超可谓满腔热情而来，却两手空空而归。说到底，梁启超虽曾位居高官，但他不是政客，而是思想家、学者,才情洋溢却权谋不足。胡适曾专门评述:"任公为人最和蔼可爱,全无城府,一团孩子气。"[1]失望苦闷之余,梁启超亦对中国政治有了更深刻的感悟,在军阀专制、黑暗混乱的中国,从政是没有任何前途的,尤其是青年,绝不可涉足于此。出于对子女的关爱和责任,梁启超也在潜移默化中向他的子女们灌输着这种思想,正如他一再告诫大女儿梁思顺夫妇的话,"作官实易损人格,易习于懒惰与巧滑,终非安身立命之所"。[2] 梁启超还强调指出,从政也是一种职业,政治救国和军事救国、学术救国、教育救国、实业救国等都是在自己的领域从事的旨在拯救民族命运的活动,不必也不应该人人都将从政作为最高的或唯一的人生理想选择。从梁思成的个人经历看,似乎在自觉或不自觉地贯彻着这一思想。他一生钟情古建筑研究与保护,热情之高是其他兴趣难以比拟的,这门融会工程、艺术、人文等各科知识的学科使他如痴如醉,沉浸其中,终生不悔。

二、选择中国营造学社

1931 年 6 月,梁思成辞去东北大学的教职,返回北平,正式加入中国营造学社。梁思成为什么在这个时间离开东北大学?为什么在再次择业时没有去北平的其他高校或建筑公司,而是选择了自己一度拒绝加入的中国营造学社? 究其原因,主要有以下 3 个方面。

---

① 胡适著,曹伯言整理:《胡适日记全编·5》,第 352 页。
② 梁启超:《致梁思顺(1916 年 10 月 11 日)》,《梁启超家书》,第 258 页。

(一)家庭的需要

1930 年冬天,林徽因因病辞离东北大学返回北平,先是寄居于梁思成大姐梁思顺家养病,后和母亲、孩子一起移居北平西郊香山静宜园双清别墅疗养。1931 年 2 月,经北平协和医院诊断,林徽因所患之病系肺结核病,且病情较为严重。徐志摩在家书中专门提及此事,他告诉陆小曼:"一天徽音陪人到协和去,被她自己的大夫看见了,他一见就拉她进去检验;诊断的结果是病已深到危险地步,目前只有立即停止一切劳动,到山上去静养。"①沈阳天气寒冷,医疗条件又远远比不上北平,林徽因只能长期在北平养病,这使得远在沈阳的梁思成极度焦虑,而要想好好照顾妻子,只有辞别沈阳回北平。

(二)东北局势的变化

1930 年代初期,东北局势急剧恶化。日本人跃跃欲试,随时准备发动全面进攻,将东三省据为己有,并以此为大本营,进攻华北,乃至全中国。东北危在旦夕,东北大学也处于风雨飘摇之中,刚刚起步的学术研究工作很难再继续开展下去了。梁思成等人在为东北大学的前途深深忧虑之时,不得不开始重新寻求新的出路。沈阳虽为张学良和东北军统治中枢重镇,但亦为中日对抗之前沿,形势紧迫,人心惶惶,有很多人已经开始准备迁往关内。国难当头,东北大学内部却未能团结一心,反而陷入人事纷争的乱局。梁思成对此颇感失望,他后来曾表示因东北大学行政方面闹

---

① 徐志摩:《致陆小曼(一九三一年二月二十六日)》,韩石山编:《徐志摩全集》(第六卷·书信),第 152 页。

宗派,自己顿起厌恶之心。① 1931 年 2 月,陈植离开东北大学来到上海,和赵深一起成立了赵深、陈植事务所,其他一些同事也相继离职。"九一八"事变爆发后,东北三省随即沦陷,东北大学被迫中止办学,流亡关内。

(三)梁思成的学术兴趣和朱启钤的诚意

这是促使梁思成告别沈阳加入中国营造学社的关键因素。就梁思成的学术兴趣而言,他更希望摈弃杂务,专心从事自己所钟爱的古建筑研究。梁思成从未到建筑公司专职从事建筑设计和工程实践以获得更高的经济待遇,原因恐怕即在于此。执教东北大学时期是梁思成学术实践的起步期,初步取得的学术成果也使他对以后的学术道路充满信心和憧憬。中国营造学社已成立一年多,经济来源和社务运行基本稳定,社长朱启钤多方斡旋,寻求支持,并拟定了较为详细的学术研究计划,这些都为以后的研究工作提供了可靠的保证,能够为梁思成开展古建筑研究提供较为理想的学术平台和较为自由的学术空间。虽然梁思成最初拒绝加入中国营造学社,但朱启钤始终未放弃邀请,梁思成林徽因夫妇挂名学社名誉社员,亦在一定程度上加强了他们之间的联系,加深了彼此的了解和信任,为促成合作打下了基础。

经过慎重的考虑,梁思成终于作出了人生的第二次择业决定。他先是于 1931 年 2 月将建筑系的工作交给了同事童寯,6 月,辞别东北大学回北平,在北总布胡同 3 号安家,9 月,正式加

---

① 梁思成:《我为谁服务了二十余年》,《人民日报》,1951 年 12 月 27 日第 3 版。

入中国营造学社,从之前的名誉社员转而为专职研究人员。①

第三节　从传统到近代:中国营造学社的转型

对于中国营造学社来讲,梁思成的入职不仅使其拥有了一位古建筑研究专家,更为重要的是梁带来了现代建筑学研究的科学方法与理念。在梁思成及之后入社的刘敦桢的带领下,学社的研究思路、研究方法、人员结构等均有了实质性的变化,在高效率的古建筑研究实践中,完成了由传统私人学术团体到现代学术研究机构的转型。

一、偏于研读古籍:成立初期的中国营造学社

中国营造学社成立以后,虽然朱启钤很想有所作为,但就其成员组成和教育背景而言,几乎没有人接受过现代建筑学教育,亦谈不上对现代建筑学方法、技术的掌握和应用。朱启钤本人的思路也基本上停留在营造学会时期,注重搜集、整理、解读古代建筑文献,竭力从浩瀚的古籍中去发掘中国建筑历史的线索。朱亲自为中国营造学社拟订了工作计划,强调学社的工作重点包括5个方面:其一,"讲求李书读法用法,加以演绎,节并章句,厘定表例。广罗各种营造专书,举其正例变例,以为李书之羽翼";其二,"纂辑营造辞典";其三,"辑录古今中外营造图谱";其四,"编译古今东西营造论著";其五,"访问大木匠师、各作名工,及工部

---

① 林洙、楼庆西、王军:《梁思成年谱》,《梁思成全集》(第九卷),第102页。

老吏样房算房专家"。① 上述 5 点表明,成立初期的中国营造学社仍在延续研读古籍、整理文献的旧思路,尚未意识到用现代建筑学的方法实地开展古建筑调查的重要性和必要性。

受研究人员专业能力以及发展思路的限制,中国营造学社成立初期并未有大的作为。在上报中华教育文化基金董事会的第一次工作报告中,学社详细总结了成立近一年所做的工作,主要包括改编《营造法式》为读本、增补工部工程做法图式并编校则例、《园冶》之整理、编集辞典资料、编订营造丛刊目录、采集营造四千年大事表、《哲匠录》之编辑、李明仲之纪念会、发行中国营造学社汇刊等 9 个方面。② 截止到报告时,前 7 项工作都还在进行之中,1930 年 3 月 21 日举办了李明仲逝世 820 周年纪念会,并刊发了《李明仲之纪念》,7 月、12 月,分别出版发行了《中国营造学社汇刊》第一卷第一册和第二册。

二、内部机制与研究方法的双重变革:中国营造学社的转型

从 1931 年下半年开始,在梁思成的推动下,中国营造学社在内部机构设置、人员选聘等方面进行了大的调整,其职能由单纯的古建筑文献整理扩展至古建筑调查研究、古籍文献整理、古建筑维修及古建筑研究人才培养等多个方面,同时积极引进现代建筑学的技术和方法,形成研究重点和特色,较快地实现了自身的转型。

---

① 朱启钤:《中国营造学社缘起》,《中国营造学社汇刊》第一卷第一册,1930 年 7 月。
② 《社事纪要》,《中国营造学社汇刊》第一卷第二册,1930 年 12 月。

(一)调整内部机构设置

朱启钤筹建中国营造学社时,"原拟分设文献法式两股,物色专门人材,分工合作",[①]但由于种种原因,并未立即设立文献、法式两部,实际选聘的正式成员,即所谓的"常务"只有 6 人,分别是"编纂兼日文译述阚铎,编纂兼英文译述瞿兑之,编纂兼测绘工程司刘南策,编纂兼庶务陶洙,收掌兼会计朱湘筠,测绘助理员宋麟征"。[②] 少数的几位专职研究人员的主要职责和职务均为编纂,兼做翻译或其他事务。这一方面反映了成立初期中国营造学社内部机构尚不健全,建筑专业人才匮乏;另一方面则反映出成立初期的中国营造学社尚未形成以现代建筑学理论为指导的研究范式。梁思成加入之后,学社随即在组织结构上进行了第一次大的调整,设立了文献部和法式部,由梁思成出任法式部主任,文献部主任暂由阚铎担任,[③]其他职员,则酌量予以改组。[④] 至于朱启钤本人,得以放手学社的一些具体事务,着重协调各方关系,争取更多支持。一个月后,由于阚铎的离职,朱启钤兼任文献部主任。此时,朱启钤已经开始积极物色新的文献部主任了,他选定的对象是时任中央大学建筑系教授的刘敦桢。在1932 年 3 月 15 日致中华教育文化基金董事会的函中,朱启钤称:"文献一部则拟聘中央大学建筑系教授刘敦桢君兼领。"当

---

① 《社事纪要》,《中国营造学社汇刊》第二卷第三册,1931 年 11 月。
② 《社事纪要》,《中国营造学社汇刊》第一卷第一册,1930 年 7 月。
③ 阚铎任文献部主任至当年 10 月,即辞去中国营造学社工作,赴东北任奉天铁路局局长,兼四兆铁路管理局局长,后在满日文化协会从事研究和文物保护工作。
④ 《社事纪要》,《中国营造学社汇刊》第二卷第三册,1931 年 11 月。

时刘敦桢虽尚未来北平就职,"亦常通函报告其所得,并撰文刊布"。6 月,刘敦桢即名列中国营造学社正式职员名单,任文献部主任。① 至此,中国营造学社文献部、法式部二部分设的格局基本形成,前者侧重于对古籍文献上关于古建筑及建筑技术的记载进行研究,后者侧重从实物调查入手,对古建筑进行测绘、制图和分析鉴定。

(二)引进现代建筑学的技术和方法

针对中国营造学社成立初期在治学方法和研究思路上存在的问题,梁思成提出:"近代学者治学之道,首重证据,以实物为理论之后盾,俗谚所谓'百闻不如一见',适合科学方法。艺术之鉴赏,就造形美术言,尤须重'见'。读跋千篇,不如得原画一瞥,义固至显。秉斯旨以研究建筑,始庶几得其门径。"②梁思成从现代建筑学研究的视域出发,特别重视开展野外调查,对发现的古建筑进行科学的调查测绘,然后对照古籍文献记载,逐一印证,以此梳理出古建筑建造风格、建造工艺等的演变过程。梁思成强调:研究古建筑"非作遗物之实地调查测绘不可",单纯地整理研究古籍,"读者虽读破万卷,于建筑物之真正印象,绝不能有所得"。③ 费慰梅曾专门提及这一问题,她指出:"梁思成是二十世纪的现代人。他的教育所包含的,不仅有中国的传统文化,也有坚持实地观察和试验的西方科学。而更重要的是,他生来就是一

---

① 《社事纪要》,《中国营造学社汇刊》第三卷第二期,1932 年 6 月。
② 梁思成:《蓟县独乐寺观音阁山门考》,《梁思成全集》(第一卷),第 161 页。
③ 同上。

个行动派,一个实事求是的人。"①朱启钤显然也接受了梁思成的意见,将实物考察视为中国营造学社的一项主要工作。这一转变在梁思成入学社后不久即得以体现。朱启钤在致中华教育文化基金董事会的函中表示:"至于来年工作大纲,将以实物之研究为主,测绘摄影则为其研究之方途。"朱进而颇有信心地说:"此实为三年文献研究所产生自然之结果,而此种研究方法在本社为工作方针之重新认定,而其成绩则将为我国学术界空前之贡献。"②

(三)设立研究生选拔培养机制

基于国内建筑学人才极端匮乏的现状,1931 年,中国营造学社特意向中英庚款董事会申请专门经费,用以筹建建筑学研究所,招收有培养前途的大学毕业生或具有一定研究基础和潜力的年轻人,经过严格的培养和训练,使之成为古建筑研究领域的专门人才。③ 虽然申请未获批准而未能成立建筑学研究所,但学社对古建筑研究人才培养工作的热情丝毫未减。1935 年,研究生培养工作正式启动,莫宗江、陈明达、王璧文、麦俨曾、陈仲篪等 5人成为第一批研究生。莫宗江是梁思成主持下中国营造学社招聘的第一位年轻成员,他于 1931 年底到学社工作。1932 年,莫宗江又介绍其小学同学陈明达到学社工作,后来,陈仲篪、王璧

---

① 费慰梅著,成寒译:《中国建筑之魂:一个外国学者眼中的梁思成林徽因夫妇》,第 74 页。
② 《社事纪要》,《中国营造学社汇刊》第三卷第二期,1932 年 6 月。
③ 《社事纪要》,《中国营造学社汇刊》第二卷第三册,1931 年 11 月。

文、麦俨曾、赵法参等年轻人亦陆续进入学社。莫宗江到学社后，即分到法式部，担任梁思成的助手,陈明达则和陈仲篪、王璧文协助刘敦桢查找文献,担任其研究助手。对于这些工作进步快、发展潜力大的年轻人,学社决定把他们晋升为研究生,根据其特长,分别在梁思成和刘敦桢二位导师的指导下从事古建筑理论学习和研究工作。抗战爆发前的两三年,既是学社事业蓬勃发展时期,亦是研究生培养鼎盛阶段,1936 年,学社从事测绘的工作人员赵法参晋升为研究生,研究生规模达到 6 人。1935 年,中央大学建筑系毕业生刘致平离开浙江省风景整理建设委员会加入中国营造学社,因其接受过系统的建筑学专业教育,且已有一定的古建筑研究能力和经验,学社没有将其确定为研究生,而是直接安排到法式部担任梁思成的助手,由梁对其指导和培养。

这种研究生选拔培养机制及与之相联系的导师制的培养方式不仅有利于年轻人的成长,而且为中国营造学社培养了一支高素质的研究队伍。梁思成、刘敦桢主持开展的野外古建筑调查,学社的年轻成员多参与其中且发挥了骨干作用。莫宗江、陈明达等人很快就能独立完成一些古建筑的调查测绘任务,并在古建筑研究领域崭露头角。《中国营造学社汇刊》每期收录的文章约六七篇,从 1934 年 6 月出版的第五卷第二期开始,年轻成员陆续有译作或研究报告发表,抗战胜利前后出版的最后两期,则有近一半的篇目为年轻成员的研究成果。(见表 2.2)

表 2.2　中国营造学社年轻社员发表于

《中国营造学社汇刊》的文章(含译作)

序号	题 目	作 者	发表时间
1	泉州印度式雕刻	库马拉亚弥著、刘致平译	第五卷第二期(1934 年 6 月)
2	识小录	陈仲篪	第五卷第三期(1935 年 3 月)
3	清官式石桥做法	王璧文	第五卷第四期(1935 年 6 月)
4	识小录(续)	陈仲篪	第五卷第四期(1935 年 6 月)
5	清官式石闸及石涵洞做法	王璧文	第六卷第二期(1935 年 12 月)
6	识小录	陈仲篪	第六卷第二期(1935 年 12 月)
7	元大都城坊考	王璧文	第六卷第三期(1936 年 9 月)
8	宋永思陵平面及石藏之子初步研究	陈仲篪	第六卷第三期(1936 年 9 月)
9	元大都寺观庙宇建置沿革表	王璧文	第六卷第四期(1937 年 6 月)
10	云南一颗印	刘致平	第七卷第一期(1944 年 10 月)
11	宜宾旧州坝白塔宋墓	莫宗江	第七卷第一期(1944 年 10 月)
12	旋螺殿	卢　绳	第七卷第一期(1944 年 10 月)
13	四川南溪李庄宋墓	王世襄	第七卷第一期(1944 年 10 月)
14	成都清真寺	刘致平	第七卷第二期(1945 年 10 月)
15	山西榆次永寿寺雨花宫	莫宗江	第七卷第二期(1945 年 10 月)
16	汉武梁祠建筑原形考	费慰梅著、王世襄译	第七卷第二期(1945 年 10 月)
17	乾道辛卯墓	刘致平	第七卷第二期(1945 年 10 月)

(四) 由私人研究团体改为永久学术机关,设立干事会

中国营造学社成立初期,虽获得中华教育文化基金董事会的资助,但就其性质而言,仍属私人研究团体,在机构设置上亦不完整。随着学社各项工作的展开,朱启钤认识到,仍延续私人研究团体的性质,将极大地制约学社的发展,"苟无完备组织,分门析类,广续研求,则始愿难闳,成功不易"。1932 年 8 月 23 日,朱启钤呈请教育部立案并获得批准,中国营造学社"由私人研究团体,改为永久学术机关"。①

设立干事会也是中国营造学社转型期的重要举措之一。1932 年初,考虑到中国营造学社的发展需要,以及中华教育文化基金董事会对学社内部管理的要求,中国营造学社筹备成立了干事会,"厘定社约并规划本社进行大纲"。选聘干事的条件亦很明确,"凡海内贤达,曾辱为本社发起人,或以精神物力扶掖本社",均有资格被推选为干事。第一届干事会成员包括周寄梅、叶玉甫、孟玉双、袁守和、陶兰泉、陈援庵、华通齐、周作民、钱新之、徐新六、裘子元等人。② 第一次干事会会议形成决议,决定向北平市党部及教育部,依文化团体组织法,申请立案。③ 而将中国营造学社由私人团体改为永久学术机关之意见,也应由此次会议议决并付诸实施。

---

① 《社事纪要》,《中国营造学社汇刊》第三卷第三期,1932 年 9 月。
② 《社事纪要》,《中国营造学社汇刊》第三卷第二期,1932 年 6 月。
③ 《社事纪要》,《中国营造学社汇刊》第三卷第四期,1932 年 12 月。

三、朱梁刘组合:中国营造学社的转型核心

建筑学家刘敦桢正式加入中国营造学社之后,中国营造学社以朱启钤、梁思成和刘敦桢三人为中心,形成了新的领导团队,成为学社转型和发展的核心。

(一)支持保障与统筹协调:朱启钤的贡献

对于中国营造学社的创建与发展,朱启钤可谓倾注了大量心血,这也是中国营造学社取得成功的关键因素之一。筹建初期,朱几乎事必躬亲,从争取资金支持,选择办公地点,到协调与各方关系,拟定学社工作计划,无一不体现其良苦之用心。对此,朱启钤在中国营造学社成立大会上一再表示:"私愿以识途老马,作先驱之役,以待当世贤达之闻风兴起耳。"[1]抗战之前,中国营造学社的经费主要来自四个方面:一是中华教育文化基金董事会定期拨付的经费;二是中英庚款董事会不定期拨付的经费;三是学社同仁自筹的款项;四是社会各界人士赞助的经费。随着学社的发展,到 1934 年,正式职员即达 17 人,[2]学社的开支也随之大大增加,来自中华教育文化基金董事会和中英庚款董事会的经费终归有限,[3]社会各界的赞助就显得越来越重要。朱启钤充分利用

---

① 朱启钤:《中国营造学社开会演词》,《中国营造学社汇刊》第一卷第一册,1930 年 7 月。

② 林洙:《叩开鲁班的大门——中国营造学社史略》,第 23 页。

③ 从 1929 年至 1937 年,中华教育文化基金董事会每年拨付中国营造学社经费 15000 元。1934—1935 年,中英庚款董事会每年拨付中国营造学社经费 10000 元,1936—1937 年为 18000 元。抗战爆发之后,上述两项经费来源陆续断绝,学社经费主要通过向教育部、财政部申请和私人捐助获得,极其困难。

自己从政时积累下来的深厚的人脉资源,广泛寻求各界的支持,筹集款项,用于学社建设。据林洙统计,中国营造学社从筹备之初到 1935 年,获得私人捐款 61001 元。① 1930 年代的中国,城乡差距悬殊,治安状况更是一塌糊涂,学社成员在野外调查过程中自然离不开各地行政当局的同意和关照。为确保野外调查的顺利开展和学社成员的人身安全,往往不等学社成员出发,朱启钤便通过各种各样的关系办理好了必要的手续,甚至连食宿、交通问题都妥善解决,从而确保了学社成员能够专心致志地从事调查和研究工作。在中国营造学社创建初期,为加强对外学术交流,扩大社会影响,朱启钤力主创办学社自己的学术刊物,1930 年 7月正式出版学术研究刊物——《中国营造学社汇刊》。该刊物从创刊到 1945 年出版发行最后一期——第七卷第二期,前后共出版了 7 卷 22 期,几乎与中国营造学社的存在相始终。就内容而言,"自第六期起(廿一年三月廿一日出版)内容将改前介绍古籍之主体而为研究心得之发表"。②《中国营造学社汇刊》收录了中国营造学社成员的绝大多数重要研究成果,真实地记录了学社发展的历史过程,无论是办刊质量,还是所刊发论著的学术水平,在1930 年代的中国学术界,均属一流。

(二) 野外调查与文献整理并重:梁思成、刘敦桢的组合

　　实践证明,梁思成、刘敦桢的组合,是中国营造学社转型成功的另一个关键因素。1932 年至 1937 年期间,从蓟县独乐寺观音

① 参见林洙:《叩开鲁班的大门——中国营造学社史略》,第 37 页。
② 《社事纪要》,《中国营造学社汇刊》第三卷第二期,1932 年 6 月。

阁开始,梁思成、刘敦桢带领中国营造学社的成员对华北、西北、华东等地的古建筑展开了大规模的调查,并结合调查成果对中国古代建筑史的相关问题进行了深入的研究,形成了一大批在国内外学术界产生重要影响的成果。梁思成首次开展野外调查所形成的研究成果《蓟县独乐寺观音阁山门考》是近代中国学者第一次用科学方法研究古建筑的经典之作,超过了当时外国学者研究中国古建筑的水平。① 刘敦桢则凭借其扎实深厚的国学功底,在参加古建筑调查的同时,对古籍文献进行深入整理和研究,所发表的文章中既有以考证严谨见长的,如《大壮室笔记》、《同治重修圆明园史料》、《东西堂史料》等,亦有《河北省西部古建筑调查记略》、《河北省北部古建筑调查记》等调查报告,成为建筑史研究的经典之作。对于梁思成、刘敦桢的合作,学界极为认同,并予以高度评价。

"卢沟桥事变"爆发后,平津地区旋即沦陷。受朱启钤委托,梁思成宣布中国营造学社暂时关闭,发给每位工作人员三个月薪水作为遣散费。南下流亡途中,梁思成致函学社的主要资助机构——中华教育文化基金董事会,询问如果在昆明恢复学社的工作,能否继续给予资助,中华教育文化基金董事会很快便复函,表示只要梁思成和刘敦桢在一起工作,就承认是中国营造学社并继续资助。② 在梁思成、刘敦桢的带领下,一度中止活动的中国营造学社又得以"重生",在极其困难的情况下,坚持开展学术研

---

① 楼庆西:《严谨学风 精品意识——纪念梁思成先生诞辰一百周年》,《建筑史论文集》(第14辑),第3页。
② 林洙:《梁思成、林徽因与我》,第135—136页。

究,并对西南地区近 50 个县的古建筑进行了实地调查。① 建筑学家傅熹年曾这样评价朱启钤、梁思成、刘敦桢三人的合作和对中国营造学社的贡献:"从创办中国营造学社到中国营造学社的最终解体,朱启钤先生的历史功绩主要是体现在组织研究工作的开展。而具体的研究工作的实施以及所取得的成就则主要是梁思成和刘敦桢先生所为。"②

小　结

成立于 1930 年的中国营造学社是新中国成立之前国内知名度最高、成就最突出的古建筑研究机构,就其早期发展过程而言,梁思成的加入以及学社成功实现转型对其自身发展至关重要,特别是后者,是观察、分析近代学术团体和机构发展历史的一个成功案例。在梁思成等人的积极推动下,以现代建筑学技术与方法的引入为基础,中国营造学社主动适应现代学术发展的趋势和要求,调整了发展思路,理顺了内部机构,充实了研究队伍,明确了研究重点,彰显了学术特色,其内部组织协调机制、学术研究机制、人才培养机制及服务社会机制均在转型过程中逐步形成并固化,为同一时期的学术团体和机构提供了可资借鉴的经验。

---

① 梁思成:《复刊词》,《中国营造学社汇刊》第七卷第一期,1944 年 10 月。
② 崔勇:《中国建筑科学研究院建筑历史研究所傅熹年院士专访》,《中国营造学社研究》,第 263 页。

第三章　铸就学术辉煌：
梁思成与中国营造学社（下）

　　中国营造学社的突出成就离不开全体成员的努力，更倾注了梁思成的心血。决定到中国营造学社工作是梁思成一生的重大抉择，就梁思成当时的学识和社会影响而言，到这么一个名不见经传的私人研究团体工作似乎有悖常规，但他最终选择了中国营造学社，专心从事古建筑研究。实践证明，正是梁思成、刘敦桢等人的不懈努力，在短短五六年时间里，便将学社的事业推向顶峰。而梁思成也在开创性的古建筑调查和研究中，逐渐梳理出中国古代建筑历史的发展脉络，较为系统地总结出其发展演变规律和风格特色，成为国内外学术界一致认可的古建筑研究专家。本章将通过对梁思成在中国营造学社工作期间开展学术实践活动的有关史料的钩沉和梳理，系统地总结和评述梁思成及中国营造学社在古建筑及中国建筑史研究、文物建筑保护、古建筑研究人才培养等方面取得的学术成就。

第一节　将现代科学技术
应用于古建筑研究，积极开展野外调查

对于中国营造学社而言，梁思成的贡献是多方面的，而最为直接、最为深远的贡献，应当是梁思成为学社带来了现代建筑学的理论和方法，推动学社完成了从传统模式下运行的私人研究团体到现代科学技术与方法占主导的专业学术机构的转型。在开展古建筑研究过程中，梁思成没有沿袭纯粹理论探索和文献整理的传统思路，而是积极组织开展野外古建筑调查。1930—1940年代，中国营造学社在华北、西北、华东、西南等地区先后组织了数十次野外古建筑调查活动，发现了大量保存完好的古建筑，并在此基础上形成了一大批高水平的研究成果。

一、抗战前中国营造学社的古建筑调查

1932年至1937年是中国营造学社发展的鼎盛期，学社成员在文献整理、古建筑调查、文物建筑及文物资料保护、人才培养等主要工作领域均有较大收获，其中，尤以古建筑调查研究方面的成果最为突出。

其一，在调查范围上，中国营造学社以华北地区为中心，范围遍及半个中国，调查测绘了大量的古建筑。

梁思成带领中国营造学社成员开展野外古建筑调查始于1932年4月，目标是蓟县的独乐寺。之后，学社成员在梁思成、刘敦桢的分别带领下，先后4次赴山西调查，云冈石窟、华严寺、

善化寺、佛宫寺木塔、晋祠、上下广胜寺、天龙山北齐石窟,洪洞、临汾、汾阳等地的古建筑均在他们的调查之列,最后一次山西之行引起了国内外学术界的广泛关注,梁思成、林徽因等人在五台山区发现并详细测绘了距当时一千余年的唐代木结构建筑——佛光寺;先后4次赴河南调查,重点是河南北部、西部的古建筑,梁思成还专程赴安阳考察了正在发掘中的殷墟遗址;先后7次赴河北考察,其中最重要的成果当数对宝坻县广济寺三大士殿的调查和对赵县安济桥(亦称赵州桥)的调查。此外,学社还组织了赴浙江、山东、江苏、陕西等省的调查,并对北平的多处古建筑进行了调查测绘。到1937年"卢沟桥事变"爆发,中国营造学社结束抗战前的最后一次野外调查为止,学社成员先后调查过河北、河南、山西、陕西、浙江、山东等省市137个县市的1823座古建筑,详细测绘了206组古建筑,完成的测绘图稿达1898张。[1]

　　作为中国营造学社法式部的主任,从1932年到1937年,梁思成从未曾间断开展野外古建筑调查工作:1932年调查蓟县独乐寺及宝坻县广济寺三大士殿;1933年4月调查河北正定县隆兴寺及正定古建筑;1933年9月调查山西大同上下华严寺、善化寺、云冈石窟等;1933年9月调查应县木塔、浑源县悬空寺;1933年11月,调查河北赵县赵州桥;1934年8月调查山西晋中地区13县古建筑;1934年10月,调查浙江六县古建筑;1935年2月,考察曲阜孔庙建筑,并制定修葺计划;1936年春,调查龙门石窟及山东中部19个县古建筑;1936年冬,调查山西、陕西部分县市

---

① 林洙:《叩开鲁班的大门——中国营造学社史略》,第94页。

的古建筑;1937 年 6 月,调查陕西、山西十余县市的古建筑。

其二,在研究路径上,中国营造学社开创了近代中国建筑史研究的先河,高度重视实物调查,坚持用现代科学方法开展古建筑的调查测绘,以此为依据,与文献资料的有关记载相互比较印证,对调查对象进行全面深入的研究,总结中国古代建筑建造技术和风格的发展沿革。建筑学界后来在评价中国营造学社时,普遍对其古今结合、理论与实践结合的研究方法予以充分肯定。吴良镛指出,中国营造学社的研究路径可总结为 9 个字,即"旧根基,新思想,新方法",具体讲就是"旧学与新学的结合","文献与调查相结合","及时将研究发现进行科学整理,并从理论上加以系统提高"。① 戴念慈也认为:"中国营造学社治学的方式方法影响深远,这方式方法就是,从测绘入手来研究中国古建筑的发展的过程和规律。"②

基于这一研究路径,中国营造学社开展的野外古建筑调查取得了丰硕的成果,梁思成、刘敦桢等人先后撰写并发表了多篇高质量的古建筑调查报告(见表 3.1)。学社还于 1935 年编辑了两辑《古建筑调查报告专刊》,第一辑为"塔",内容包括山西应县佛宫寺木塔,杭州宋六和塔、闸口及灵隐寺石塔,河北涞水唐先天石塔,定县开元寺塔,苏州双塔寺塔及其他宋辽塔等;第二辑为"元代建筑",内容包括正定关帝庙,山西赵城广胜寺,河北安平圣姑庙,

---

① 吴良镛:《发扬光大中国营造学社所开创的中国建筑研究事业》,《建筑学报》,1990 年第 12 期。

② 戴念慈:《中国营造学社的五大功绩》,《古建园林技术》,1990 年第 2 期。

定兴慈云阁,曲阳北岳庙德宁殿,浙江宣平延福寺等六组建筑。[①]

表 3.1　学社成员在《中国营造学社汇刊》
发表的古建筑调查研究报告(1932—1937 年)

时　间	题　目	作　者
第三卷第二期(1932 年 6 月)	蓟县独乐寺观音阁山门考	梁思成
第三卷第三期(1932 年 9 月)	北京智化寺如来殿调查记	刘敦桢
第三卷第四期(1932 年 12 月)	宝坻县广济寺三大士殿	梁思成
	平郊建筑杂录	梁思成、林徽因
第四卷第二期(1933 年 6 月)	正定调查纪略	梁思成
	明长陵	刘敦桢
第四卷三、四期(1933 年 12 月)	大同古建筑调查报告	梁思成、刘敦桢
	云冈石窟中所表现的北魏建筑	林徽因、梁思成、刘敦桢
第五卷第一期(1934 年 3 月)	赵县大石桥	梁思成
	石轴柱桥述要(西安灞、浐、丰三桥)	刘敦桢
第五卷第二期(1934 年 6 月)	定兴县北齐石柱	刘敦桢
第五卷第三期(1935 年 3 月)	杭州六和塔复原状计划	梁思成
	晋汾古建筑预查纪略	林徽因、梁思成
	易县清西陵	刘敦桢
第五卷第四期(1935 年 6 月)	河北省西部古建筑调查记略	刘敦桢
	平郊建筑杂录(续)	林徽因、梁思成

[①]　参见林洙:《叩开鲁班的大门——中国营造学社史略》,第 77 页。

（续表）

时　　间	题　　目	作　　者
第六卷第一期（1935 年 9 月）	曲阜孔庙之建筑及其修葺计划（专刊）	梁思成
第六卷第二期（1935 年 12 月）	北平护国寺残迹	刘敦桢
	清故宫文渊阁实测图说	刘敦桢、梁思成
第六卷第三期（1936 年 9 月）	苏州古建筑调查记	刘敦桢
第六卷第四期（1937 年 6 月）	河北省北部古建筑调查记	刘敦桢

其三，在调查的组织开展上，逐步规范，科学严谨。在 1930 年代的中国，开展野外古建筑调查是一项开创性的工作，梁思成、刘敦桢等人也是在边考察边总结的过程中积累经验。这一点，在调查团队的组建和调查目标的选定两个方面表现得尤为充分。

中国营造学社成立初期，聘请的专职工作人员较少且主要从事古籍整理编纂工作，缺乏开展野外古建筑调查的能力和经验。1932 年 4 月，梁思成赴蓟县调查独乐寺，随行的学社工作人员只有邵力工，因担心人手不足，梁思成遂邀请在南开大学读书的弟弟梁思达一同前往蓟县，[①]测绘设备也不是很齐全，梁思成不得不出面找在清华大学执教的老同学施嘉炀借用。两个月后，梁思成赴宝坻调查测绘广济寺三大士殿，同行的只有东北大学的学生王先泽和一名工人。莫宗江、陈明达等人来到中国营造学社之后，经过专业的培训，很快便能担当起调查测绘的任务，人员匮乏的问题基本得到解决。1933 年 4 月和 11 月，梁思成先后两次赴

---

① 梁思成：《蓟县独乐寺观音阁山门考》，《梁思成全集》（第一卷），第 162 页。

河北正定调查古建筑,同行者包括林徽因、莫宗江和一名工人。之后的野外古建筑调查活动多由梁思成带队,成员主要包括林徽因、莫宗江、邵力工等人。刘敦桢亦领导或参加了多次野外调查,成员主要有陈明达、赵法参、赵正之等人。两支队伍成员并不完全固定,而是根据需要相互交叉。梁思成和刘敦桢还共同主持了对山西大同云冈石窟、河南洛阳龙门石窟等多处古建筑的调查。

　　中国营造学社最初开展的几次野外调查多系经他人介绍辗转获取古建筑信息,然后将其确定为调查对象。随着调查工作的日趋规范,学社开始有计划地按区域开展古建筑的普查,同时,结合古籍文献记载反映的有关线索,有重点地对部分建筑进行考察。梁思成称"出行之前都要在图书馆里认真进行前期研究。根据史书、地方志和佛教典籍,我们选列地点目录,盼望在那里有所发现。考察分队在野外旅行中就依此目录寻访"。[①] 对于发现的古建筑,则精心组织测绘和拍照。梁思成组织开展的前两次古建筑调查很能体现中国营造学社早期选定古建筑调查目标的特点。对于蓟县独乐寺,梁思成原本一无所知,也没有将其列为自己第一次开展古建筑调查的目标。有一天,好友杨廷宝无意中见到了独乐寺的照片,初步判断其建造时间应很久远,于是告诉了梁思成,梁在看过该照片后当即决定尽快赴蓟县展开调查。[②] 在独乐寺开展调查的过程中,当地乡村师范学校教师王慕如告诉梁思成,他的家乡宝坻县有一个西大寺,建筑结构与独乐寺颇为相

---

① 梁思成:《华北古建调查报告》,《梁思成全集》(第三卷),第 333 页。
② 费慰梅著,成寒译:《中国建筑之魂:一个外国学者眼中的梁思成林徽因夫妇》,第 76 页。

似,大概也是辽金遗物。回北平后,梁思成设法找到了西大寺的
照片,初步鉴定是辽代建筑,随即决定赴宝坻考察。① 1933 年以
后中国营造学社古建筑调查工作渐趋规范,开始有能力对河北、
河南、山西等地开展较大规模的古建筑普查,调查对象的数量较
多且分布范围广。梁思成先后 4 次带队赴山西开展古建筑调查,
最后一次发现了唐代木结构建筑——佛光寺;刘敦桢则先后 3 次
带队赴河北开展古建筑调查,撰写了多篇有分量的调查报告。

二、从独乐寺到佛光寺:梁思成古建筑调查的代表性成果

考察 1930 年代梁思成开展的古建筑调查及研究工作,两个
特点最为突出:一是调查发现的古建筑数量大,相关的研究成果
多;二是代表性成果突出,对蓟县独乐寺观音阁和五台山佛光寺
的调查及研究成果代表了当时中国学术界古建筑研究的水平,亦
确立了梁思成在中国古代建筑史研究领域的学术地位。关于第
一个特点,前文已经作了较为详细的论述,这里就不再赘述。第
二个特点,则须作进一步的评述。

(一)对独乐寺的调查及其影响

对蓟县独乐寺的调查在中国建筑史研究领域具有里程碑式
的意义。

其一,此次调查证实,蓟县独乐寺观音阁和山门是当时中国
境内已知的木结构建筑中历史最久远的。经梁思成考证,独乐寺
观音阁和山门重建于辽圣宗统和二年(公元 984 年),到 1932 年,

---

① 梁思成:《宝坻县广济寺三大士殿》,《梁思成全集》(第一卷),第 249 页。

已有 948 年历史,"盖我国木建筑中已发现之最古者。以时代论,则上承唐代遗风,下启宋式营造,实研究我国建筑蜕变上重要资料,罕有之宝物也"。① 调查期间,梁思成对独乐寺内的建筑进行了详细的测绘、摄影,抄录碑记,搜寻史料,走访当地居民,获得了大量第一手的资料。梁思成将独乐寺各个建筑部件的尺寸和《营造法式》记录的宋代建筑的建造尺寸逐一比较分析,独乐寺观音阁和山门就像是一部简洁明了的教科书,将《营造法式》中一些内容晦涩的文字记载作了生动、清晰、准确的解读,不仅回答了之前一些颇令梁思成费解的难题,而且较为直观地展示了宋代建筑的基本设计规律。

其二,此次调查的主要研究成果在国内外学术界引起强烈反响。结束蓟县的调查回到北平后,梁思成在林徽因、蔡方荫等人的协助下,对调查数据及相关历史文献进行了深入的研究,撰写了《蓟县独乐寺观音阁山门考》。该文正文部分包括"总论"、"寺史"、"现状"、"山门"、"观音阁"、"今后之保护"等 6 部分,对主要建筑的外观、平面、台基、柱子、斗栱、梁架、椽、瓦、墙、门窗、彩画等结构与装饰各部分作了全面剖析,就古建筑的维修、管理提出了明确的思路和举措,并绘制了大量的图纸,反映其外形、结构和细部特征。②《蓟县独乐寺观音阁山门考》发表在 1932 年 6 月刊行的《中国营造学社汇刊》第三卷第二期。报告发表之后,引起中外学术界的高度关注,不仅因为独乐寺观音阁是当时中国发

① 梁思成:《蓟县独乐寺观音阁山门考》,《梁思成全集》(第一卷),第 162 页。
② 同上书,第 161—223 页。

现的最古老的一座木结构建筑,更在于这是近代中国第一篇用科学方法分析古建筑的调查报告,内容严谨,文笔生动,作者的学术功底和治学风格亦初见端倪。建筑学家傅熹年后来评价该调查报告说:"通过精密测绘并与《法式》印证初步探明宋式建筑设计规律的过程和科学的研究方法,是这方面开天辟地的第一篇重要论文。这篇处女作不仅一举超过了当时欧美和日本人研究中国建筑的水平,而且就透过形式深入探讨古代建筑设计规律而言,也超过了日本人当时对日本建筑研究的深度。"①

其三,此次调查极大地提升了建筑学界开展古建筑调查研究的信心。1930年代初,国内学术界开展古建筑调查面临着双重挑战:一是国外学者的挑战;二是混乱无序的社会环境的挑战。当时,中国建筑学学术研究刚刚起步,专门从事研究工作的建筑学家寥寥无几,学术积累少,尚未取得有分量的成果,少数的研究中国建筑史的著作,均出自国外学术界,日本学者甚至认为中国学者根本无能力从事古建筑实例的测绘和研究,须由他们代为完成。梁思成的研究成果刊行之后,日本学术界再未出现此类狂妄之言。② 混乱无序的社会环境亦为野外古建筑调查工作的巨大阻碍。执教东北大学期间,梁思成曾对沈阳的清北陵等古建筑进行了初步的调查,积累了一些经验,但毕竟当时的调查更多的是一种尝试和体验,调查对象位于沈阳城郊,交通、住宿、治安等方面的问题不是很突出。1930年代中国营造学社成员的足迹遍布

---

① 傅熹年:《一代宗师 垂范后学——学习梁思成先生文集四卷的体会》,《梁思成学术思想研究论文集》,第12页。
② 同上。

半个中国,交通不便,信息闭塞,加上无休止的战乱,使调查工作
困难重重,有时,甚至要冒生命危险完成一件并不复杂的工作。
费慰梅及其丈夫费正清于1934年8月陪同梁思成林徽因夫妇对
山西太原、汾阳、文水、霍县、赵城等地的多处古建筑进行了调查,
对开展野外古建筑调查的困难体会颇深。她这样描述当时的情
景:"当时的知识阶级和贫苦农民之间,传统鸿沟依然很深。诚
然,失业的或半失业的贫苦农民常到城里寻找低贱的职业,也常
从乡下把农产品送到市集去卖,但是反向交流却很少。城里的知
识分子要下乡,不仅受到交通的限制,还会遇到许多别的困难,甚
至有生命危险。过往的商贩住的小客栈,通常只有火炕,且满布
带有传染疾病的虱子,厕所里爬满了蛆。路边的茶馆供应可口的
饭食,至于碗筷和茶饭是否干净,这就很难说了。二十年代和三
十年代,那些没有防备的过往行人,有时还会碰到土匪抢劫。"①
梁思成在这一时期发表的调查报告中如实地记载了一些野外调
查过程中遭遇的困难,以1932年的宝坻调查为例,交通方面,道
路不畅,长途汽车也没有规律,雨雪天往往停开,约100公里的路
程,正常通车的情况下乘车竟用了八个半小时;住宿方面,整个县
城的旅店几乎均为"苍蝇爬满,窗外喂牲口的去处"。② 刘敦桢撰
写的调查报告和日记中也较多地记述了考察中遭遇到的种种困
难,如1936年10月31日,刘敦桢一行从河北大名县乘车去邯
郸,"沿途风沙弥漫,困苦万状"。第二天乘人力车抵彭城镇,所

<hr>

① 费慰梅著,成寒译:《中国建筑之魂:一个外国学者眼中的梁思成林徽因夫妇》,第
76页。
② 梁思成:《宝坻县广济寺三大士殿》,《梁思成全集》(第一卷),第254—255页。

经之处，"皆车运壅塞，尘土腾飞，为之气咽"。十余天后，刘敦桢
等人从河南修武赶赴武陟，"途中灰土飞扬，如行沙漠中"。[①]
1937年6月28日，刘敦桢在河北武安调查当地的水浴寺，下午返
回武安县城途中，突遇暴雨，"六时雨止，沟道中洪流澎湃，不克
前进，乃下山宿大社村周氏宗祠内。终日奔波，仅得馒头三枚。
晚间又为臭虫、蚊蚋所攻，不能安枕，尤为痛苦"。[②] 值得注意的
是，梁思成等人在记述调查过程中的种种磨难时并未表现出悲观
或退却的情绪，相反，调查的收获和日益积累的野外考察经验使
他们对自己的工作充满了信心，这一情绪在当时的建筑学界应该
是有代表性的。

（二）对五台山佛光寺的调查及其影响

五台山佛光寺是梁思成及中国营造学社在抗战爆发之前调
查的最后一座古建筑，此次调查在中国建筑史研究中同样具有里
程碑式的意义。

其一，五台山佛光寺是中国营造学社发现的唯一一座现存的
唐代木结构建筑。在对古建筑和《营造法式》的研究过程中，梁
思成认识到木结构是中国古代建筑的基本形式，在1930年代开
展的古建筑调查中，发现了大量的木结构建筑实例，通过对它们
的全面测绘和研究，中国营造学社对于中国古代木结构建筑的建
造原则及历史演变过程有了较为客观和深入的认识。但令梁思

---

① 以上见刘敦桢：《河北、河南、山东古建筑调查日记（1936年10月19日—11月24
　　日）》，《刘敦桢全集》（第三卷），第185、186、194页。
② 刘敦桢：《河南、陕西两省古建筑调查笔记（1937年5月19日—6月30日）》，第
　　218页。

成等人颇感遗憾的是,从 1932 年到 1937 年初,中国营造学社发现的历史最悠久的木结构建筑依然是蓟县独乐寺观音阁,建于一千余年前的辽代,而最能体现中国古代木结构建筑建造成就的唐代,是否还有遗留下的木结构建筑实例,始终是个无法回答的问题。日本学者曾断言,中国境内已无唐代的木结构建筑,要想看唐制木结构建筑,只能去日本的奈良。虽然一直未能发现唐代木结构建筑实例,但梁思成坚信:"国内殿宇必有唐构",其寻找唐代木结构建筑的努力始终未松懈。在整理敦煌莫高窟资料过程中,梁思成注意到 61 号窟宋代绘制的壁画——五台山图中的"大佛光之寺",他判断该寺地处台外,交通不便,能够成为宋人绘制敦煌壁画的对象,必为唐宋时期名刹。① 1937 年 6 月,在拟订第四次赴山西调查计划时,梁思成把佛光寺作为首选的调查对象。调查发现,地理位置较为偏僻的佛光寺主体建筑保存完好,经考证,其大殿建于唐大中十一年(公元 857 年),建筑形制具有典型的唐代建筑风格。五台山佛光寺是新中国成立之前学术界发现的唯一的一座唐代木结构建筑实例,也是建造年代最久远的木结构建筑。新中国成立之后,文物保护部门在五台山区开展的一次文物建筑普查活动中,在距离佛光寺不算太远的东冶镇李家庄,意外地发现了另一座保存完好的唐代木结构建筑实例——南禅寺。经考证,该寺建于唐建中三年(公元 782 年),早于佛光寺 75年。迄今为止,中国境内发现的唐代木结构建筑仅有这两座

---

① 梁思成:《记五台山佛光寺建筑》,《中国营造学社汇刊》第七卷第一期,1944 年10 月。

古寺。

其二，此次调查的主要研究成果在国内外建筑学界引起强烈反响。佛光寺的发现虽然具有重大意义，但当时并未立即引起学术界的关注。就在梁思成等人全力以赴对佛光寺开展测绘、考察之际，"卢沟桥事变"爆发，日本发动了全面侵华战争。得知消息后，梁思成一行不得不匆匆结束了此次调查活动，辗转回到北平。之后，中国营造学社暂时解散，梁思成、刘敦桢等主要成员离开北平南下，开始了长达数年的流亡生活，关于佛光寺的相关资料亦未能得到系统整理和及时发布。中国营造学社在云南昆明恢复活动后，梁思成在极其困难的情况下继续中国古代建筑史的研究工作，包括对佛光寺调查资料的整理和研究。抗战期间，梁思成先后发表了两篇关于佛光寺的研究报告，第一篇是用英文撰写的 *China's Oldest Wooden Structure*，中文译名为《中国最古老的木构建筑》，发表于《亚洲杂志》（*Asia Magazine*）1941 年 7 月号。该文篇幅较短，重点介绍调查的过程，并证实佛光寺是唐代木结构建筑，相关的测绘数据则未收录。虽然研究成果未能完全展现，但发现同时拥有"唐代绘画、唐代书法、唐代雕塑和唐代建筑"的古建筑实例，[1]本身就足以引起国内外学术界同行的震动了。1944年 10 月和 1945 年 10 月，中国营造学社在四川南溪县李庄编辑出版了最后两期的《中国营造学社汇刊》，即第七卷第一期、第二期。这两期刊物以连载的方式发表了梁思成撰写的《记五台山佛光寺建筑》一文，正式将佛光寺的发现过程和相关研究成果公

---

① 梁思成：*China's Oldest Wooden Structure*，《梁思成全集》（第三卷），第 361—367 页。

布。该文共 8 部分,分别为"记游"、"佛光寺概略——现状与寺史"、"佛殿建筑分析"、"佛殿斗栱之分析"、"佛殿附属艺术"、"经幢"、"文殊殿"、"祖师塔及其他墓塔"。[①] 其中,"记游"部分对调查经过予以较为详实的介绍。这篇研究报告的测绘数据及图画资料非常丰富,准确地反映了佛光寺及附属建筑物的建造特点,同时,文中还收录了大量的文献资料,对佛光寺的历史及准确建造年代进行了考证,体现了作者严谨的学术态度和厚实的学术功底。令人遗憾的是,抗战后期中国营造学社蛰居四川李庄,虽然承蒙社会各界慷慨捐助,《中国营造学社汇刊》得以出版第七卷一、二期,但由于经费、物资极其拮据,只能通过手工刻板印制刊物,摄影图片无法收录。梁思成在 1930 年代的学术成果在国内外建筑学界引起了广泛的关注和普遍的赞誉。抗战胜利后,梁思成分别接到来自美国耶鲁大学和普林斯顿大学的邀请函,受邀赴美讲学和出席国际学术会议。[②]

第二节 与实物相印证,整理解读古建筑文献

整理解读古代建筑文献,是研究中国古代建筑史的重要环节。1930 年代,梁思成在古建筑文献整理与研究方面投入了相

---

① 建国之后,梁思成对《记五台山佛光寺建筑》进行了修改,发表于《文物参考资料》1953 年第 5—6 期,后收录于《梁思成文集》和《梁思成全集》。本书引用的文献系梁思成发表于《中国营造学社汇刊》第七卷第一期、第二期的原稿。

② 费慰梅著,成寒译:《中国建筑之魂:一个外国学者眼中的梁思成林徽因夫妇》,第190 页。

当大的精力,其治学方法与研究成果亦对推动中国建筑史研究产生了重要的影响。

一、强调由近及远、理论联系实际的治学方法

随着一种建筑体系的成熟,出现了设计和施工必须遵循的一整套完备的规程,对于这套规程及其演变规律,梁思成将其称为"文法"。他指出,"每一个派别的建筑,如同每一种的语言文字一样,必有它的特殊'文法'、'辞汇'","要研究中国建筑之先只有先学习中国建筑的'文法'然后求明了其规矩则例之配合与演变"。[①]

在破解古建筑"文法"的过程中,梁思成没有走纯粹理论研究的老路子,而是采用了理论研究结合实例印证的研究方法。梁思成反对从文本到文本的研究解读方法,他认为,古代建筑文献的整理与研究,"对于史料之选择及鉴别,须十分慎重,对于实物制度作风之认识尤绝不可少"。[②] 在具体的研究路径上,梁思成强调从年代较近、实例较多的明清宫廷建筑入手,由近及远,逐步向唐宋建筑推进,将调查测绘的古建筑实例与古籍文献记载比较研究,从而解读古代建筑的建造原则、计算方法、工程术语,以及建筑形式、建筑风格的演变规律,逐步理清中国古建筑的发展脉络,特别是《营造法式》所记载的宋代建筑的设计规律与风格,最终实现自己从事建筑史研究的两大目标,即完整地解读《营造法

---

① 梁思成:《中国建筑之两部"文法课本"》,《梁思成全集》(第四卷),第 295 页。
② 梁思成、林徽因:《平郊建筑杂录(上)》,《梁思成全集》(第一卷),第 310 页。

式》,写出高水平的中国建筑史。

二、编纂中国古代建筑的"文法课本"

1930 年代初期,中国建筑史研究处于起步阶段,学术成果积累少,解读古建筑"文法"难度非常大。一是可供参考的古建筑"文法"典籍极少,由于建筑学的"匠学"地位,士大夫多不屑为之,大量的工程实践经验靠匠人师徒口耳相传才得以沿袭,系统的文字记载不多且多已失传,到了民国初年,建筑学界能够搜集到的古代建筑"文法"书只有宋代的《营造法式》和清工部《工程做法则例》两部书,均系当年负责宫廷建筑的官员编撰的技术规范;二是已有的古代建筑术书久已无人研习,内容偏专,语言晦涩,充斥其中的专门名词无定义无解释,如"铺作"、"卷杀"、"襻间"、"雀替"、"采步金"之类,在字典辞书中都无法查到,加之很多技术早已失传,更令解读这些古籍难上加难,如读天书。

《工程做法则例》是雍正十二年(公元 1734 年)修订颁行的一部建筑术书,共分 70 章,涉及到建筑材料的计算和"大木作"的规则,并对 27 种大小房子的每一个建筑结构都提供了丈量方法。该书成书时间较晚,距 1930 年代只有二百年左右,而且国内保存的建筑实例较多,尤其是故宫,便于和实物印证。按照由近及远、逐渐深入的思路,梁思成在进入中国营造学社之后,首先从《工程做法则例》入手,开始系统地整理研究古建筑文献。

在研究过程中,梁思成特别注重向一些世代参与故宫修缮活动的老工匠请教,这一做法在当时的学者中是比较少见的。那些经验丰富的老工匠虽未接受过正规教育,但谙熟故宫建筑的施工与修缮,堪称明清建筑的"活字典",通过他们的指点,一些晦涩难懂的建筑术语,诸如"蚂蚱头"、"三福云"之类,得到了很好的解释。梁思成曾多次提及这些老工匠对自己研究工作的帮助,并在 1934 年出版的《清式营造则例》一书中特意提到这些老工匠,表示:"大木作内栱头昂嘴等部的做法乃匠师杨文起所指示,彩画作的规矩全亏匠师祖鹤洲为我详细解释。"①

1934 年,梁思成将《工程做法则例》的研究成果编辑成书,定名为《清式营造则例》,由中国营造学社刊行。《清式营造则例》是近代中国最早出版的以现代科学的观点和方法总结中国古代建筑构造做法的学术著作,在近代中国建筑史的研究中具有开拓性的意义。对于该书,学术界评价甚高,认为:"无论中国和外国,凡是想升堂入室,深入弄懂中国古代建筑的人,都离不开《清式营造则例》这个必经的门径。"梁思成则谦称"这部书不是一部建筑史,也不是建筑的理论,只是一部老老实实,呆呆板板的营造则例——纯粹限于清代营造的则例"。② 林徽因在为该书所写的"绪论"中则较为客观地评述了梁思成的研究思路及该书的学术价值,她认为:"不研究中国建筑则已,如果认真研究,则非对清代则例相当熟识不可。在年代上既不太远,术书遗物又最完全,先着手研究清代,是势所必然。有一近代建筑知识作根底,研究古代建筑时,在比较上便不至茫然无所依傍,所以研究清式则例,也是研究中国建筑史者所必须经过的第一步。"③

---

① 梁思成:《清式营造则例》,《梁思成全集》(第六卷),第 6 页。
② 以上见清华大学建筑系:《前言》,同上书,第 3、第 5 页。
③ 梁思成:《清式营造则例》,同上书,第 16 页。

在研究《工程做法则例》过程中,梁思成对朱启钤多年来收集的数十本工程则例抄本,以及师徒相传的口诀,进行了系统的研读和整理。这些则例抄本和口诀不是正规的建筑文献,多为历代工匠们的工作笔记,是他们记录施工经验和体会的文字,基本上不对外传播,只在师徒、同门之间传授、交流而已。此外,还有一些是从样房算房中流传出来的做法秘本,或是工部书吏从档房中私自抄录、夹带出来的"内工则例"。就其内容而言,内容广泛,杂乱无章,类似于近代的"工程定额"、"预算表"、"材料做法表"等,涉及大木作、小木作、石作、瓦作、塔材作、土作、油作、画作、裱作、内里装修作、漆作、佛作、陈设作、木料价格、杂项价格、材料重量、人工估算等建筑施工的各个方面。清末民初,这些抄本逐渐流失。朱启钤很早就认识到这些小册子的价值,他认为:"此种手抄小册,乃真有工程做法之价值,彼工部官书,注重则例,于做法二字,似有名不副实之嫌……盖学者但知形下与形上分途,一切钱物,鄙为不屑,迁流所极,乃至营建结构之原则,算经致用之法程,竟亦熟视无睹……自此种抄本小册之发见,始憬然工部官书标题中之做法二字,近于衍文。"①经过长期收集,朱启钤共积累了几十本,并将其统一定名为《营造算例》。和《工程做法则例》相比,《营造算例》虽然内容驳杂,但更接近工程实践,易于理解,对它的研究实际上为进一步研究《工程做法则例》打下了必要的基础。从1931年4月开始,《中国营造学社汇刊》第二卷第一、二、三册陆续发表了经梁思成整理过的《营造算例》的部

① 　朱启钤:《营造算例印行缘起》,《中国营造学社汇刊》第二卷第一册,1931年4月。

分内容,包括"庑殿歇山斗科大木大式做法"、"大木小式做法"、"大木杂式做法"、"土木做法"、"发券做法"、"瓦作做法"、"大木瓦作做法"、"石作做法"、"石作分法"、"琉璃瓦科做法"。1932年,梁思成重新校读《营造算例》,以单行本出版。1934年,在对其内容进一步修订之后,《营造算例》作为《清式营造则例》的姊妹篇得以再版。

第三节 提出系统的古建筑
保护思想,积极参与古建筑修葺保护

纵观梁思成一生的学术实践活动,保护古建筑是其中最重要的组成部分之一,学术界亦将其誉为我国文物建筑和历史地段保护的先驱。1930年代是梁思成古建筑保护思想的形成期,亦为梁开展古建筑保护实践活动的重要阶段,他系统地提出了古建筑修葺、保护的原则和方法,并就古建筑保护的重要性、必要性做了充分论述,对调查发现的重要的古建筑,尤其是木结构建筑,提出了具体的保护措施。

一、历史的记载者:对古建筑的价值及其保护的重要性的阐述

对于调查发现的诸多重要的古建筑,梁思成习惯于将其称为"国宝",由此可见他对于古建筑的重要价值的认识。梁思成曾经用一段文学性非常浓厚的文字来阐释古建筑的价值,他认为:"天然的材料经人的聪明建造,再受时间的洗礼,成美术与历史地理之和,使它不能不引起赏鉴者一种特殊的性灵的融会,神志

的感触,这话或者可以算是说得通。"梁思成还提出了"建筑意"概念,其中即饱含对古建筑价值的理解和认识,他指出:"无论哪一个巍峨的古城楼,或一角倾颓的殿基的灵魂里,无形中都在诉说,乃至于歌唱,时间上漫不可信的变迁;由温雅的儿女佳话,到流血成渠的杀戮。他们所给的'意'的确是'诗'与'画'的。但是建筑师要郑重郑重的声明,那里面还有超出这'诗'、'画'以外的'意'存在。"①梁思成将古建筑视为历史的参与者和见证人,亦为历史信息的载体,是活色生香的历史,保护古建筑就是保护民族的历史与文化。就建筑史研究而言,古建筑是研究历代建筑建造风格、建造技术演变的重要资料和实例,是解读古代建筑文献最直接、最有价值的佐证。1964 年,国际文物建筑保护界通过的《国际古迹保护与修复宪章》(又称《威尼斯宪章》)确认的文物建筑的重要价值之一即为历史信息的载体。可以说,梁思成对古建筑重要性的认识与《威尼斯宪章》的有关表述是不谋而合的。建筑学界曾有学者研究指出,梁思成之所以高度重视古建筑保护,主要有 3 个方面的原因:"一个是民族情感;二是对古代建筑在记录历史和民族精神方面作用的理解;三则是出于从艺术史角度对中国建筑价值的认识。"②应该说,这一分析是比较客观的。

二、与时间赛跑:对古建筑保护的紧迫性的认识

对于现存的古建筑,梁思成认为最重要、最急迫的问题不是

---

① 梁思成、林徽因:《平郊建筑杂录(上)》,《梁思成全集》(第一卷),第 293 页。
② 吕舟:《梁思成的文物建筑保护思想》,《梁思成先生百岁诞辰纪念文集》,第 137 页。

如何对其开展研究,而是如何尽早发现并予以科学、有效的保护,建筑学界实际上是在与时间赛跑,因为大量的古建筑"无时无刻不在遭受着难以挽回的损害"。① 在领导中国营造学社开展古建筑调查和研究过程中,梁思成亦多次呼吁社会各界正视古建筑保护的迫切性,体现出一名学者的远见卓识和强烈的社会责任感。

就客观因素而言,中国现存的古建筑的威胁主要来自两个方面:一是古建筑由于自身的材质原因,极易损毁。和欧洲建筑主要取材于石料不同,中国的古建筑以木结构为主,遭水淹或浸泡易腐朽,遇火则更易成焦土,总之,长久保存且基本完好实属不易。对于木结构古建筑保存上的问题,梁思成曾形象地指出,"一炷香上飞溅的火星,也会把整座寺宇化为灰烬"。② 二是除去少数的宫廷建筑和知名建筑以外,大多数古建筑鲜为人知,散落于城乡各地,既有人口稠密的闹市区,也有人迹罕至的偏远山区,相关的文献记载亦很少,这无形中大大加剧了古建筑保护的难度。

就主观因素而言,古建筑的威胁来自多方面。其一,文物保护意识的匮乏。近代中国,教育、文化事业皆不发达,民众对文物建筑重要性的认识相对匮乏,南京国民政府分别于 1930 年和 1933 年颁布了《古物保存法》和《古物保存法实施细则》,但其内容基本上以借鉴国外同类法则为主,就政府层面而言,对中国文物建筑的现状所知不多,更未能提出切实可行的具体措施。其

---

① 梁思成:《华北古建调查报告》,《梁思成全集》(第三卷),第 333 页。
② 同上。

二，经济的窘迫。1930 年代，民族资本主义经济虽然有了较快的发展，但总体而言，国家的经济实力还很弱，普通民众的生活艰辛，谋生尚且困难，何谈投入足够的资金用于文物建筑的普查和保护。梁思成曾为此感慨："日本古建筑保护法颁布施行已三十余年，支出已五百万。回视我国之尚在大举破坏，能不赧然？"①其三，内忧外患的时局。自古以来，毁于战火中的古建筑不计其数。这一时期，国内治安虽有好转，但总体情况并不乐观，国共内战一直在进行，"九一八"事变后，日本对中国鲸吞蚕食，民族危机日益严重，古建筑的命运亦和中国亿万民众的命运一样令人担忧。对此，梁思成深感忧虑，并时刻关注着战争的进展，对于日军占领区的诸多古建筑，尤其是中国营造学社曾经调查过的古建筑，寄予了无限的关注，仅在《华北古建调查报告》一文中，即先后 7 次提及日本侵华对古建筑造成的难以估量的破坏。②

三、科学的保护：系统提出古建筑保护的原则与方法

在 1930 年代发表的多篇调查报告和古建筑修葺计划方案中，梁思成全面地阐述了古建筑保护的基本原则，并提出了维修、保护措施，是研究梁古建筑保护思想的重要文献。其中，最有代表性的著述有 3 篇，分别是《蓟县独乐寺观音阁山门考》、《杭州

---

① 梁思成：《蓟县独乐寺观音阁山门考》，《梁思成全集》（第一卷），第 222 页。
② 该文共分 28 个小节，其中"任凭自然与人类肆意毁坏的中国木建筑"、"观音阁与塑像"、"一座七十英尺高的铜像"、"中国的圣地"、"木质古构的富饶温床山西省"、"中国惟一的木塔"、"战争：营造学社迁往华南"等 7 节专门提及日本侵华战争的破坏。

六和塔复原状计划》和《曲阜孔庙之建筑及其修葺计划》。①

(一)保护古建筑的最好方法是保护现状

历经沧桑的古建筑不仅仅凝聚着历史的美感与厚重,更成为历史发展的真实写照,是正在消失的历史。基于对1930年代中国国情和古建筑保护现状的了解,梁思成明确指出,保护古建筑,应该珍惜古建筑的价值,以保护现状为"最良方法",能不修补则不修补,千万不可做画蛇添足之事,对于因各种原因破损严重,不得不修葺的古建筑,则须格外慎重,要牢记"以保存原有外观为第一要义",②"复原部分,非有绝对把握,不宜轻易施行"。③ 对于不尊重历史,随意修缮古建筑,甚至是推倒重建的行为,梁思成深恶痛绝,将其视为古建筑的大敌。他批评了传统的修葺方法,认为"其唯一的目标,在将已破敝的庙庭,恢复为富丽堂皇,工坚料实的殿宇,若能拆去旧屋,另建新殿,在当时更是颂为无上的功业或美德"。④ 在开展野外古建筑调查过程中,梁思成接触了很多这样的案例,精美的古建筑往往被后人无知的善意和愚昧的行动所破坏,甚至被拆除重建。1934年10月,梁思成应邀赴杭州商讨六和塔重修计划,在之后拟定的六和塔修复计划中,梁尖锐地批评了清光绪二十六年(公元1900年)重修的杭州六和塔,指出新塔"竟是个里外不符的虚伪品,尤其委屈冤枉的是内部雄伟

---

① 这三篇文章均发表在《中国营造学社汇刊》,发表时间分别是1932年6月、1935年3月和1935年9月。

② 梁思成、刘敦桢:《修理故宫景山万春亭计划》,《梁思成全集》(第二卷),第219页。

③ 梁思成:《蓟县独乐寺观音阁山门考》,《梁思成全集》(第一卷),第221页。

④ 梁思成:《曲阜孔庙之建筑及其修葺计划》,《梁思成全集》(第三卷),第1页。

的形制,为……无智识的重修所蒙蔽"。① 1933 年 4 月,梁思成带队赴河北正定开展古建筑调查,对隆兴寺进行了详细的测绘,后发表了《正定调查纪略》,其中,梁专门提及佛香阁中高约 60 英尺的四十二臂千手千眼观音菩萨大铜像,该铜像建于宋代,虽年代久远,有些许破损,但基本完好,古风犹存,实属可贵。后来,梁思成再去正定,发现观音菩萨大铜像已被寺院的主持刷上了一层艳丽的原色油漆,原有的古风神韵被丑陋不堪所取代。②

(二)保护古建筑要调动各方的积极性,形成有效的法律和制度保证

首先,须普及古建筑保护知识,增强民众古建筑保护意识。1930 年代的中国,从政府到民众,对古建筑保护知之甚少,更谈不上科学地维护现存的古建筑。基于此,梁思成非常注重普及古建筑保护知识,帮助广大民众了解古建筑的价值,从而切实提升全社会的古建筑保护意识。他强调,保护古建筑最根本的办法即在于此,有了这个"本",技术方面的问题就好解决了。③

其次,须形成有效的法律和制度保证。在文物建筑保护方面,"二战"之后,国际文物界形成的基本共识之一即颁布专门的法律以保护古建筑。梁思成在开展古建筑调查之初,即认识到这一问题的重要性,他指出在古建筑保护方面,"政府法律之保护,为绝不可少者",应尽快颁布实施古建筑保护法,明确相关措施,

---

① 梁思成:《杭州六和塔复原状计划》,《梁思成全集》(第二卷),第 357 页。
② 梁思成:《华北古建调查报告》,《梁思成全集》(第三卷),第 336 页。
③ 梁思成:《蓟县独乐寺观音阁山门考》,《梁思成全集》(第一卷),第 221 页。

严禁破坏古建筑，并由政府财政设立专项资金用于古建筑修葺保护。[1]

（三）将现代科技手段合理应用于古建筑维护

现代的建筑施工技术和新型建筑材料能否用于古建筑的修葺工程？对于这一问题，梁思成给出了肯定的答案，但前提是慎重、科学、合理，在尊重历史和保持建筑物原状的前提下，可以充分利用现代科技手段"求现存构物寿命最大限度的延长"，有所为有所不为。以曲阜孔庙的修葺为例，梁思成较为全面地论证了维护工程各个环节的关键点，指出：在设计上，"将今日我们所有对于力学及新材料的知识，尽量地用来，补救孔庙现存建筑在结构上的缺点"；在外表上，则须"极力的维持或恢复现存各殿宇建筑初时的形制"；在结构上，要按现代建筑结构工程的方法对原有的不合理之处适度修正。梁思成特意强调，要对古建筑"露明"之处和"不露明"之处区别对待，前者要尽量维持原状，迫不得已的修葺，也要注意少用或不用现代的施工工艺和建筑材料；后者则可以根据需要，放手使用新方法、新材料，包括钢梁、螺丝销子、防腐剂、隔潮油毡、水泥钢筋等等，以弥补古代施工技术和建筑材料的不足。[2] 在《杭州六和塔复原状计划》中，梁思成则明确提出用钢筋水泥结构替代原有木结构，同时加装避雷设备。[3]

---

[1]　梁思成：《蓟县独乐寺观音阁山门考》，《梁思成全集》（第一卷），第 221 页。

[2]　梁思成：《曲阜孔庙之建筑及其修葺计划》，《梁思成全集》（第三卷），第 1—2 页。

[3]　梁思成：《杭州六和塔复原状计划》，《梁思成全集》（第二卷），第 369—370 页。

(四)强调古建筑研究及专业人才培养对于保护古建筑的基础性作用

古建筑保护是一项技术性非常强的工作,涉及建筑学、土木工程、历史学、宗教学、艺术学等多个学科领域,系统深入的研究和训练有素的专业人员是开展好这项工作的基础和重要保证之一。从1930年代梁思成提出的古建筑保护措施和主持制定的古建筑修葺维护方案中不难看出其对这一问题的重视程度。对于主持或领导古建筑保护工作的人选,梁思成强调,"尤须有专门智识,在美术、历史、工程各方面皆精通博学,方可胜任"。[1] 前文已经提及,近代中国,很多精美的古建筑没有被战火和自然灾害损毁,但却为一次愚蠢的翻修所破坏,甚至因推倒重建而彻底消失。既要维护好古建筑的原貌,又要科学合理地对其损坏部分进行修葺,系统的研究是必不可少的前提。在《蓟县独乐寺观音阁山门考》中,梁思成初步提出了这一问题,他指出:古建筑"复原问题较为复杂,必须主其事者对于原物形制有绝对根据,方可施行"。[2] 在拟定曲阜孔庙修葺计划时,梁对其观点进一步予以阐述,他强调在对古建筑维修之前,要首先弄清楚建筑物的建造年代,"须知这年代间建筑物的特征;对于这建筑物,如见其有损毁处,须知其原因及其补救方法"。梁思成还特意以自己拟定该计划的做法为例,称自己"在设计修葺计划的工作中,为要知道各殿宇的年代,以便恢复其原形,搜集了不少的材料;竟能差不多把

① 梁思成:《蓟县独乐寺观音阁山门考》,《梁思成全集》(第一卷),第222页。
② 同上书,第221页。

每座殿宇的年代都考察了出来"。①

四、发挥专家作用:积极参与古建筑维修工程

对于古建筑保护,梁思成的参与是全方位的,既包括理论研究和宣传倡导,也包括大量的工程实践。从加入中国营造学社到抗战爆发,梁思成先后参与了多项古建筑修葺工程,成为名副其实的古建筑维护专家。

(一)梁思成与故宫的维修

1930年代初期,在社会各界的呼吁和要求下,南京国民政府及各地政府开始着手对一些重点文物建筑进行调查和修葺。古建筑维修不同于普通的房屋修缮,需要专门人员科学拟订修葺方案,反复论证完善,然后才能组织工程施工。值得欣慰的是,这一时期,聘请懂行的专家学者主持制定重要古建筑的修葺方案逐渐取代了以往愚昧盲目的翻新或重建。当时国内专门研究古建筑的学术机构只有中国营造学社一家,加之朱启钤、梁思成、刘敦桢等人在业界有着很高的知名度,因此,国内公私团体凡欲维修古建筑,多委托该社主持制定修葺计划。1935年1月,中国营造学社被北平市文物整理实施事务处聘为技术顾问,参加市内古建筑修葺工作。② 事实上,学社从1931年即开始参与对故宫等北平市重要文物建筑的修葺活动。在朱启钤等人的积极倡导下,社会各界逐渐重视对故宫建筑的维修和保护。1931年,由朱启钤等人

① 梁思成:《曲阜孔庙之建筑及其修葺计划》,《梁思成全集》(第三卷),第1—2页。
② 《本社纪事》,《中国营造学社汇刊》第五卷第四期,1935年6月。

发起,募集社会捐款用于维修破损严重的故宫南面角楼,该项工程最终由中国营造学社联合故宫博物院、历史博物馆、古物陈列所等单位共同完成。梁思成进入学社后,很快成为故宫维修工程的主要参与者。1932 年 10 月,梁思成、刘敦桢、蔡方荫等人受故宫博物院委托,拟定了故宫文渊阁楼面修理计划,并按计划进行了修葺。同一年,梁思成还先后拟定了故宫内城东南角楼修葺计划和故宫博物院南董殿维修计划。1935 年,受故宫博物院委托,梁思成、刘敦桢等学社成员拟定了故宫景山万春、观妙、辑芳、周赏、富览等五座亭子的修葺计划,社员汪申伯、刘南策二人担任监修,该工程于 1935 年 12 月竣工。①

　　测绘故宫是梁思成及中国营造学社对故宫保护最大的贡献。1934 年,中央研究院拨款 5 千元给中国营造学社,要求学社对故宫建筑进行测绘并将成果结集出版。受学社委派,梁思成主持该测绘工程,学社成员邵力工、麦俨曾、纪玉堂等人为主要成员。从1934 年开始,梁思成带领学社成员先后对天安门、端门、午门、太和门等六十余处故宫建筑进行了测绘和摄影,此外,还对故宫外的一些重要文物建筑进行了测绘,包括恭王府、安定门、阜成门、天宁寺等。1937 年"卢沟桥事变"的爆发打断了学社的测绘计划,测绘故宫的工作被迫中断,已有的测绘成果也未能全部整理出来。

(二)梁思成参与的其他重要古建筑维修工程

　　除了领导中国营造学社社员参加故宫建筑的维护外,梁思成

---

① 《本社纪事》,《中国营造学社汇刊》第六卷第二期,1935 年 12 月。

还应各地政府和有关文物保护单位邀请，参加拟定了多个文物建筑修葺计划，其中，影响最大的有两次：一次是 1934 年拟定杭州六和塔的重修计划；另一次是 1935 年拟定曲阜孔庙修葺计划。

1934 年 10 月，时任浙江省建设厅厅长曾养甫邀请梁思成林徽因夫妇赴杭州商讨六和塔重修计划，在经过现场反复勘查和论证之后，梁思成又广泛收集资料，对六和塔的历史沿革及原状进行了深入的研究，最终编写了《杭州六和塔复原状计划》，并在 1935 年 3 月出版的《中国营造学社汇刊》第五卷第三期上发表。该文既是一份比较详细的杭州六和塔重建计划，又较为全面地阐述了梁思成的古建筑保护思想，是研究梁思成学术思想的重要文献之一。值得注意的是，梁思成在该计划中着重强调"不修六和塔则已，若修则必须恢复塔初建时的原状"①的理念，这在古建筑保护界引起了广泛的争议。后来，梁思成亦在此基础上逐渐修正了自己的一些古建筑保护观点，形成并明确提出了"修旧如旧"原则。

山东曲阜孔庙修葺工程是梁思成在抗战之前参与的规模最大的文物建筑维修工程。1935 年 2 月，奉国民政府教育部、内政部指派，梁思成带领中国营造学社部分成员赴山东曲阜勘察孔庙修葺工程，在对孔庙内建筑详细测绘、摄影之后，梁思成于当年 7 月拟定出了较为详细的修葺计划，并编制了工程预算。该计划内容庞大，数据清晰，考证严谨，行文规范，堪称古建筑修葺计划的典范。1935 年 9 月，《中国营造学社汇刊》为此专门编辑出版了

---

① 梁思成：《杭州六和塔复原状计划》，《梁思成全集》（第二卷），第 355 页。

一期专刊——曲阜孔庙专号。①

　　1934 年和 1936 年,梁思成还应中央文物保管委员会邀请,先后拟定了蓟县独乐寺、山西应县佛宫寺木塔以及赵县大石桥修葺计划。1937 年 5 月,梁思成应邀到西安做小雁塔的维修计划。

第四节　研究与育人相结合,着力培养古建筑研究人才

　　在开展古建筑调查研究过程中,梁思成十分注重专业人才的培养,多次强调,古建筑保护是一项专业性很强的工作,只有受过专业训练的专门人才才有可能胜任。在梁思成、刘敦桢的带领下,中国营造学社不仅是一个效率极高的学术团体,而且在古建筑研究人才教育培养方面亦卓有建树。新中国成立前后,建筑史学界的研究骨干绝大部分直接或间接师承中国营造学社,这其中,又有相当大一部分人直接受教于梁思成。这一时期中国营造学社及梁思成等人在人才培养方面所做的工作,最突出的特点和成就集中体现在两个方面:一是构建起富有学社特色的古建筑专业人才培养模式;二是梁思成等人言传身教,注重在古建筑调查研究实践中培养年轻社员。

一、努力构建富有学社特色的专业人才培养模式

　　除去名目繁多的社会兼职外,梁思成的工作履历很简单,东

---

① 梁思成:《曲阜孔庙之建筑及其修葺计划》,《梁思成全集》(第三卷),第 1—107 页。

北大学建筑系,中国营造学社,清华大学建筑系,纵观其一生,始终凝聚着浓厚的教育情结。从 1931 年下半年开始,在梁思成的推动下,中国营造学社在内部机构设置、人员选聘等方面进行了大的调整,注重年轻社员的培养和使用,逐渐形成了极富特色的研究生选拔培养机制和导师制培养模式。

关于这一问题,本书第二章已设立专题作了解读,本节不再重复。抗战爆发之后,中国营造学社成员大多四处逃亡,另谋生计,跟随学社一起到昆明的研究生只有莫宗江和陈明达,此后,研究生队伍再无增加。1943 年,刘敦桢、陈明达相继离开学社,学社成员只剩下梁思成、刘致平等 7 人,维持生计尚且不易,更无力招收新的研究生,转年,莫宗江被学社聘为助理研究员;研究生培养工作最终结束。卢绳、叶仲玑、王世襄等三人在抗战中后期来到中国营造学社,被聘为助理研究员;罗哲文则于 1940 年从四川李庄考进中国营造学社,从练习生做起,学习古建筑知识。虽然当时学社举步维艰,但学术研究之风丝毫未减,年轻社员们得到了梁思成、刘敦桢的悉心指导,业务能力迅速提升,后来均成为知名的学者。

二、言传身教,育人于调查研究实践

在日常工作中,梁思成、刘敦桢二人以身作则,一丝不苟,对于年轻社员的成长,则悉心指导,严格要求,既营造了良好的工作、学习氛围,又能为人师表,成为年轻社员学习的典范。

(一)言传身教,营造良好的成长氛围

罗哲文是中国营造学社招收的最后一名工作人员,当时只有

中学学历,他的成长经历颇具代表性。进入学社伊始,罗哲文对绘图、测量等工作一无所知,梁思成亲自指导其学习基本的工作技能,"从绘图板、丁字尺、三角板和绘图仪器的使用方法,到削铅笔、擦橡皮等小技,都一一地把着手教"。一次,罗哲文发高烧,学社所在地没有医生,梁思成特地去李庄镇上请来了同济大学医院的一位大夫前来为罗治病,并亲自照顾其吃药,"在旧社会师傅对待徒弟有这样的感情,是极为珍贵的"。① 罗哲文深受感动,多年后仍记忆犹新。为帮助罗哲文更好地学习专业知识,梁思成还特意安排了刘致平、莫宗江等人对其进行指导。林徽因虽然长期因病卧床,但始终十分关心年轻社员的成长,鼓励他们学习外语和文学艺术,身体稍好些的时候,还亲自为罗哲文和莫宗江讲授英语课,对他们在学业上的点滴进步均勉励有加。② 初入学社时,罗哲文先是在刘敦桢指导下工作和学习,参与整理《西南古建筑调查报告》,刘敦桢鼓励罗哲文要以莫宗江、陈明达等人为榜样,勤奋学习,认真工作,争取将来学有所成。对于罗哲文负责的抄写文稿、绘制小插图、整理照片等具体工作,刘敦桢均提出严格的要求,并悉心教授工作方法。③

　　莫宗江的成长也很有代表性。他刚加入学社时,还是个十五六岁的孩子。梁思成发现他很聪明,字画都很好,就着意在绘画

① 以上见罗哲文:《难忘的记忆 深切的怀念》,《梁思成先生诞辰八十五周年纪念文集》,第 134、135 页。
② 罗哲文:《难忘的记忆,深刻的怀念》,《建筑师林徽因》,第 144—145 页。
③ 罗哲文:《难忘的教诲 永远的怀念——纪念刘敦桢诞辰 110 周年》,《刘敦桢先生诞辰 110 周年纪念暨中国建筑史学史研讨会论文集》,第 14—15 页。

方面培养他,并给予热情鼓励。对于莫图画中的错误,梁思成亲自示范,予以纠正。当看到莫宗江在绘画和建筑史知识的学习方面取得较大进步的时候,学社于 1935 年正式将其晋升为研究生。莫宗江后来能够受聘为清华大学建筑系教授,成为继王国维之后,极少数未受过正规教育而执教清华大学的学者,除去个人的天分和努力外,可以说与梁思成和中国营造学社的培养密不可分。

(二)严谨治学,身体力行,发挥导师的引导作用

1980 年 12 月,吴良镛、刘小石二人为《梁思成文集》撰写的序言中曾专门提及梁思成身体力行、率先垂范的工作精神,他们指出:"(梁思成)为了进行建筑的调查研究,长途跋涉,爬高就低,不辞劳苦。"在测量应县佛宫寺木塔时,"为了登上塔顶拍照,手把铁索,两脚悬空地攀上,那时天气已近寒冷,而铁索更是凛冽刺骨,助手们望而迟豫,而梁先生却身先士卒"。①梁思成在其所写的多篇研究报告中亦记录了自己和助手们在野外调查时的经历。对于测绘应县佛宫寺木塔,梁思成记忆最深刻的当数在塔顶工作时的历险,他这样记述当时的情景:"我攀上塔刹去测量和拍照,由于全神贯注,我竟然没有注意到浮云的迅速掩近,突然,不远处炸起一个闪电,惊吓之中,我险些在离地 200 英尺的高空中松开握住冰冷铁链的双手。"②在测绘佛光寺的时候,寺内梁架上堆积了几寸厚的尘土,成千上百只蝙蝠和不计其数的臭虫,几

---

① 吴良镛、刘小石:《序》,《梁思成文集》(一),《序》第 12 页。
② 梁思成:《五座中国古塔》,《梁思成全集》(第三卷),第 375 页。

乎令人窒息，梁思成和学社成员一起"晨昏攀跻，或佝偻入顶内，与蝙蝠壁虱为伍，或登殿中构架，俯仰细量，探索惟恐不周"。①

据林洙回忆，莫宗江曾向她专门谈及在中国营造学社工作时的情景，其中提到，他们外出调查时，"每到一个地方，很快就分工，谁测平面，谁画横断面，谁画纵断面，谁画斗栱。分工完了，拉开皮尺就干，效率之高，现在回想都难以置信，因为当时每去一个地方经常要步行几十里，一定要干完了才能离去。梁先生爬梁上柱的本事特大。他教会我们，一进殿堂三下二下就爬上去了，上去后就一边量一边画。应县木塔这么庞大复杂的建筑，只用了一个星期就测完了"。②

梁思成、刘敦桢等人严谨的治学态度和率先垂范的精神给学社的其他成员树立了榜样，影响着他们学术精神的塑造和人格品格的完善。刘致平晚年曾回忆说："营造学社的治学态度非常严谨，无论文献研究考证还是对实物进行调查测绘都非常认真，旁求博采，唯恐不足，决不妄加忆测，牵强附会。"③受学社浓厚学风的影响，刘致平专注于学术研究，业余时间还经常骑单车实地调查战国时代的蓟门烟树和雁角楼、元代的晾鹰台、元大都遗址和明代白云观等处古建筑，"星期天去北平图书馆苦读，没有年节和休息日，由于过度劳累，而致咯血。身体稍好，又埋头干"。④

---

① 梁思成：《记五台山佛光寺建筑》，《中国营造学社汇刊》第七卷第一期，1944 年 10 月。

② 林洙：《困惑的大匠·梁思成》，第 50 页。

③ 刘致平：《纪念朱启钤、梁思成、刘敦桢三位先师——有感于中国传统建筑文化之发掘、深入研究，继承、发扬和不断创新》，《华中建筑》，1992 年第 1 期。

④ 刘致平：《忆"中国营造学社"》，《华中建筑》，1993 年第 4 期。

陶宗震发表的《莫宗江先生》一文中，也提到莫宗江非常怀念在中国营造学社的求学经历，称"当年的学术气氛很纯、很浓，主要是共同的事业心和敬业精神、竞相致力于为传统建筑的研究作出贡献"，外出调查，从不畏艰苦和危险，"每发现一处古建筑即废寝忘食，不论条件多么艰苦，皆精神抖擞的全天候战斗，白天测绘、晚上整理资料写工作日记"。①

第五节　抗战时期支撑危局，继续学社研究事业

1937 年"卢沟桥事变"爆发后，平津地区沦陷。受朱启钤委托，梁思成宣布中国营造学社暂时关闭，发给每位工作人员 3 个月薪水作遣散费。至此，中国营造学社已步入巅峰的古建筑调查及研究工作戛然而止，研究人员亦各谋生路，成为中国学术界的一大憾事。南下流亡途中，经梁思成等人竭力争取，中华教育文化基金董事会同意继续资助中国营造学社部分经费，学社工作得以恢复。抗战期间，中国营造学社无论人员规模，还是取得的研究成果，都难以和抗战之前相比，但梁思成仍然没有放弃对古建筑的调查与研究，并团结其他学社同仁，苦苦支撑局面。

一、抗战期间中国营造学社面临的困局

抗战爆发后，由于再次得到中华教育文化基金董事会的资助，一度被迫关闭的中国营造学社得以恢复。因长沙战事吃紧，

---

① 陶宗震：《莫宗江先生》，《南方建筑》，1995 年第 4 期。

梁思成、刘敦桢等人辗转到达云南昆明,着手开展调查研究工作。但和抗战之前相比,抗战期间的中国营造学社人员锐减,经费拮据,研究工作面临诸多困难。

(一)经济上的困难

抗战之前,中国营造学社基本确立了朱启钤、梁思成、刘敦桢三人携手办社的格局。学社运行所需的资金主要由朱启钤四处筹措,梁思成、刘敦桢等人外出开展野外古建筑调查时,疏通各方关系及一些重要的物资、安全保障工作,亦多为朱启钤多方协调,从而为梁、刘二人全力以赴开展调查及研究工作免去了后顾之忧,这也是1930年代中国营造学社取得辉煌成就的前提和保证。当时,学社的经费来源比较固定,除中华教育文化基金董事会、中英庚款董事会固定的拨款外,朱启钤通过各种途径募集到的私人捐助以及学社通过售书等方式获得的收入都充实到学社经费之中。抗战期间,国家经济遭遇重大损失,资金极度紧张,朱启钤募集私人捐款的渠道全部中断,中华教育文化基金董事会虽非常支持学社工作,但勉力给予两年补助后,无力再延续,1940年后即停止。中英庚款董事会也曾给予一定补助,但数量较少。由于中国营造学社抗战时期的档案资料毁于十年动乱,现已无法考证其具体收支情况,但就当事人的回忆及相关研究资料来看,抗战初期,学社经费虽少,尚能勉强维持运行,1940年之后,则完全失去原有经费来源,不得不为生存而奔波。傅斯年在1940年3月5日致胡适的信中专门谈及中国营造学社,傅告诉胡适:中国营造学社"所恃以为生活者,即中基会之一万五千元。然而天下事有难知者,去年减了二千,成了一万三"。对于中国营造学社的困难,傅深表同情,他指出:"中基会之困难世人皆知,然减款似不当自此社始也。且今年更有再减或取消此款之议。"傅指出,抗战爆发之后,国内物价上涨不已,昆明已涨了十倍,一减一涨,中国营造学社的困境一目了然,以至于"助理纷纷思走"。①

(二)人员上的减少

抗战之前,中国营造学社已经建立了较为完善的组织机构,形成了较为成熟的人才培养模式和调查研究工作机制,这也是衡量一个学术机构是否成熟的关键因素。就学社规模而言,正式工作人员一度达到 17 人,荣誉性质的社员最多时有 86 人。抗战八年,学社大部分人员另谋出路,辗转来到昆明的只有梁思成、刘敦桢、刘致平、莫宗江和陈明达等 5 人。后来蛰居四川李庄期间虽然招收了几位新成员,但也是昙花一现,随着刘敦桢、陈明达的离职,到 1945 年抗战胜利时,只有梁思成、莫宗江、刘致平等三位老成员和王世襄、罗哲文两位新成员。

(三)文献资料上的匮乏

在北平时,文化教育机构众多,图书文献资源极为丰富,中国营造学社自身亦经过朱启钤、梁思成等人多年经营,积累了大量的文献资料,这些都是学社开展研究工作不可或缺的条件。"卢沟桥事变"爆发后,为慎重起见,朱启钤、梁思成、刘敦桢三人商议"以贵重图籍仪器及历年工作成绩,运存天津麦加利银行"。②在昆明,学社的活动虽然得以恢复,但却受制于图书文献的匮乏。

---

① 傅斯年:《致胡适》,欧阳哲生主编:《傅斯年全集》(第七卷),第 214—215 页。
② 朱海北:《中国营造学社简史》,《古建园林技术》,1999 年第 4 期。

流亡昆明的文化教育机构不少,但多为仓促撤离至此,无力携带原有的图书文献。西南联大虽然声名显赫,且和梁思成有着深厚的渊源,但图书资料却少得可怜,不足为中国营造学社所用。究其原因,北大图书没有抢出;南开因积极抗日,校园被日军轰炸,图书早已焚毁殆尽;只有清华抢运出部分图书和设备,但绝大部分在后来的日军轰炸中化为灰烬。

二、梁思成及中国营造学社应对困局的举措

抗战时期,朱启钤留守北平,中国营造学社的领导任务实际上由梁思成、刘敦桢二人承担。就梁思成而言,不仅要领导开展古建筑调查和相关的研究工作,更需拿出较多的精力协调解决学社面临的生存问题。

(一)资金问题

资金问题是学社赖以生存的核心。中华教育文化基金董事会的资助停止后,中国营造学社失去了固定的经费来源。抗战时期经济凋敝,对于中国营造学社的困难,学界同仁虽颇感同情,但同处危局,保全自身尚属不易,更谈不上给予一个民间学术机构以长期、固定的经济资助。学社要生存,只有两条出路:一是进入政府科研机构编制,获得相对稳定的经费来源;二是争取政府部门的补助或专项经费资助。从目前已有的资料看,一直到抗战结束,虽然出于研究需要,中国营造学社始终依附于中央研究院历史语言研究所,且得到时任历史语言研究所所长的傅斯年给予的很多关照和便利,但并未成为中央研究院正式的下属单位。据罗哲文回忆,时任中央博物院筹备处主任的李济帮助梁思成解决了

基本的生存问题，即在该筹备处内设立"中国建筑史料编撰委员会"，[1]学社所有工作人员的编制和工资都挂在中央博物院筹备处由其发放，[2]薪金问题算是有了着落，可以勉强维持生计，但开展学术研究，则需另觅资金渠道。正因为如此，中国营造学社迁徙四川李庄之后，梁思成不得不常年奔波于李庄和重庆之间，向教育部、财政部以及一些基金会申请经费。梁思成的好朋友美国人费正清费慰梅夫妇经常在重庆接待梁，对其不辞辛劳筹集经费的情况很熟悉，费慰梅回忆说：梁成了一个什么都得管的"万事通"和奔波于李庄和重庆之间的筹款人。[3] 除了政府和基金会的资助，在梁思成等人的积极争取下，中国营造学社还获得两笔来自学界同仁和美国哈佛大学燕京学社的捐款，其中一笔为22500元，由关颂声、杨廷宝、龙非了等建筑学界同仁于1944年捐助，用于资助学社出版第七卷第一期《中国营造学社汇刊》；另一笔为5000美元，系费正清多方协调的结果，主要用于出版第七卷第二期《中国营造学社汇刊》。

（二）研究队伍问题

虽然恢复活动后的中国营造学社人员大大减少，但梁思成、刘敦桢、刘致平等三位主要研究人员皆在，加上莫宗江和陈明达，这就基本保证了开展野外调查和古建筑研究的需要。到达四川

---

① 罗哲文：《忆中国营造学社》，《古建园林技术》，1993 年第 3 期。
② 罗哲文：《难忘的教诲 永远的怀念——纪念刘敦桢师诞辰 110 周年》，《刘敦桢先生诞辰 110 周年纪念暨中国建筑史学史研讨会论文集》，第 16 页。
③ 费慰梅著，成寒译：《中国建筑之魂：一个外国学者眼中的梁思成林徽因夫妇》，第 166 页。

李庄之后,学社还招收了一名年轻的工作人员罗哲文,之后,又陆续聘用了卢绳、叶仲玑、王世襄等三名大学毕业生为助理研究员,学社成员一度达到 8 人。中国营造学社最严重的人员危机发生在 1943 年,这一年 8 月,学社主要领导之一刘敦桢离职赴重庆中央大学建筑系任教,其助手陈明达旋即离职赴成都工作。对于刘敦桢离开中国营造学社的原因,因可能涉及梁、刘关系,学界很少有人谈及。目前,比较可信的说法来自两个方面,一是刘敦桢的家人的回忆,二是原中国营造学社成员单士元的回忆。刘敦桢的夫人陈敬在《屐齿苔痕——缅怀士能的一生》一文中专门谈及刘离开中国营造学社的原因,称主要出于经济和健康上的考虑,她指出:"抗日战争进入中期以后,由于研究经费的来源枯竭和日常生活的困苦,营造学社的研究工作已难以继续进行,而士能的健康状况亦每况愈下。这时,从南京迁到重庆沙坪坝的中央大学建筑系又来聘请士能返校执教。杨廷宝、童寯等老友也纷纷致函,劝我们暂时换个环境。因此,我们就在 1943 年的夏天,来到了重庆。"①东南大学建筑学院编撰的《刘敦桢先生生平纪事年表(1897—1968)》对此事的表述和刘敦桢家人的表述是一致的。②单士元的回忆则不同于刘敦桢家人,他明确指出,刘敦桢离开中国营造学社的主要原因是与梁思成在工作上的分歧与矛盾,"造

① 陈敬口述、刘叙杰执笔:《屐齿苔痕——缅怀士能的一生》,《刘敦桢先生诞辰 110 周年纪念暨中国建筑史学史研讨会论文集》,第 179 页。
② 《刘敦桢先生生平纪事年表(1897—1968)》,《刘敦桢先生诞辰 110 周年纪念暨中国建筑史学史研讨会论文集》,第 232 页。

成不能合作之局,其他同人亦有相继离去者"。① 单士元是中国营造学社的老社员,抗战爆发之后虽然离开学社,但始终关注学社发展,与学社成员联系较多,新中国成立后,又与刘致平在建筑科学研究院共事多年,其所言应当有所依据。鉴于梁思成、刘敦桢等当事人及在李庄的其他学社成员均未对此事发表观点,本文亦无法作出最终结论,但考虑中国营造学社当时的境遇和梁、刘二人的品格,经济上的困难以及由此造成的学术活动难以为续,加之健康状况不尽如人意,应该是刘敦桢离职的主要原因,至于说二人的矛盾,更多的应为工作上的分歧,而不涉及私人恩怨。林徽因在写给费慰梅的信中给予了刘敦桢很高的评价,并对其离开中国营造学社深表遗憾。②

(三)图书文献问题

抗战时期,内迁至昆明的文教机构很多,但真正有丰富藏书、并且保存完好的只有一家,那就是中央研究院历史语言研究所。为方便研究工作,时任历史语言研究所所长的傅斯年设法将先期运到重庆的十三万册中外善本书籍寄运至昆明,并租下竹安巷内的一座四合院,作为图书馆。梁思成闻讯即与傅斯年协商,希望能借用历史语言研究所的图书和技术工具,以便开展学术研究。历史语言研究所最终同意了梁思成的请求,给予中国营造学社以诸多方便。中国营造学社和历史语言研究所,两个完全不同类型的学术机构,从此成为一种依附与被依附的"捆绑式"关系。

---

① 单士元:《中国营造学社的回忆》,《中国科技史料》,1980 年第 2 期。
② 费慰梅著,成寒译:《中国建筑之魂:一个外国学者眼中的梁思成林徽因夫妇》,第 167 页。

1940 年秋,历史语言研究所决定远迁四川南溪县李庄镇。虽然中国营造学社在昆明的工作刚有起色,但为了研究的需要,仍决定随同历史语言研究所一同搬迁。为此,林徽因在 1940 年 11 月写给费正清费慰梅夫妇的信中无奈地说:"我们将乘卡车去四川,三十一个人,从七十岁的老人到一个刚出生的婴儿挤一个车厢,一家只准带八十公斤行李……而我将离开这些认识了十年的朋友,这太……"①

三、组织开展西南地区古建筑调查

"卢沟桥事变"爆发之后,鉴于形势危急,朱启钤提议,自己留守北平,暂设中国营造学社保管处,清理社中未了事务,梁思成、刘敦桢二人南下,"于长沙组织临时工作站,研究调查西南古建筑,并与中央研究院合作"。② 可以说,就古建筑研究而言,朱启钤是颇有见地的,他意识到中国营造学社之前的野外调查主要在华北地区,虽然成果丰富,但毕竟缺乏对其他地区的了解,如能利用避难西南之机,就地开展调查,将对全面认识中国古代建筑的历史脉络及流派大有裨益。由于受到战争、经费、人员等诸多因素的限制,抗战期间,中国营造学社开展的野外古建筑调查的规模和频率都无法与在北平时期相比,有限的一些外出调查亦主要集中在昆明时期,其资金来源应为中华教育文化基金董事会的补助。

---

① 林徽因:《致费正清 费慰梅(十三)》,《林徽因文集·文学卷》,第 380 页。
② 朱海北:《中国营造学社简史》,《古建园林技术》,1999 年第 4 期。

(一)开展古建筑调查的基本情况

梁思成在为 1944 年 10 月出版的《中国营造学社汇刊》第七卷第一期所撰写的《复刊词》中简要总结了抗战期间中国营造学社在西南地区开展的古建筑调查,他指出:"我们所曾调查过的云南昆明至大理间十余县,四川嘉陵江流域,岷江流域,及川陕公路沿线约三十余县,以及西康之雅安芦山二县,其中关于中国建筑工程及艺术特征,亦不乏富于趣味及价值的实物。"虽然调查的范围不算太大,但内容还是非常丰富的。就建筑类别论,包括"寺观,衙署,会馆,祠,庙,城堡,桥梁,民居,庭园,碑碣,牌坊,塔,幢,墓阙,崖墓,券墓等";就建筑艺术而言,"西南地偏一隅,每一实物,除其时代特征外,尚有其他地方传统特征,值得注意"。此外,还有很多颇具艺术价值的雕塑、摩崖造像及壁画。[①]

除了集中组织开展的野外调查外,刘致平对昆明周边的民居及其施工工艺进行了较为详尽的调查,陈明达则于 1941 年 5 月至 1942 年 12 月,代表中国营造学社参加了川康古迹考察团,历史上首次对彭山崖墓进行了全面的调查和发掘。1943 年初,莫宗江、卢绳二人代表中国营造学社参加川康考察团,进行成都琴台——永陵第二期考古发掘清理工作。

刘敦桢曾参与组织了对西南地区古建筑的调查,对现存的古建筑的历史、文化价值体会颇深,他指出:四川、西康、云南、贵州、广西等西南五省的建筑,依其结构式样,大体可分为汉式和藏式两种,除西康省及四川、云南二省西北部藏式建筑居多外,其余地

① 梁思成:《复刊词》,《梁思成全集》(第四卷),第 223 页。

区的多数建筑均属于汉式建筑系统,"然同为此式之建筑,复因地理、气候、材料、风俗及其他背景之殊别,产生各种大同小异之作风。每种作风,又随时代之递嬗,而形成若干变化"。刘敦桢认为:总体上来看,"四川之汉阙、崖墓,与梁以来之摩崖造像,实为我国文化史中重要之遗迹"。①

(二)最后的野外调查:中国营造学社的川康之行

抗战期间,中国营造学社独立开展的野外古建筑调查有三次,其中前两次调查,梁思成因病未能参加。第一次野外调查是1938年10月至11月对昆明市及其近郊的古建筑调查,刘敦桢带队,成员有刘致平、莫宗江和陈明达,调查对象包括唐代南诏国所建的西寺塔、东寺塔,元妙应阐塔,安宁县曹溪寺大雄宝殿,大悲寺元经幢,筑竹寺元墓塔,松华灞元水闸桥梁,元故城遗址,元梁王墓,大德寺,明双塔,城隍庙,明庆观大殿,土主庙大殿,旧总督府,三元宫,圆通寺,大悲观,喇嘛式墓塔,金牛寺,妙湛寺砖塔等约50余处古建筑。第二次野外调查是1938年11月赴安宁、楚雄、镇南、下关、大理一线进行的古建筑调查,刘敦桢带队,成员有莫宗江和陈明达,调查对象包括大理的崇圣寺三塔、浮图寺塔、白王坟、西云书院,丽江的玉皇阁、忠义坊等,鹤庆的旧文庙、杨公祠、城隍庙,宝川的鸡足山金顶寺铜殿、金禅寺、传灯寺等,凤仪的凤鸣书院、雨华寺、东岳庙等,镇南的文昌宫,姚安的旧文庙、德丰寺、至德寺,楚雄的文庙、龙江祠,安宁的曹溪寺、吴天阁、雷神殿,

---

① 刘敦桢:《西南古建筑调查概况(1940年7月—1941年12月)》,《刘敦桢建筑史论著选集》,第111页。

共约 140 处古建筑，其中进行实测的有 10 处古建筑及若干民居。[①]

1939 年 8 月至 1940 年 2 月对四川、西康地区的古建筑调查是中国营造学社在抗战期间开展的第三次野外调查，也是规模最大的一次，还是学社历史上最后一次野外调查。梁思成、刘敦桢二人共同带队组织了此次调查，成员有莫宗江和陈明达。由于战乱、气候等原因，川康之行并未发现太多的年代久远的古建筑，尤其是木结构古建筑，但这里丰富的人文资源还是让学社的成员们大开眼界，他们看到了大量的汉阙、崖墓和摩崖造像。四川境内所存的汉阙堪称全国之冠，粗略估算一下，其总数大概能占到全国汉阙总数的四分之三，崖墓的数量也很可观，岷江、嘉陵江两岸随处可见，而摩崖造像，几乎没有一个县没有。因此，川康之行，中国营造学社调查的重点是汉阙、崖墓和摩崖造像。

在汉阙调查方面，梁思成、刘敦桢等人发现了大量的有铭文的汉阙，还有无数的无名阙，其中，保存较好、且有着较高建筑价值的有雅安高颐阙、绵阳平阳府君阙和渠县冯焕阙。雅安高颐阙属于子母阙，下部有台基，台基上以条石数层垒砌，阙身表面隐起地袱枋柱，阙身以上施石五层，仿木建筑之出檐。上刻栌斗、角神、枋、蜀柱及栱，第四层上隐起人物禽兽，第五层刻檐下枋头，阙身上有四注顶，上面檐椽瓦陇仍保存一部分，阙上的柱枋斗栱皆有一定比例，斗栱的各部件均随枋的大小变动，表现出明显的连

---

① 参见林洙：《叩开鲁班的大门——中国营造学社史略》，第 107—109 页。

带关系。就建筑结构而言,这可能即是宋代"材"的前身。另外,檐角的角神,也是中国古代建筑中最早出现的角神实物。对于建于东汉延光年间的渠县冯焕阙,梁思成也给予了很高的评价,他认为该阙"简洁秀拔,曼约寡俦,为汉阙中惟一逸品;而局部雕饰,以几何纹与斗栱人物参差配列,亦属孤例"。①

在崖墓调查方面,梁思成、刘敦桢等人调查测绘了大量的实例,包括彭山、乐山的白崖山崖墓,绵阳的白云洞崖墓,广元的杨家沟崖墓,彭山的王家陀、寨子山、江口镇后山崖墓等,对这种具有浓厚地域色彩的石构建筑进行了全面的研究,留下了大量的研究资料。其调查成果,特别是对彭山崖墓的研究引起了考古界的高度关注,其文物价值始为学界所认识。1941 年春季,在著名考古和人类学家李济的倡议下,国民政府同意中央研究院历史语言研究所、中央博物院筹备处、中国营造学社三家机构联合组成了川康古迹考察团,重点到彭山、乐山一带调查崖墓,陈明达代表中国营造学社全程参加了此次考古发掘活动。

摩崖造像是川康调查的另一个重点。在梁思成一行调查的诸多摩崖造像中,有几处发现非常重要。一是位于乐山凌云寺的乐山大佛,经梁思成考证,乐山大佛"自莲座至像顶,约高二百英尺",大佛像开凿于公元713 年,乃唐开元初僧海通所造,工程历经数代,到贞元十九年,即公元803 年方才竣工。二是位于乐山龙泓寺外朝北的山崖上的大小数十处佛龛。"虽规模非巨,而内容丰富,为川中不可多得之精品",千手观音、孔雀明王、观经变

---

① 梁思成:《西南建筑图说(一)——四川部分》,《梁思成全集》(第三卷),第219 页。

相等更为中原石刻罕见之题材,内容丰富,古意盎然,其建筑细部如梭柱卷杀、人字形驼峰、屋顶鸱尾等,"均形制比例逼真实物"。[①] 这些建筑造型对于研究《营造法式》的小木作具有重要意义。此外,位于夹江千佛崖、大足的北山和宝顶山的摩崖造像,也多为唐代作品,具有很高的建筑史料价值。

在历时半年的考察中,学社成员共考察了四川、西康二省的31个县、市,调查古建、崖墓、摩崖石刻、汉阙等约730处,从中筛选出重要古建筑、石刻及其他文物107件。以川康之行的调查成果为主,加上学社在李庄周边开展的古建筑调查成果,梁思成整理编撰了《西南建筑图说(一)——四川部分》。[②]

(三)年轻社员的卓越成绩:刘致平、陈明达的调查成果

中国营造学社的人才培养机制为年轻人的成长提供了很好的机遇,随着学社研究工作的深入,刘致平、陈明达、莫宗江等人的学识和工作能力有了很大的提升,成为梁思成、刘敦桢的得力助手,并在古建筑调查研究领域崭露头角。其中,刘致平和陈明达的成绩最为突出,显示出了扎实的学术功力,其成果亦为学界同仁所认可。

刘致平原为东北大学建筑系的学生,"九一八"事变之后转入中央大学建筑系继续学习至毕业。进入中国营造学社后,刘致平即在法式部担任梁思成的助手。刘的专业功底很扎实,梁思成、刘敦桢等都充分肯定了其学术能力。抗战之前,刘致平除了

---

① 以上见梁思成:《西南建筑图说(一)——四川部分》,《梁思成全集》(第三卷),第154、157—158页。
② 同上书,第137—251页。

参加古建筑调查及相关的研究工作之外,主要协助梁思成编著
《建筑设计参考图集》。该书收录了大量的古建筑照片和插图,
先后出版了"台基"、"石栏杆"、"店面"、"斗栱(汉—宋)"、"斗栱
(元、明、清)"、"琉璃瓦"、"柱础"、"外檐装修"、"雀替、驼峰、隔
架"、"藻井"等 10 集,①其中前 5 集的简说由梁思成执笔,后 5 集
的简说则由刘致平执笔。中国营造学社在昆明期间,刘致平注意
到民居研究的学术价值,并随即展开相关的调查研究,尤其是对
昆明龙泉镇一带的乡间住宅(当地称为"一颗印")及其建造工艺
进行了调查,在此基础上撰写了研究报告——《云南一颗印》,发
表在《中国营造学社汇刊》第七卷第一期。刘致平对民居的关注
及相关的调查研究"填补了中国营造学社研究的一项空白",②也
开创了建筑学界关于民居研究的先河。学社迁徙四川李庄之后,
刘致平在继续协助梁思成开展中国建筑史研究的同时,重点对清
真建筑进行了研究。据其本人回忆,当时"调查了李庄一带的住
宅,以及岷江流域的古建筑及各种住宅建筑,也写了几十万字及
数百张图片的关于寺庙、住宅等方面的调查报告,并在成都发现
了一座作风特殊而精美的清真寺建筑"。③ 这一时期刘致平在清
真建筑研究方面的成就集中体现在其撰写的《成都清真寺》一
文,该报告发表在《中国营造学社汇刊》第七卷第二期。之后,刘

①　梁思成主编、刘致平编纂:《建筑设计参考图集》,《梁思成全集》(第六卷),第 231—
　　421 页。
②　崔勇:《中国建筑科学研究院建筑历史研究所傅熹年院士专访》,《中国营造学社
　　研究》,第 264 页。
③　刘致平:《我学习建筑的经历》,《中国科技史料》,1981 年第 1 期。

致平不断深入对清真建筑的调查与研究,成为这一领域研究的开启者和代表人物。

陈明达的成长经历不同于刘致平。他和莫宗江的情况基本一样,没有接受过太多的学校教育,完全是靠中国营造学社的培养和个人的努力好学而在学术上有所建树。陈明达于 1932 年进入中国营造学社,当时只有 18 岁,1935 年晋升为研究生,他长期在刘敦桢的指导下开展古建筑调查和研究工作,思维敏捷,思想活跃,深受刘的治学风格的影响和熏陶。抗战期间,陈明达已是中国营造学社调查研究工作的骨干,参加了学社在西南地区开展的三次野外古建筑调查,虽然没有单独的著述发表,但协助刘敦桢完成了大量的文献整理和研究工作,并将西南地区的古建筑和华北地区调查过的古建筑作了系统的对比和分析,总结出了西南地区古建筑的特点,并就建筑史研究方向问题提出了自己的看法。抗战胜利后,陈明达将自己的研究心得撰写成文,于 1951 年公开发表。① 这一时期,陈明达最突出的成绩是代表中国营造学社参加了中央博物院筹备处牵头的川康古迹考察团,对彭山、乐山一带的崖墓进行了大规模的挖掘和研究。此次考察是历史上首次对彭山崖墓进行具有科学性质的考古调查发掘,也是抗战期间中国学者组织开展的最大规模的田野考古发掘,由中央博物院筹备处、中央研究院历史语言研究所和中国营造学社三家联合组织,中央博物院筹备处吴金鼎任团长,成员包括中央博物院筹备处的曾昭燏、夏鼐、王介忱、赵青芳(后参加),历史语言研究所的

---

① 陈明达:《略述西南区的古建筑及研究方向》,《文物参考资料》,1951 年第 11 期。

高去寻,中国营造学社的陈明达。考察从 1941 年 5 月正式启动,
持续到 1942 年 12 月,历时一年半。考察团以彭山江口镇为中
心,对其周边方圆百里的崖墓进行了大规模的发掘,共探明崖墓
墓址九百余座,发掘汉代崖墓 77 座,砖墓 2 座,对发掘的古迹均
进行了详细的勘测,绘制了精确的测绘图。作为考察团唯一的一
名古建筑研究专家,陈明达在发掘过程中对崖墓建筑格局及其中
的汉代建筑构件进行了全面的测绘和考证,对整个考察任务的完
成发挥了重要作用。

四、坚持开展学术研究,积极服务社会

中国营造学社迁移四川李庄之后,由于经济上极度困难,野
外调查工作基本上停止,学社成员转而将工作重点集中到整理以
往积累的调查测绘资料,同时借助中央研究院历史语言研究所所
藏文献,着力开展学术研究,并将其工作领域拓展至战争期间文
物建筑保护及建筑专业人才培养等领域。就梁思成取得的学
术成果而言,主要体现在 4 个方面:一是基本完成了对中国建
筑发展脉络的梳理,对《营造法式》的研究工作亦大大推进了一
步,其标志性成果是《中国建筑史》一书的完稿;二是主持编辑
出版了《中国营造学社汇刊》第七卷最后两期,在学术界产生了
广泛影响;三是主持编写沦陷区古建筑目录和日本本土重要文
物古迹目录;四是关注现代建筑教育,积极参与相关的人才培
养工作。

(一)编写《中国建筑史》,深入研究《营造法式》

通过研究宋代李诫的《营造法式》,梳理清楚中国古代建筑

的发展脉络及其演变规律,从而编写中国人自己的《中国建筑史》,是梁思成多年的梦想与追求。通过1930年代开展的古建筑调查及研究工作,中国营造学社积累了较为丰富的文献资料,并形成了一批在国内外学术界产生较大影响的学术成果。抗战中期开始,在林徽因、莫宗江、卢绳等人的协助下,梁思成开始系统地整理以往的研究资料和成果,着手编写《中国建筑史》。1944年,《中国建筑史》一书完稿。这部书稿约16万字,纵向上从上古建筑一直讲到民国建筑,横向上则从建筑类型、实物、细部入手,在勾勒出中国历史发展脉络的同时,亦注意突出不同年代、不同建筑的特征及其表现出的建造技术和艺术水准。这是第一部由中国人自己编著的比较系统完整的中国建筑史。就其学术价值而言,是梁思成多年来从事建筑史研究,在学术上达到的一个高峰,也是中国营造学社乃至中国建筑学界建筑史研究成果的一个阶段性总结,"绝大部分资料都是当时中国营造学社的研究人员和工作同志的实地调查,测绘的成果"。① 尽管当时由于客观条件限制并未出版,但它所具有的学术价值和社会价值受到了广泛的关注,堪称中国第一代建筑师学术研究的标志性成果之一。

在讲清楚中国建筑历史沿革的同时,梁思成又专门撰写了《为什么研究中国建筑》一文,作为《中国建筑史》一书的"代序"。该文从近代中国处于剧烈的社会转型期的角度,阐释了其对于建筑史研究中一系列重要理论问题的认识,包括如何认识古建筑的

---

① 梁思成:《中国建筑史》,《梁思成全集》(第四卷),第5页。

价值,建筑史研究的意义及现代科学方法的引进,如何认识建筑学界关于民族形式建筑的尝试等。对于古建筑,梁思成用英文将其表述为"historical landmark"(历史的界标),称它们"是我们文化的表现,艺术的大宗遗产",其价值不言而喻。① 至于研究建筑史的意义,后代学者将梁思成的观点概括为两句话,非常精辟,即"一是为了保存历史的界标,二是为了创造地方(民族)的色彩,前者在实践上就是保护文物古迹,后者就是规划与建筑创作"。② 值得注意的是,在该文中,梁思成对于二十世纪初以来建筑学界尝试设计建造民族形式建筑的努力给予了一定的肯定,将其视为"中国精神的抬头,实有无穷意义",但对于其"宫殿式"的表现形式,则一如既往地予以批评和否定。③

在编写《中国建筑史》的同时,梁思成受国立编译馆的委托着手编写英文版的中国建筑史。全书于 1944 年完稿,以图版和照片为主,配以简要的文字说明。该书最终定名为 *A Pictorial History of Chinese Architecture*:*A Study of the Development of Its Structural System and the Evolution of Its Types*。④ 英文版中国建筑史以近代学术的表现方式,分析中国建筑结构的基本体系及其各类部

---

① 梁思成:《为什么研究中国建筑》,《梁思成全集》(第三卷),第 377 页。
② 王世仁:《历史界标与地方色彩——学习梁思成著〈中国建筑史〉的体会》,《梁思成先生百岁诞辰纪念文集》,第 70 页。
③ 梁思成:《为什么研究中国建筑》,《梁思成全集》(第三卷),第 379 页。
④ 该书英文版由美国麻省理工学院出版社 1984 年出版,中文版译名为《图像中国建筑史》,梁从诫翻译,中国建筑工业出版社 1991 年出版。

件的名称、功能与特征，叙述了不同时代的演变，阐明了主要建筑的类别，主题鲜明，语言生动，图文并茂，相互印证。1984 年，在费慰梅等众多生前好友的帮助下，该书稿在美国出版。这一著作是中国建筑学家首次用英文撰写的具有权威性的中国建筑简史，在美国学术界获得了很高的赞誉。据建筑学家陈植介绍，美国学术界认为该书"对中国文化的理解作出了最宝贵的贡献"，"不仅是对中国的叙述，而是可能成为有重要影响的历史性文献"。①

这一时期，梁思成对《营造法式》的研究也取得了较大进展。在莫宗江等人的协助下，"壕寨制度"、"石作制度"和"大木作制度"等部分图样，以及部分文字的注释工作基本完成。这些成果为 1966 年出版《营造法式注释（卷上）》打下了坚实的基础。

（二）编辑出版最后两期《中国营造学社汇刊》

能否编辑出版高质量学术刊物，是考量一个学术机构学术水平的重要指标之一。中国营造学社创建之初，便在社长朱启钤的领导下，编辑出版了自己的学术刊物——《中国营造学社汇刊》。从 1930 年 7 月出版第一卷第一册，到 1937 年 6 月出版第六卷第四期，7 年间，共出版了 6 卷 21 期刊物，②发表各类文章 124 篇，

---

① 陈植：《缅怀思成兄》，《梁思成先生诞辰八十五周年纪念文集》，第 5—6 页。
② 《中国营造学社汇刊》第一卷 2 期，分别为"第一册"、"第二册"，第二卷 3 期，分别为"第一册"、"第二册"、"第三册"，自第三卷第一期起，将"册"改为"期"。第四卷第三期、第四期于 1933 年 12 月以合刊方式出版发行。

其中考证与调查类 35 篇,文献、典籍整理类 30 篇,杂著类 25 篇,学术思想与理论研讨类 11 篇,图样与料例及工程做法类 12 篇,译文类 7 篇,文物建筑与保护类 4 篇。[①] 梁思成、刘敦桢等学社成员的重要研究成果多在该刊物发表,在展现学社研究成果,推动古建筑及建筑史研究,与国内外同行开展学术交流等方面发挥了重要作用。在收录学社成员研究成果的同时,《中国营造学社汇刊》还以开放的学术心态和宽广的学术视野刊登了多篇国内外学界同行的研究成果,并且以刊物交换为载体,和国内外多所知名大学和研究机构、学术团体建立了稳定的学术交流关系。到抗战爆发之前,与中国营造学社建立刊物交换关系的国内高校达到26 所,清华大学、北京大学、燕京大学、复旦大学、厦门大学、辅仁大学、中山大学、同济大学等国内知名高校几乎全在其列;建立交换关系的国内知名研究机构和学术团体则有 52 家,其中即包括国立中央研究院历史语言研究所、国立北平研究院、国立中央图书馆筹备处、中国科学社、中国地学会等;建立交换关系的国外学术单位有 16 家,其中以日本的高校和学术团体居多,包括东京帝国大学、京都帝国大学、早稻田大学等。[②] 由此可见,抗战爆发之前,《中国营造学社汇刊》已经成为中国营造学社学术活动的重要平台。

抗战期间,中国营造学社一路迁徙,经费来源几度断绝,蛰居四川李庄之后,连野外古建筑调查工作亦难以为续,更无力继续

---

① 文献分类方法参考崔勇:《中国营造学社研究》,第 78—83 页。
② 《中国营造学社汇刊》第六卷第四期,1937 年 6 月。

出版学术刊物,《中国营造学社汇刊》因此停刊了 7 年。对此,梁思成深感遗憾,他表示,因为长期无力出版《中国营造学社汇刊》,抗战之前学社成员积累的多项调查研究成果,以及抗战以来在西南地区开展的富有成效的古建筑调查所取得的研究成果,均未能向学界公布。[①] 罗哲文在一篇回忆文章中,曾谈及梁思成当时的心情,他指出:"思成先生深知,一个学术刊物是一个学术机关的生命线,如果一个学术机关学术团体没有自己的学术刊物,它也就难以存在了。为此,他想尽了一切办法要在最困难的情况下,恢复这一刊物。"[②]

虽然梁思成多方申请资金,但从最终的结果看,并未能从政府和基金会等渠道争取到出版《中国营造学社汇刊》所需的经费。到了 1944 年,中国营造学社不得不向学社的各位荣誉社员发出了求助申请,希望能够获得私人的资金资助,以用于出版《中国营造学社汇刊》。这些荣誉社员虽非学社正式成员,但长期以来关心、支持学社发展,对于中国营造学社在抗战期间的境遇,深表同情,并对学社克服重重困难坚持学术研究的精神深表钦佩。正因为如此,当接到中国营造学社的求助信息后,众多荣誉社员慷慨捐款,资助学社,捐款总额达到 22500 元。(见表3.2,表中捐款人以中国营造学社实际收到捐款先后为序。)

---

① 梁思成:《复刊词》,《梁思成全集》(第四卷),第 223 页。
② 罗哲文:《难忘的记忆 深切的怀念》,《梁思成先生诞辰八十五周年纪念文集》,第 135 页。

表 3.2　1944 年社会各界为出版
《中国营造学社汇刊》捐款明细①

单位:元

捐款人	金　额	捐款人	金　额
关颂声、杨廷宝	2000	鲍祝遐	1000
龙非了	1000	李润章	1000
钱新之	500	汪申伯	1500
马叔平	1000	陈伯齐	1000
黄家骅	500	刘福泰	500
李惠伯	5000	叶仲玑	1500
陶桂林	5000	何遂甫	1000
总计		22500	

抗战之前,每期《中国营造学社汇刊》都会收录大量的照片及测绘图,因此对印刷标准要求很高,印制过程中大量采用铜版和锌版。李庄只是一个小镇,不具备现代印刷设备和能力,"没有白报纸、新闻纸之类的纸张,也没有铅字,更谈不上铜版、铅版之类的东西"。② 况且,中国营造学社筹集到的 22500 元出版经费根本不足以支付高质量制版及印刷所需费用。最终,梁思成决定因陋就简,改用原始的石印,为此,"将插图直接绘版,而不用照片,只希望这简单图解,仍能将建筑结构之正确印象,略示梗概"。③ 在印制过程中,中国营造学社几乎动员了所有工作人员

---

① 《中国营造学社汇刊》第七卷第二期,1945 年 10 月。
② 罗哲文:《难忘的记忆　深切的怀念》,《梁思成先生诞辰八十五周年纪念文集》,第136 页。
③ 梁思成:《复刊词》,《梁思成全集》(第四卷),第 223 页。

及家属，罗哲文回忆说："用药纸、药水手写石印，不仅有文字，还有平、立、剖的墨线图。照片也是用描绘的方法予以石印的。从设计版式、抄写文字、描绘线图和照片、石印、摺页、装订成书，完全都是学社同仁一手完成的。值得称道的是在思成先生的倡导和亲自动手之下，学社全体同仁连老人小孩都参加了工作。如果我们今天翻开七卷两期的土纸汇刊，可以看到当时在学社的刘致平、莫宗江、卢绳、王世襄等人的笔迹。自己的文章自己抄写、印刷、装订成书，可说是彻底的自力更生了。"①

1945 年，经费正清费慰梅夫妇的多方努力，美国哈佛燕京学社同意资助中国营造学社 5000 美元，同年出版的《中国营造学社汇刊》第七卷第二期的印刷费用即由此笔款项支付。②

刊物的印刷可以因陋就简，但办刊质量和风格不能因之而改变。《中国营造学社汇刊》第七卷第一、二期的编辑条件虽然艰苦，但就其选用的稿件及体现的编辑思想而言，依然延续了抗战前的风格。这两期刊物共刊发了十余篇极具学术价值的论文或研究报告，其中，既有抗战之前中国营造学社开展古建筑调查的成果，也有抗战期间学社成员在西南地区调查研究取得的成果，可以说，较为全面地展现了中国营造学社近 8 年来的学术成就（见表 3.3）。

---

① 罗哲文：《难忘的记忆 深切的怀念》，《梁思成先生诞辰八十五周年纪念文集》，第 136 页。
② 《中国营造学社汇刊》第七卷第二期，1945 年 10 月。

表3.3　《中国营造学社汇刊》第七卷第一期、第二期目录

第七卷第一期(1944 年 10 月)		第七卷第二期(1945 年 10 月)	
题　目	作　者	题　目	作　者
复刊词	梁思成	云南之塔幢	刘敦桢
为什么研究中国建筑	编者	成都清真寺	刘致平
记五台山佛光寺建筑	梁思成	山西榆次永寿寺雨花宫	莫宗江
云南一颗印	刘致平	记山西五台山佛光寺建筑(续)	梁思成
宜宾旧州坝白塔宋墓	莫宗江	汉武梁祠建筑原形考	费慰梅(美),王世襄译
旋螺殿	卢绳	乾道辛卯墓	刘致平
四川南溪李庄宋墓	王世襄	现代住宅设计的参考	林徽因
		中国建筑之两部"文法课本"	梁思成
		中国营造学社桂辛奖学金民国三十三年度中选图案	
		编辑后语	

(三)编制国内沦陷区古建筑目录和日本本土重要文物古迹目录

新中国成立之前,梁思成先后 3 次受命编制重要文物建筑目录,其中,抗战期间有两次。

梁思成编制的第一份文物建筑目录是供盟军空军使用的日本本土重要文物古迹目录,大约完成于 1944 年夏天。当时,盟军轰炸机开始频繁光顾日本本土,虽然作为战争的发动者,日本政府罪不可恕,但为数众多的日本古建筑却是人类共同的文化遗

产,如果毁于战火,实在太可惜了。为减少大轰炸对日本古建筑
的破坏,盟军方面邀请梁思成主持编制日本本土重要文物古迹目
录,供其空军部队使用。接到任务后,梁思成立即带领助手罗哲
文去了重庆,并按照要求完成了古迹目录的编制。关于这份古迹
目录及相关的编制情况,梁思成本人未留下任何文字记录,也很
少提及,以至于很长一段时间,无人知晓此事,但其贡献却是显著
的,日本战败之前,东京、大阪等城市遭到盟军空军的多次轰炸,
市内建筑损毁严重,但文物建筑最为集中的古都奈良、京都却幸
免于难,未遭轰炸。战后很长一段时间,日本各界不知道是何原
因使古都奈良、京都得以保全。罗哲文是当时陪同梁思成赴重
庆的唯一一名中国营造学社成员,由于当时参与的工作不多,
且未被告知所做工作的具体性质,所以,对此事也不清楚,仅记
得当年和梁思成一起在日本京都、奈良等地的地图上标注过古
城、古镇和古建筑文物的位置。1980 年代,随着中日学术界交
流的增多,北京大学考古系教授宿白了解到日本学界的困惑
后,明确告之对方:保护奈良、京都之建议系出自梁思成。据宿
白回忆,1947 年曾听到梁思成提及此事,是梁向盟军建议要保
全奈良、京都两座古都。经罗哲文多方考证,最终证实事实确
实如此。知道真相后"日方朝野均以'古都的恩人'的敬语来称
赞梁思成先生"。[1]

---

[1] 罗哲文:《难忘的记忆 深切的怀念》,《梁思成先生诞辰八十五周年纪念文集》,第
136—138 页。

　　第二份文物建筑目录大约完成于 1945 年的 5 月。1942
年 6 月 4 日开始的中途岛海战,最终以美军的胜利而告终。
美国海军在此战役中成功地击退了日本海军的攻击,之后,美
军开始掌握对日作战的主动权,日军在亚太地区的全面进攻
遭受严重挫折,太平洋战争胜利的砝码开始明显地倒向盟军
一边。作为世界反法西斯战争东方主战场的中国战区,在经
历了七年艰苦卓绝的殊死抗争之后,敌我双方的力量对比正
在发生着重大的变化,到 1944 年夏天,中国军民局部反攻的
号角吹响,抗战胜利就要到来了。为适应即将开始的全面反
攻的需要,国民政府专门成立了战区文物保存委员会,隶属教
育部,其职责是对沦陷区的重要文物建筑实施必要的保护。
1945 年初,正在李庄潜心研究中国建筑史的梁思成被紧急征召
至重庆,受聘担任战区文物保存委员会副主任,同时被委以重
要任务,那就是尽快编制出一份沦陷区重要文物建筑目录,并
在盟军使用的军事地图上详细标注,以便在发动军事进攻时,
尽量让炮口避开这些建筑古迹。梁思成很快便完成了此项工
作,编制出了《战区文物保存委员会文物目录》的"第一号建筑
与摩崖"部分。该目录用中英文两种文字编制,并附有照片,同
时在军用地图上标注出目录中收录的文物建筑的位置。目录
正文分为两部分,第一部分分别阐释了"木建筑"、"砖石塔"和
"砖石建筑(砖石塔以外)"三类古建筑的简要鉴别原则;第二
部分为目录的重点,收录了沦陷区 396 处古建筑。考虑到战争
需要,梁思成对每一处古建筑,一般标注三句话,即名字、建造

年代和方位。① 战前,梁思成曾调查发现的华北、华东地区的古
建筑基本上收录于其中。虽然这份目录主要用于军事作战,无
太大学术价值,但就编制者提出的古建筑名单来看,基本上涵
盖了当时已知的古建筑,可以说,这是梁思成及中国营造学社
多年来致力于古建筑调查研究所取得成果的一个缩影。由于
涉及军事秘密,梁思成后来很少提及此事。据费慰梅回忆,梁思
成编写的文物建筑目录还传到了正在重庆工作的周恩来手
上一份,并引起了他的注意。② 或许,正是通过这份目录,周恩
来知道了梁思成,并在北平和平解放前后,点名约请梁思成主
持标注北平城内的文物建筑古迹并编写全国重要建筑文物
简目。

(四)关注现代建筑教育,积极参与建筑专业人才培养工作

　　前文曾提及梁思成的教育情结,即便是在抗战期间吃饭都
成问题的情况下,梁思成依然关注现代建筑教育和建筑专业人
才的培养。这一时期,在建筑人才培养方面,除了继续指导中
国营造学社的几位年轻成员之外,梁思成所做的一项重要工作
即是推动设立了"桂辛奖学金",用以奖励建筑学专业的优秀
学生。

　　"桂辛奖学金"正式设立于 1942 年。对于设立该奖学金的
初衷,《中国营造学社汇刊》第七卷第二期在介绍 1944 年度的评

---

① 梁思成:《战区文物保存委员会文物目录》,《梁思成全集》(第四卷),第 225—
　293 页。
② 费慰梅著,成寒译:《中国建筑之魂:一个外国学者眼中的梁思成林徽因夫妇》,第
　176 页。

奖情况时,曾予以明示:一是为了彰显中国营造学社社长朱启钤
在创办学社和从事、支持古建筑研究方面所做的贡献,朱启钤字
桂辛,该奖学金遂定名为"桂辛奖学金";二是为了推动国内建筑
教育的开展和人才的培养,"引起国内各大学建筑系学生对于本
国建筑之兴趣,增深其认识,俾在创作之时,能充分发扬我民族精
神"。①

　　抗战爆发以后,国难当头,民族主义思想成为凝聚人心、激发
斗志的利器,体现在建筑领域,则对设计建造民族形式建筑赋予
了更多的政治含义。从抗战期间梁思成撰写的数量不多的讨论
建筑思想的著述看,其对发扬民族精神设计新建筑的态度亦渐趋
强烈。头两届"桂辛奖学金"的"图案"奖的题目即颇具代表性。
第一届竞赛"图案"奖的题目是"国民大会堂设计",明确要求做
传统的建筑形式。最终,中央大学建筑系学生郑孝燮获得第一
名。第二届竞赛"图案"奖的题目是战后后方"农场",最终,朱畅
中的作品脱颖而出,获得第一名。对于该题目,中国营造学社作
了详细规定:一是强调就地取材,但须大胆使用新技术新方法;二
是新建房屋要符合现代卫生条件,干净整洁,其家庭成员的生活
依然是中国传统之方式;三是"建筑之外表须求其尽量与环境调
和",在结构设计上则取传统建筑和现代建筑的长处,②概括而
言,即是传统风格加现代工艺。

　　就规模而言,这两次竞赛都不大;虽有奖金,但数量很少,只

----

① 《中国营造学社汇刊》第七卷第二期,1945 年 10 月。
② 同上。

是象征性的。但在抗战中后期的中国,能够有责任感促成此事者,恐怕为数不会很多。由于受战时交通、通讯等诸多条件的限制,虽然梁思成很希望能将"桂辛奖学金"办得规模和影响更大一些,但客观条件不具备,只能在迁至重庆办学的中央大学建筑系学生中率先启动。因此,就实际参与的大学建筑系而言,只有中央大学建筑系。中国营造学社对此不无遗憾,明确希望今后"能得到全国各校建筑系一律参加"。①

小 结

正是由于梁思成在中国营造学社的突出贡献,无论学社的历史,抑或他本人的发展,都深深地打上了彼此的烙印。在长期的古建筑调查研究实践中,梁思成等学社成员以发掘和保护古建筑瑰宝为己任,在贫穷落后、战乱不休的旧中国,和时间赛跑,和战火赛跑,抢救民族文化遗产。他们的共同努力铸就了中国营造学社突出的学术贡献和鲜明的人格魅力。强烈的爱国主义精神,知难而进、艰苦奋斗、人才辈出的团队精神,严谨高效、务实求真的科学主义精神,成为中国营造学社留给后人的一笔宝贵的精神财富。梁思成亦因为这一时期的学术成就而为国内外学术界所认可。1948 年梁思成当选为国立中央研究院首届院士,新中国成立后,又于 1955 年 6 月当选为中国科学院技术科学部首批学部委员。1948 年国立中央研究院首届院士候选人名单公告中对梁

---

① 《中国营造学社汇刊》第七卷第二期,1945 年 10 月。

思成学术资格的评价是:"主持中国营造学社多年;研究中国古
建筑,实地搜求,发见甚多。"①可以说,这一评价也是对中国营造
学社所取得的成就的充分褒奖。

---

① 《国立中央研究院公告》(中华民国三十六年十一月十五日),《中央研究院第一
　次院士选举(第一次补选院士选举)》,南京:中国第二历史档案馆,全宗号393,案
　卷号494(1)。

第四章　从建筑到营建：
梁思成与清华大学建筑教育

梁思成一生有着浓厚的教育情结,从事现代建筑教育是其学术实践活动最重要的组成部分之一。抗战胜利后,梁思成接受母校清华大学校长梅贻琦邀请,创办建筑系[①]并一直执教至去世。如果说执教东北大学建筑系时期是梁思成建筑教育思想初步形成阶段的话,执教清华大学建筑系时期,则是其建筑教育思想全面确立并不断丰富发展阶段。考察梁思成执教清华大学建筑系时期的教育思想和实践,又可分为两个阶段:从 1946 年到 1950

[①] 1946 年 10 月,梁思成创建清华大学建筑工程系,但校内外普遍称其为建筑系。1948 年 9 月,根据梁思成的提议,清华大学校长梅贻琦致电南京国民政府教育部,请求将建筑工程系更名为营建学系,未获批准。新中国成立后,1950 年,建筑工程系获准更名为营建系。1952 年,全国院校调整,原北京大学建筑工程系并入清华大学营建系,营建系更名为建筑系。1988 年,建筑系改为建筑学院。为便于叙述,本书对于 1950 年之前的建筑工程系,按照当时的习惯称谓称之为建筑系;对于 1950 年之后的营建系和建筑系,则按其当时的实际称谓称呼。

年代初期,是梁教育实践的活跃期,在他的主持下,清华大学建筑系在办学理念、课程设置等方面做了全面的调整和改革,形成了颇具特色的办学风格和人才培养模式;1952年全国院校调整之后,清华大学建筑系基本上否定了之前的办学思想和办学实践,全盘引进了苏联建筑院校的课程体系和人才培养模式,到了1955年,梁思成开始遭受政治批判,并在之后接踵而至的政治运动中屡遭磨难,虽然他依旧坚持教书育人,但在办学方面已无太多的话语权。本章将重点讨论三个问题:一是梁思成的人才意识及对执教清华的态度和认知;二是梁思成领导下的清华大学建筑系对于新的建筑教育理念的探索;三是梁思成在1950年代初期建筑教育思想的转变。

第一节 回归清华:战后重建与梁思成的责任意识

抗战胜利后,梁思成带领中国营造学社回到北平,学社整体并入清华大学,梁本人受聘担任即将成立的清华大学建筑系主任,学社其他成员均进入建筑系工作。至此,梁思成在中国营造学社的工作基本结束,中国营造学社亦逐渐淡出历史舞台。梁思成的这一选择,不仅改变了其自身的人生发展轨迹,也决定了中国营造学社的命运,并对学社其他成员的人生道路产生了较大的影响。回归清华执教,则在很大程度上体现了梁思成对于抗战后重建中国的理解及作为学者的责任意识。

一、执教清华与中国营造学社之结束

1945 年 3 月,抗战胜利在望,尚在四川李庄的梁思成致信清华大学校长梅贻琦,建议母校设立建筑系,为战后重建培养建设人才。梅贻琦校长采纳了梁思成的建议,于 1946 年设立建筑系,并聘请梁思成担任系主任。梁决定接受母校聘任,对于中国营造学社,他坚持将其并入即将成立的建筑系,人员全部列入建筑系编制;学术方面,则由清华大学与中国营造学社联合成立中国建筑研究所,继续中国营造学社的研究工作。据刘致平等学社成员回忆,在中国营造学社并入清华大学的问题上,学社内部一度分歧很大,朱启钤等人非常希望学社能够恢复到抗战之前的状态,不断深化中国建筑史之研究,梁思成则坚持合并,并明确希望为数不多的几位成员能够接受清华大学的聘请,协助他办学。[①] 后来,综合双方意见,中国营造学社暂时与清华大学订立了一年的合作合同。从后来的事实来看,这份合同并没有发挥作用,中国营造学社的独立性不复存在,梁思成也将绝大部分精力投入到战后建筑人才的培养工作之中,中国营造学社虽然名义上还存在至新中国成立,但事实上已经极少独立开展活动了。

对于梁思成执意结束中国营造学社,并将中国营造学社并入清华大学一事,学术界的关注度并不高,发表议论的主要是当年的一些学社成员和相关人员,究其观点,可分为两类。

其一,从战后国内建筑教育发展及建筑人才培养的角度去解

---

① 刘致平:《我学习建筑的经历》,《中国科技史料》,1981 年第 1 期。

读梁思成的做法,并给予肯定。这其中比较有代表性的是协助梁思成创建清华大学建筑系的吴良镛和原中国营造学社成员罗哲文的观点。吴良镛指出:梁思成认为战后亟需大量建筑人才,但现有的建筑教育思想太保守,不能适应国家需要,遂提议在清华设立建筑系,并愿意担当建系责任。① 罗哲文进而指出:"梁思成先生最为关注的还是人才的培养问题",因为其调查研究古建筑不是为了研究而研究,最终目的是"要创作有中国特色的现代建筑",要实现这一目的,"最重要的还要在建筑系的学生中去进行教育"。② 梁思成的遗孀林洙也赞同这一观点,她提出:战后中国营造学社经费来源几乎完全断绝,无法再独立地存在下去,要么接受国民政府教育部的建议与中央研究院历史语言研究所或中央博物院合并,要么另寻生路,"梁思成考虑到战后国家建设将需要大批的建设人才,因此决定到清华大学去创办建筑系"。③

其二,从维系和发展中国营造学社的角度去看待梁思成的做法。持这类观点的代表是刘致平和朱海北。刘为中国营造学社老成员,亦是中国营造学社的骨干,学术造诣很深,朱系中国营造学社创始人朱启钤之子,他们均对梁思成力主将中国营造学社并入清华大学、并坚持不再恢复活动的做法表示不理解,并对中国营造学社抗战胜利后未能恢复活动而感到遗憾,但对于梁思成结

---

① 吴良镛:《在清华建筑学院的五十春秋》,《清华大学建筑学院(系)成立50周年纪念文集》,第8页。
② 罗哲文:《忆中国营造学社与清华大学营建系——庆祝清华大学建筑系成立50周年》,同上书,第16—17页。
③ 林洙:《叩开鲁班的大门——中国营造学社史略》,第119页。

束中国营造学社的动机，未予太多评论。刘致平回忆说："学社
自己继续搞科研工作是学社所有同事都非常赞成的，但梁先生坚
决反对"，建国初期，"梁先生又反对将学社进行登记，或交文化
部或科学院全面处理"。① 朱海北表示："恢复学社工作之愿望，
非仅一二人之愿望，乃建筑学者群众之愿望，又系全体旧社员多
年来引领而求之愿望也"，他对于中国营造学社并入清华大学之
后一无经费、二无人力导致社务荒废的局面则颇为不满。②

　　其实，无论朱启钤、刘致平等学社老成员多么希望中国营造
学社回归战前状态，坚持保持独立的学术团体的性质，继续对中
国古代建筑进行深入的研究，学社都很难再继续维系下去并实现
这些目标。其中原因，可从 4 个方面剖析。一是社会环境因素，
抗战之后的中国社会很快战火再起，时局动荡，规模空前的国共
内战亦使得学社成员学术梦想成为幻想，不可能再系统地开展野
外古建筑调查。二是经费保障因素，抗战结束之际，中国营造学
社的经费来源几乎完全断绝，学社成员及家属的生活都难以为
继，更谈不上为调查和研究工作提供充足的资金支持了，对于一
个民间的学术团体而言，失去经费来源也就意味着失去生存的可
能。1930 年代，中国营造学社之所以能够汇聚人才、全力以赴开
展学术研究，充足的经费保障是重要的基础。学社成员收入较
高，不为柴米油盐所困，因而能够心无旁骛，专心学社事务，即使
偶而参加学社外的建筑设计活动，经朱启钤提醒，均能接受并及

---

① 刘致平：《我学习建筑的经历》，《中国科技史料》，1981 年第 1 期。
② 朱海北：《中国营造学社简史》，《古建园林技术》，1999 年第 4 期。

时更正。三是人员因素，抗战爆发之后，中国营造学社多年培养的研究生和工作人员大多四处流亡，仅有刘致平、莫宗江、陈明达等少数骨干跟随梁思成、刘敦桢二人，勉强维持学社运行，在西南地区的几次野外调查亦由他们组织开展。抗战后期，迫于生活压力，刘敦桢离开中国营造学社，受聘于中央大学建筑系，不久其助手陈明达也离开学社赴成都工作。刘、陈二人的离职使中国营造学社元气大伤，原有的组织结构和研究机制被彻底打破，无力再组织像样的学术研究和野外调查。四是个人因素，抗战八年，梁思成及中国营造学社成员流离失所，辗转迁移，历经磨难，梁本人的健康状况每况愈下，妻子林徽因更是重病在身，常年卧床，若不是傅斯年仗义执言，为他们夫妻争取国民政府的资助，或许他们都熬不到抗战结束。抗战胜利时，费慰梅在重庆请著名的胸外科专家、美国人李欧·艾娄塞（Leo Eloesser）为林徽因检查身体，诊查结果表明：林的两片肺和一个肾都被感染，已无治愈可能，其生命快到尽头了。[①] 因健康原因，梁思成和林徽因已不可能像抗战之前那样全国各地开展野外古建筑调查了，对于他们而言，更需要一个安定的工作、生活环境。

　　正是清醒地意识到中国营造学社已失去独立生存和发展的可能性，梁思成才坚决主张结束学社的工作，为学社成员另谋出路。至于梁思成选择到清华大学执教、创建建筑系的原因，则应出于以下两个方面的考虑。一是梁思成的教育情结及其对建筑

① 费慰梅著，成寒译：《中国建筑之魂：一个外国学者眼中的梁思成林徽因夫妇》，第183页。

人才培养的关注。1928 年留学归国,梁选择的第一份工作即是
到东北大学任教。加入中国营造学社之后,梁思成积极推动学社
从传统到现代的转型,注重发挥学社的育人功能,力主招收有发
展潜力的年轻人进入学社工作,指定导师,明确培养方向,积极构
建研究生选拔培养机制,并于 1935 年选拔确定了首批研究生。
抗战中后期,中国营造学社在经费极其拮据的情况下,于 1942 年
正式设立了"桂辛奖学金",用以奖励建筑学专业的优秀学生。
可以说,梁思成对教书育人始终充满着兴趣和感情。关于梁思成
对战后建筑教育和人才培养的思考,下一个问题将会作专门剖
析。二是梁思成的清华情结。梁思成从 14 岁进入清华学校学
习,到 22 岁毕业,在清华度过了 8 年时光。梁思成在清华的同窗
好友陈植回忆道:"在清华的八年中,思成兄显示出多方面的才
能,善于钢笔画,构思简洁,用笔或劲练或潇洒,曾在 1922—23 清
华年报任美术编辑;酷爱音乐,与其弟思永及黄自等四五人向张
蔼贞女士(何林一夫人)学钢琴,他还向菲律宾人范鲁索(Veloso)
学小提琴。在课余孜孜不倦地学奏两种乐器是相当艰苦的,他则
引以为乐。约在 1918 年,清华成立管乐队,由荷兰人海门斯(Hy-
mens)任指挥,1919 年思成兄任队长。他吹第一小号,亦擅长短
笛。"①清华学习生涯,使梁思成获益终身,其本人亦对母校怀有
深厚的感情。据梁的遗孀林洙讲述,梁晚年时仍对当年在清华求
学时的情景记忆犹新,对母校充满感恩之心。② 此外,金岳霖、叶

---

① 陈植:《缅怀思成兄》,《梁思成先生诞辰八十五周年纪念文集》,第 2 页。
② 林洙:《梁思成、林徽因与我》,第 27 页。

企孙、施嘉炀等多位好友均系清华教授,能和多年故交在母校合作共事,应该是梁思成所希望的事情。

1946 年 7 月 31 日,梁思成、林徽因夫妇同金岳霖等清华大学教授,从重庆乘机回到北平。稍作安顿之后,梁思成正式出任清华大学建筑系主任。10 月,中国营造学社的其他成员随同历史语言研究所、中央博物院筹备处等单位,乘江轮离开李庄,后辗转抵达北平,除王世襄进入故宫博物院工作以外,刘致平、莫宗江、罗哲文等 3 名学社成员均进入清华大学建筑系工作。①

二、梁思成的教育理念与清华建筑系的创办

对于回母校创办建筑系,梁思成是经过深思熟虑的。一方面,基于对战后中国重建问题的认识;另一方面,则是基于对现代建筑教育发展趋势的了解。这一点,梁在其抗战胜利前后的有关著述中进行了较为系统的阐述。

(一)重建中国对建筑人才的需求

抗战中后期,随着战争形势的逐渐转变,社会各界已经开始关注战后中国重建问题,并希望以战后重建为契机实现中华民族的复兴梦想。梁思成虽然蛰居四川李庄,但经常前往重庆,和财政部、教育部等机构联系较多,对战争的进展情况应该比较了解。事实上,早在 1943 年前后,梁思成即已开始谋划抗战胜利后的工作计划了。林徽因在 1943 年写信给费正清费慰梅夫妇,告诉他

① 《清华大学建筑学院(系)1946—1996 年教职工名单》,《清华大学建筑学院(系)成立 50 周年纪念文集》,第 170—177 页。

们梁思成计划编制一套以图片为主、配以中英文说明的建筑史著作，希望可以在战争结束之前或战争刚结束时出版发行。① 也正是在这一时期，梁思成开始关注战后中国重建问题。从专业的角度出发，梁思成认为，战后中国百废待兴，有些地方的城市甚至已全部成为废墟，重建任务艰巨。危机之中蕴含机遇，梁思成指出："由光明方面着眼，此实改善我国都市之绝好机会。举凡住宅，分区，交通，防空，等等问题，皆可予以通盘筹划，预为百年大计，其影响于国计民生者巨。"②梁思成的观点很明确，必须高度重视并做好城市规划，才能搞好战后重建。建国初期，梁思成反复强调的"慎始"的理念，③即是这一思想的延续和发展。明确了城市规划的重要性，如何去抓好落实呢？梁思成从 4 个方面表达了自己的想法。

其一，明确提出战后中国重建的目标是使民众"安居乐业"。从抗战胜利前后到新中国成立初期，梁思成的城市规划思想体现出一个突出的特点，即是以人为本，强调对人的关怀，并自觉地将其作为规划建设的目标。在讨论战后中国重建问题时，梁思成指出："使民'安居乐业'是一个经常存在的社会题，而在战后之中国，更是亟待解决。"④在梁思成看来，"安居乐业"不是一个空洞的努力方向，而是包含多项具体内容的任务设定，包括住宅、健

① 费慰梅著，成寒译：《中国建筑之魂：一个外国学者眼中的梁思成林徽因夫妇》，第172 页。
② 梁思成：《致梅贻琦信》，《梁思成全集》（第五卷），第 1 页。
③ 梁思成：《致聂荣臻信》，《梁思成全集》（第五卷），第 43—45 页。
④ 梁思成：《市镇的体系秩序》，《梁思成全集》（第四卷），第 303 页。

康、环境、教育、娱乐、就业等多个方面。

其二，指出战后重建的基本路径。梁思成认为，为达到使人民安居乐业的目的，须致力于市镇体系秩序之建立，并以此作为建立社会秩序的背景。其基本路径是：在各地普遍设立专门的规划机构，开展社会经济调查研究；依据调查情况进行城市设计；根据历年调查统计，每五年或十年组织开展规划方案的修订；加强城市规划与建设领域的立法，控制地价，登记土地之转让，保护绿化用地，审核设计方案。对于这一基本路径的核心思想，梁思成这样表述："在不侵害个人权益前提之下，必须市镇成得为整个机构而计划之。"[1]

其三，强调专业人才是完成战后重建任务的关键。梁思成指出："英苏等国，战争初发，战争破坏方始，即已着手战后复兴计划。反观我国，不惟计划全无，且人才尤为缺少。"[2]人才是完成战后重建任务的关键。具体到城市规划领域，需要什么样的人才呢？梁思成强调，需要专业人才，即"专门建筑（不是土木工程）或市镇计划的人才"。[3] 对于专业人才重要性的强调不仅体现了梁思成对现代城市规划内涵的认识和思考，而且直接反映了他对于规划专业及建筑学专业人才培养目标的理解。新中国成立前后，梁思成曾多次谈及专业人才对于做好现代城市规划的重要性，对于当时人们习惯于将城市规划与土木工程混为一谈的认识深表忧虑。在写给时任北平市市长聂荣臻的信中，他甚至直言

---

[1]　梁思成：《市镇的体系秩序》，《梁思成全集》（第四卷），第306页。
[2]　梁思成：《致梅贻琦信》，《梁思成全集》（第五卷），第1—2页。
[3]　梁思成：《市镇的体系秩序》，《梁思成全集》（第四卷），第306页。

"希望政府首先了解建筑师与土木工程师的区别",坚持以建筑师为主完成城市的设计。①

其四,呼吁加大建筑学、市镇计划学人才培养。战后重建任务艰巨,"倍蓰英苏,所需人才,当以万计"。但现实情况却令人担忧,抗战胜利前后,没有一所国内高校开设市镇计划专业,开设建筑学专业的也只有中央大学和重庆大学两所高校,招生名额极其有限,毕业生寥寥无几。基于此,梁思成呼吁:"我国各大学实宜早日添授建筑课程,为国家造就建设人才。"他强调:"今后数十年间,全国人民居室及都市之改进,生活水准之提高,实有待于此辈人才之养成也。"②

(二) 再次办学的新思路

基于对战后中国重建问题的思考以及对战后出路问题的抉择,1945 年 3 月,梁思成致信清华大学校长梅贻琦,建议母校顺应战后中国重建之需要,创办建筑系,并介绍了自己对于现代建筑教育发展现状及创办建筑系的理解和认识。

其一,主张放弃传统的"学院派"教学体系,以"包豪斯"(Bauhaus)方法组织教学。梁思成指出:"国内数大学现在所用教学方法(即英美曾沿用数十年之法国 Ecole des Beaux – Arts 式之教学法)颇嫌陈旧,过于着重派别形式,不近实际。"基于对1930 年代以来欧美建筑教育发展趋势的了解,梁提出,应参照格罗皮乌斯(Walter Gropius)创立的"包豪斯"方法组织教学,该方

---

① 梁思成:《致聂荣臻信》,《梁思成全集》(第五卷),第 44 页。
② 梁思成:《致梅贻琦信》,《梁思成全集》(第五卷),第 2 页。

法"着重于实际方面,以工程地为实习场,设计与实施并重,以养成富有创造力之实用人才"。[①] 本书第一章曾提及,梁思成回国创办东北大学建筑系,即是师从宾夕法尼亚大学,完全采用了"学院派"的教学体系。"学院派"建筑思想具有典型的古典主义风格,其不足是过于强调在建筑外形上模仿历史上各个时期的建筑风格,注重纯形式美,而忽视其内部实际功能。1920 至 1930 年代,欧美国家的建筑设计理念开始了一次重要的变革,以大量新型建筑材料的广泛使用为标志,"学院派"所刻意追求的现代古典主义开始被现代主义潮流所取代,后者很快成为建筑界的主流,而"包豪斯"方法正是适应这一新趋势并被广泛接受的新的教学方法。显然,"包豪斯"方法及其所体现的建筑设计思想代表了当时国际建筑教育的新方向,且更符合战后中国重建的现实需要,梁思成遂建议清华大学以"包豪斯"方法培养建筑学专业学生。

其二,在组织路径上,将近期目标与远期目标结合起来。梁思成指出,国外大学已普遍设立了建筑学院,"内分建筑,建筑工程,都市计划,庭园,户内装饰等系",[②]这是现代大学建筑教育的发展方向。考虑到清华大学没有建筑教育的基础,且处于战争时期,条件简陋,目标定得过高,实现的可能性反而会大大降低,梁思成建议,可先在工学院添设建筑系,充分利用学校现有的教学资源,以最少的成本实现办学。将来战争结束,条件改善了,则筹

---

① 梁思成:《致梅贻琦信》,《梁思成全集》(第五卷),第 2 页。
② 同上。

备成立建筑学院,并增设建筑工程、都市计划、庭园计划、户内装饰等系。

其三,强调从实际经验丰富的执业建筑师中选聘专业课教师。梁思成指出,数理化等基本课程教学及土木工程类课程可以充分利用清华大学现有的教学资源,不必另聘教师,但建筑设计及绘塑艺术史方面的师资清华没有,须从校外聘请。对于建筑设计方面的专业课教师,梁提出:"宜延聘现在执业富于创造力之建筑师充任,以期校中课程与实际建筑情形经常保持接触。"[1]

和当年创办东北大学建筑系时的教育思想相比,这一时期,梁思成的建筑教育思想有了很大的变化。这一转变反映了其对欧美国家 1930 至 1940 年代大学建筑教育发展动态的关注和理解,也表明其建筑教育思想开始进入到一个新阶段。

(三)清华大学建筑系的创建

1946 年夏,清华大学正式设立建筑系,聘梁思成为系主任,首批招收了 15 名学生,本科学制为 4 年。由于受国民政府教育部选派赴美国考察"战后的美国建筑教育",同时,应邀担任耶鲁大学的客座教授,并出席普林斯顿大学主办的"远东文化与社会"国际研讨会,10 月,未等建筑系新生入学,梁思成便远赴美国,开始了为期近一年的讲学及考察交流。清华大学遂聘吴柳生教授代理建筑系主任,系里的具体工作则由吴良镛、林徽因负责。

---

[1]　梁思成:《致梅贻琦信》,《梁思成全集》(第五卷),第 2 页。

由于行程仓促,对于建系的诸多事务,梁思成未能全程参与,其教学思想也没来得及实施。从接受清华大学的聘请到出国考察,这期间,梁思成主要关注的还是建筑系的师资队伍问题。抗战八年,中国学生前往欧美留学者大大减少,选聘教师只能立足于国内高校的建筑学专业毕业生,但当时只有中央大学和重庆大学设有建筑系,且招生人数很少。鉴于这一情况,梁思成一方面坚持将中国营造学社并入清华大学并动员所有成员到建筑系执教,以这些成员构建基本的教师队伍;另一方面,积极邀请中央大学和重庆大学建筑系的优秀毕业生前往清华任教;同时,通过其私人关系,邀请一些画家和工艺美术家执教清华。据罗哲文回忆,抗战胜利后,梁思成特意找他谈话,希望罗能到清华大学,做古建筑的调查研究工作,同时协助开展建筑史教学工作,罗欣然应允。[1] 事实上,刘致平、莫宗江、罗哲文等3位中国营造学社成员辗转于1947年初到达清华大学之后,才稍稍缓解建筑系师资极度匮乏的困境。吴良镛是梁思成邀请到建筑系任教的第一位教师。吴毕业于中央大学建筑系,他在毕业前写了一篇题为《释阙》的论文,梁思成后来看到该文,非常欣赏。1945年春夏之交,梁思成在重庆编撰国内沦陷区古建筑目录,还曾邀请吴良镛担任其助手协助画图。清华大学建筑系成立伊始,吴成为全系唯一的一名助教。[2] 1947年,李宗津、胡允

[1] 罗哲文:《忆中国营造学社与清华大学营建系——庆祝清华大学建筑系成立50周年》,《清华大学建筑学院(系)成立50周年纪念文集》,第18页。
[2] 吴良镛:《在清华建筑学院的五十春秋》,《清华大学建筑学院(系)成立50周年纪念文集》,第8页。

敬、汪国瑜、朱畅中等人先后到建筑系任教,清华建筑系的师资队伍逐渐壮大起来。①

通过近一年的努力,建筑系的各项工作开始步入正轨,尤其是教学工作得以正常开展,这其中,林徽因发挥了重要作用。虽然健康状况不断恶化,但林始终关注着建筑系的建设,从专业课程的设置,到青年教师的培养,再到教材教具的选择,大事小情,无不尽其所能,提供指导和帮助。吴良镛对此感受颇深,称林"运筹帷幄,是一位事业的筹划者、指挥者,能协助我们解决颇多的难题"。在专业教学方面,林徽因同样是行家里手,在她的悉心指导下,清华建筑系的第一届学生顺利完成了入学后的第一份设计作业。为帮助缺乏建筑测绘与研究经验的年轻教师提高业务能力,林徽因还利用中国营造学社有限的剩余"经费",组织了一次对恭王府的测绘,并亲自作开题报告。②

第二节　从建筑系到营建系:
梁思成建筑教育思想的新发展

1947 年夏,梁思成结束在美国的讲学及考察回国。回到清华之后,梁将其美国之行了解到的欧美现代建筑及现代建筑教育发展的新趋势和新特点予以系统的梳理和总结,并结合自己对于

---

① 《清华大学建筑学院(系)1946—1996 年教职工名单》,《清华大学建筑学院(系)成立 50 周年纪念文集》,第 170 页。
② 吴良镛:《林徽因的最后十年追忆》,《建筑师林徽因》,第 111 页。

建筑人才培养的理解,开始全面改革清华大学建筑系的教学体系和培养模式,其建筑教育思想在这一时期得到全面的阐述,并通过多项改革措施付诸实践。

一、把握现代建筑教育的新趋势:访美的收获与思考

1946 至 1947 年的美国之行,对于梁思成建筑教育思想的创新和发展影响深远。在访美的 10 个月时间内,梁思成不仅参加了多所大学的学术交流活动,访问了多位规划、建筑学界的知名教授和专家,而且有机会作为中国政府的官方代表,参加联合国大厦设计建筑师顾问团,接触到了来自世界各国的顶级建筑师。对于因抗战封闭了八年的梁思成而言,这样广泛深入的交流、讨论,非常有助于其了解 1930 年代以来国际建筑界的新思想、新技术、新趋势,从而更新自己的建筑思想,并在此基础上,重新思考和确立自己的建筑教育理念。

(一)参与设计联合国大厦

在美国讲学和考察期间,梁思成接到国民政府外交部委派的一项重要任务:出任纽约联合国大厦设计建筑师顾问团的中国代表,参与大厦的设计工作。

1945 年 6 月 25 日,参加旧金山会议的 50 个国家一致通过了《联合国宪章》。同年 10 月 24 日,《联合国宪章》开始生效,联合国正式成立。联合国大厦是联合国总部所在地,坐落在美国纽约市东曼哈顿区,可以俯瞰东河,建于 1947 年至 1952 年,主要建筑物由大会场大楼、秘书处大楼和哈马舍图书馆 3 部分组成。秘书处大楼为大厦的主体建筑物,楼高 153.9 米,共 39 层,立面

为大片玻璃墙，被俗称为"玻璃宫"。

　　就大厦设计的主体工作而言，需要梁思成做的事情并不是很多，他的参与更多的是在方案论证阶段。大厦设计建筑师顾问团人数不多，但大师云集，如法国的勒·柯布西耶（Le Corbusier）、巴西的尼迈耶（Oscar Niemeyer）等人。这对于急于了解和掌握战后欧美国家建筑设计动态和发展趋势的梁思成来说，无疑是一次难得的学习机会。后来的实践证明，梁思成的学识和表现受到了顾问团其他成员的充分肯定，尤其是他谦和文雅的处事风格，更是给人留下了深刻的印象。美国建筑师乔治·杜德利（George Dudley）当年作为联合国大厦工程主设计师的助手参加了大厦的设计工作，和梁思成有过一些接触，他回忆说：梁思成"给我们的会议带来比任何人更多的历史感，远远超越勒·柯布西耶所坚持的直接历史感——他坚持远离布杂艺术风，对文化变迁倒没什么反应"。[①] 对于一些重要环节的设计方案，梁思成亦提出了很好的意见和建议。对于梁思成而言，这一段工作经历不仅使他获得了国际同行专家的普遍认可，更重要的是，在和这些同行专家讨论、交流过程中，他已经能够较为清晰地把握到战后国际建筑界的最新理念及其发展趋势。

（二）参加国际会议和讲学

　　除了考察美国的建筑教育之外，赴美期间，梁思成还有两项

---

① 费慰梅著，成寒译：《中国建筑之魂：一个外国学者眼中的梁思成林徽因夫妇》，第 193—194 页。

重要的学术任务:一是参加普林斯顿大学主办的"远东文化与社会"研讨会;二是受聘担任耶鲁大学客座教授,于1946—1947学年讲授中国艺术和建筑。前一项活动是普林斯顿大学为庆祝建校200周年举办的系列纪念活动之一,来自全世界多个国家的六十余位知名学者应邀参加此次学术会议,如荷兰莱顿大学的杜维文达克教授,瑞典博物馆馆长塞伦,牛津大学的休斯教授,等等。除梁思成外,还有3位中国学者应邀参会,分别是哲学家冯友兰,古文字学家、考古学家、诗人陈梦家,社会学家陈达。梁思成的好友汉学家费慰梅也应邀参加了此次会议。出于对梁思成学术成就的认可和尊重,普林斯顿大学特别邀请梁担任研讨会的大会主席,并授予其荣誉文学博士学位。梁思成在会议上作了"唐宋建筑"和"建筑发现"两场学术报告,是所有与会专家学者中唯一作两场学术报告的人。此外,梁还在会议期间展出了自己开展古建筑调查研究以来绘制或拍摄的部分图片,其成果获得国外同行极高的评价和赞誉。普林斯顿大学这样评价梁思成——"文学博士梁思成:一个创造性的建筑师,暨建筑史的讲授者,在中国建筑史研究和探索方面的开创者,也是恢复、保护他本国建筑遗存的带头人"。①

(三)考察美国现代建筑教育

这是梁思成美国之行最重要的目的,同样收获颇丰。梁思成访问了多位规划建筑界的知名专家,其中既有梁思成相识多年的

---

① 费慰梅著,成寒译:《中国建筑之魂:一个外国学者眼中的梁思成林徽因夫妇》,第196页。

老朋友,也有慕名拜访的知名学者。

著名城市规划专家克拉伦斯·斯坦因和他的妻子爱琳娜·麦克马洪曾于 1935 年 4 月到北平访问,梁思成夫妇接待了他们,并成为好朋友,林徽因还陪着斯坦因夫妇游览了颐和园。十余年后在美国的重逢,使梁思成得以在重温同斯坦因夫妇的友谊的同时,也从斯坦因那里了解到最新的城市规划动态,掌握了大量的第一手材料。对于一名大学的建筑系主任来讲,这些知识的重要性是毋庸置疑的。梁思成回国后,立即着手在清华建筑系的课程中加进了城市规划的内容,并酝酿成立城市规划专业。

在美国期间,梁思成还访问了母校宾夕法尼亚大学和哈佛大学,以及其他一些知名的大学,并专程前往匡溪艺术学院(Cranbrook Academy of Art)拜访了建筑大师沙里宁(Saarinen)及其儿子,并参观了一些重要的建筑工程项目。对沙里宁的访问,使梁思成对于现代城市规划理论有了深层次的理解和认识,匡溪艺术学院良好的学习环境也给他留下了深刻的印象。梁思成这样记述拜访沙里宁的收获:"与谈建筑教学原则,他主张问题要实际,不应用假设问题。所以中国学生若来,需自己把中国问题带来,他可助之解决,这里只有毕业研究建筑班,以十人为限,老先生自教。只有 Design 一课,课题偏重 City Planning 方面。学程颇自由。学费连膳宿每学年九个月仅 1050 元,真便宜。除建筑外,尚有绘,塑,图案,陶瓷,纺织等课。学生以动手为尚,空气充满创作滋味。校舍美极,园中塑像尤多,喷泉遍地,幽丽无比。"①回国之后,梁思成即推荐吴良镛到美国匡溪艺术学院留学。

对于考察的见闻,梁思成亦注意记录和总结,如考察密歇根大学建筑学院后,梁这样记录自己的收获:"U. of Mich. 甚前进,注重 Professional Canpetance。注重社会科学,结构均由 Architect 教,不用 engineer,四年级生须做 advanced working drawing。最有趣是一年级图案,完全由抽象 design of line,space,color,form,2 – dimensional 而至 3 – dimensional 入手,然后将此观念用于建筑上。高级图案教授有 Kanip – Hiffner,令学生自拟题,自做 research,然后设计。设计重实际题目,多以学生家乡或附近 actual site 为题。"②

在和美国同行的广泛交往中,梁思成敏锐地意识到,战后以美国为首的西方建筑学界在建筑理论方面正在发生着重大的变化,形成了很多崭新的理念和思维模式,其中最具代表性的思想即是建筑的范畴已从过去单栋的房子扩大到人类整个的"体形环境",建筑师的任务就是为人类建立生存与发展的完美"舞台"。基于此种理念,尽管建筑师派系、风格不尽相同,但规划、设计的目标很一致,那就是生活以及工作上的舒适和视觉上的美观,尤其强调对人的关怀。这些最新的建筑观念对于梁思成建筑教育思想的形成起着重要作用。

---

① 梁思成:《梁思成工作笔记摘录》,《梁思成全集》(第十卷),第131页。
② 同上。

二、梁思成的新思维与教学改革

访美归国之后,梁思成开始着力推动清华大学建筑系的改革,其建筑教育思想亦在此次改革过程中得以充分地阐述和实践。

(一)改革新思维

梁思成指出:现代建筑思潮发生了重要变化,新思潮的基本目的"就在为人类建立居住或工作时适宜于身心双方面的体形环境",在这一大的原则和目标之下,"建筑"的内涵扩大了,"不只是一座房屋,而包括人类的一切的体形环境"。而所谓的"体形环境","就是有体有形的环境,细自一灯一砚,一杯一碟,大至整个的城市,以至一个地区内的若干城市间的联系,为人类的生活和工作建立文化,政治,工商业……等各方面合理适当的'舞台'都是体形环境计划的对象"。[1] 梁思成还强调:"建立有组织有秩序之新都市以建立人类健全之体形环境,为近代人类文化中之重要需求。"[2]基于这一认识,梁思成明确提出清华大学教学改革遵循的指导思想:以造就适用、坚固、美观的体形环境设计人才为目标。[3]

(二)重要的改革举措

围绕新的人才培养目标,1948 年至 1949 年,梁思成重点推

---

[1]　梁思成:《清华大学营建学系(现称建筑工程学系)学制及学程计划草案》,《梁思成全集》(第五卷),第 46 页。

[2]　梁思成:《代梅贻琦拟呈教育部代电文稿》,《梁思成全集》(第五卷),第 5 页。

[3]　梁思成:《清华大学营建学系(现称建筑工程学系)学制及学程计划草案》,《梁思成全集》(第五卷),第 46 页。

动了 3 项大的改革。

其一，将建筑系更名为营建学系。更改系名绝非梁思成刻意标新立异之举，而是充分体现了梁对于现代建筑人才培养目标和欧美建筑教育发展趋势的理解和把握。梁思成指出：清华大学建筑系的教育方针是以训练学生能将适用、坚固、美观三个方面的问题综合解决为目标，是一个综合性的工作，而原南京国民政府教育部所定的"建筑工程学系"的名称显然是不恰当的，"'建筑工程'仅为建筑学之一部分，范围过于狭隘"，[1]其所解决的只是"坚固"一个方面的问题，清华的课程不只是"建筑工程"的课程，而是三方面综合的课程，因此，应将建筑系更名为"营建学系"。对于"营建"一词，梁思成特意给出了解释，他指出："'营'是适用与美观两方面的设计，'建'是用工程去解决坚固的问题使其实现，是与课程内容和训练目标相符的名称。"[2]

提出"营建学系"的概念也充分体现了梁思成对于城市规划专业的重视。"营"字既有营造、营建之意，又有经营、筹划之意，较为准确地体现了现代建筑思潮倡导的建筑与规划密切结合的内涵。在向原南京国民政府教育部提出更名申请的时候，梁即同时申请将"建筑系高级课程分为建筑学和市镇计划学两组"。考虑到这在国内高校尚属首次，无现成课程表可资借鉴，梁思成专

---

[1] 梁思成：《代梅贻琦拟呈教育部代文稿》，《梁思成全集》（第五卷），第 5 页。

[2] 梁思成：《清华大学营建学系（现称建筑工程学系）学制及学程计划草案》，《梁思成全集》（第五卷），第 47 页。

门拟订了市镇计划学组的课程表并报请教育部备案。[1] 梁思成亦多次在建筑系师生中谈论这一问题，"在系的课程开设中把都市计划作为重点课程"，并亲自主讲。林徽因也专门开设了关于"邻里单位"的讲座。[2]

其二，实现建筑学方向与市镇计划学方向学生的分组教学。从 1948 年起，清华大学建筑系开始将学生分为建筑组与市镇计划组，把城市设计教学首次引入中国高等教育。对于建筑组的学生，"着重建筑物本身之设计与建造"，其课程设置偏重于房屋之设计和构造；对于市镇计划组的学生，则明确了其在城市整体规划方面的学习方向，"着重在整个城市乃至多组城市间相互的关系，在文化、政治、经济、交通等等各方面地区之部署、分配，求其便利、适用、美观，是一个与文化、政治、经济、交通，整个社会关系极密切的工作，所以工程方面着重市镇工程，还有若干社会政治科学"。[3] 这一做法实际上是将建筑学专业与市镇计划学专业独立设置的前奏。

其三，提出新的学制及课程设置方案。考虑到新的人才培养目标定位较高，与之相匹配的课程设置数量大，学生课业负担重等因素，以及国外大学建筑学院的普遍做法，梁思成提出将建筑学专业学制改为 5 年，并按照 5 年制学制拟定了新的课程设置方

---

[1]　梁思成：《代梅贻琦拟呈教育部代电文稿》，《梁思成全集》（第五卷），第 5 页。

[2]　罗哲文：《忆中国营造学社与清华大学营建系——庆祝清华大学建筑系成立 50 周年》，《清华大学建筑学院（系）成立 50 周年纪念文集》，第 19 页。

[3]　梁思成：《清华大学营建学系（现称建筑工程学系）学制及学程计划草案》，《梁思成全集》（第五卷），第 48 页。

案。梁思成还建议在时机成熟后,国内各大学应普遍设立营建学系或营建学院,学院下设建筑学系、市乡计划学系、造园学系、工业艺术学系和建筑工程学系。在梁拟订的新的课程设置方案中,就包括了造园学系、工业艺术学系、建筑工程学系等系的课程安排。

(三)新思想的特点

总结这一时期梁思成的教育改革实践,3 个方面较为突出,亦充分体现了其新的教育思想的特点。

其一,自觉与欧美现代建筑教育接轨,实现办学的高水平。

在学习、吸收国外先进的教育理念及教育内容方面,梁思成表现出了高度的自觉性和主动性。抗战时期,虽然与国外建筑学界的直接交流中断,但通过好友费正清费慰梅夫妇的帮助,梁思成依然获得了一些欧美最新出版的规划建筑领域的学术著作,得以及时了解国外建筑学界及建筑教育的发展动态。在抗战结束前发表的《市镇的体系秩序》一文以及致梅贻琦的信中,梁思成也在努力地将自己对欧美规划建筑学界发展趋势的理解与战后中国重建的实际相结合,提出了颇有见地的意见和建议。1947 年访美归国之后,梁思成随即对清华大学建筑系的课程体系和培养模式进行了全面的改革,提出了"体形环境"的教学理念,并以此为核心重新定位清华大学建筑系的人才培养目标,设计与之相适应的课程体系,参照欧美高校建筑教育的经验,为建筑系制定了较为系统的学制及学程计划,并积极付诸实施。在具体的教学组织上,梁坚持强化之前已经提出的"包豪斯"(Bauhaus)教学方法,不断减少学生古典柱式的学习和渲染作业的比重,增加抽象构图的训练。到 1949 年,清华大学建筑系完全放弃了古典柱式的训练内容,建筑设计基础完全采用抽象构图的作业。

其二,强调通才教育,注重培养学生的综合素质。

梁思成对学生的培养不仅停留在技术层面,在育人理念方面同样有自己独特的见解。他常教导学生说:"建筑师的知识领域要很广,要有哲学家的头脑,社会学家的眼光,工程师的精确与实践,心理学家的敏感,文学家的洞察力……但是最本质的他应当是一个有文化修养的综合艺术家。"[①]基于这一目标,梁将营建学系的课程分为文化及社会背景、科学及工程、表现技术、设计课程、综合研究等五大类。新的课程方案体现出浓厚的通才教育特色,无论是"社会学"、"经济学"、"体形环境与社会"、"乡村社会学"、"都市社会学"、"市政管理"等社会科学类课程,还是"欧美建筑史"、"中国建筑史"、"欧美绘塑史"、"中国绘塑史"等建筑史学及艺术史学类课程,都和专业类课程一起,构成了较为全面、综合的课程体系,使学生对于"社会"、"工程"和"艺术"三个方面都具有较为丰富的知识储备,有助于激发他们的研究兴趣,增强社会责任感,从而在未来的规划建筑实践中有效地履行现代建筑师的职责。清华大学建筑系 1947 级学生几乎全程经历了梁思成的改革实践,他们大学 4 年所上的课程基本上体现了梁思成新的教育思想(见表4.1)。

---

① 李道增:《一代宗师的光和热》,《梁思成先生诞辰八十五周年纪念文集》,第166 页。

表 4.1 1947—1951 清华建筑系四个学年课程及学分表①

第一学年 (1947—1948 年度)		第二学年 (1948—1949 年度)		第三学年 (1949—1950 年度)		第四学年 (1950—1951 年度)	
课 程	学分	课 程	学分	课 程	学分	课 程	学分
国文读本	4	经济学简要	4	辩证唯物主义与历史唯物主义	3	钢筋混凝土设计	9
国文作文	2	社会学概论	6	工程材料学	2	建筑设计(六)	18
英文(一)读本	6	测量	2	结构学	4	雕塑(一)	3
英文(一)作本	6	应用力学	4	建筑设计概论	1	专题演讲	2
微积分	8	材料力学	4	中国绘塑史	2	东方建筑史(史一)	7
普通物理演讲	6	初级图案	6	水彩(三)(四)	2	给水排水装置	4
普通物理实验	2	欧美建筑史	4	城市概论	4	施工图说	4
投影画	4	素描(三)(四)	4	中级图案	9	毕业论文	9
制图初步	2	材料与结构	4	庭园学	1	雕塑(二)	4
素描(一)(二)	4	水彩(一)(二)	4	新民主主义论	3	东方建筑史(史二)	4
预级图案	2	体育		钢筋混凝土结构	3	中国建筑技术	4
体育				视觉与图案	1/2	建筑设计(七)	21
				欧美绘塑史	1	专题演讲	2
				暖房通风水电	1/2	业务及评估	3
				房屋结构设计	1	体育	
				体育			

其三,延续了"学院派"体系的部分做法,注重对学生艺术能力的训练。

对于清华大学建筑系学生的培养,梁思成提出了"通才"的目标,并对"通才"的概念作了具体的表述,其中,尤其强调学生

① 王其明:《忆梁思成先生教学事例数则》,《古建园林技术》,2001 年第 3 期。

艺术鉴赏能力和表现能力的训练以及艺术修养的提高。他指出：所谓通才，"不但能深切体会本国古典传统，并且熟悉各民族各国家各时代的艺术特征，能鉴别优劣作风，追溯源流，欣赏它们的风格，同时又懂得工程结构，知道最近代的革命性的材料用法而加以应用等等"。① 为实现这一目标，在课程设置上，清华大学建筑系较为系统地开设了素描、水彩、雕塑等美术类课程，以及建筑史学、艺术史学课程（见表4.1），安排了大量的教学学时，充分体现了其对艺术能力训练和建筑史教育的重视，这一做法在很大程度上是"学院派"体系的延续。可见，梁思成新的教育思想并未完全否定"学院派"体系，而是试图将其融入以"包豪斯"（Bauhaus）为代表的现代建筑教育模式之中，以实现对学生的全面培养和塑造。为保证艺术类课程教学的高质量，梁思成邀请了李宗津、李斛、高庄等多位艺术造诣很深的美术家来清华执教。除了课堂教学之外，课余时间，梁思成、林徽因等人也非常注意对学生艺术审美能力的熏陶，言传身教，悉心指导，努力营造浓厚的艺术氛围，令学生们受益匪浅。

可以说，这一时期是梁思成建筑教育思想和教育实践最自由、最活跃的阶段，梁对于建筑学科发展的准确把握及在此基础上形成的崭新而系统的建筑教育思想，最终确立了其作为建筑教育大家的卓越地位。

---

① 梁思成：《我认识了我的资产阶级思想对祖国造成的损害》，《光明日报》，1952年4月18日第3版。

第三节　政治改造运动中的自我批判与自我否定

　　建国之初,梁思成的建筑教育思想一度得以延续,但在 1952 年前后不断强化的高校知识分子思想改造运动中,梁基本上否定了自己的建筑教育思想,其对于高等建筑教育的改革与探索亦显得困惑与矛盾,难以持续下去。

一、从反思到自我否定

　　1951 年 9 月,高校知识分子思想改造运动正式启动,北京大学、清华大学等京津地区的著名高校是改造运动的重点。这一时期,梁思成虽然身兼多职,事务缠身,但作为清华大学营建系主任,其本人亦为此次运动重点教育和改造的对象。在运动的动员学习阶段和"三反"、"洗澡"阶段,梁思成分别公开发表了两份检讨色彩浓厚的学习体会,总结思想认识,深挖错误思想及其根源。其中,多处谈到自己的教育思想及实践,从质疑到否定,自我批判不断升级。

(一)初步的反思:《我为谁服务了二十余年》解读

　　1951 年 12 月 27 日,梁思成以《我为谁服务了二十余年》为题,在《人民日报》发表学习体会,汇报自己参加高校知识分子思想改造运动以来的思想认识,开展自我批评。[①] 在梁发表该文之前,北京大学、燕京大学、清华大学、辅仁大学等高校的部分校领

──────────

① 　梁思成:《我为谁服务了二十余年》,《人民日报》,1951 年 12 月 27 日第 3 版。

导马寅初、陆志韦、周培源、陈垣等人已带头作了自我检讨,并将学习体会公开发表。汤用彤、马大猷、钱端升、朱光潜、金克木、华罗庚、金岳霖、施嘉炀、周一良、张维、蒋荫恩、董渭川、李长之等知名专家学者也陆续在《人民日报》《光明日报》发表文章,深刻剖析自身的缺点和不足,汇报学习体会。

抛弃自由主义的庸俗观点和欧美反动资产阶级的文化思想是此次高校知识分子思想改造运动的重要目标之一。和同时期其他学者发表的学习体会类似,梁思成亦着重批判了自己的崇美思想,结合自己的求学、工作经历,剖析了崇美思想产生的根源、过程及危害,明确否定了"以美国为师"的观念和做法。梁早年留学美国,抗战胜利后又赴美国考察现代建筑教育,对美国建筑教育的思想和做法极为熟悉,也非常赞同,其在东北大学和清华大学的办学实践即带有浓厚的美国建筑教育特色。否定"以美国为师"的观念和做法,在很大程度上,就要否定以往的办学理念和实践。梁思成承认由于自己中学和大学时期的学习经历,养成了崇美的思想,甚至于成了美国文化的俘虏,带着这一思想办学,自然是错上加错。

对于执教东北大学时期的教育思想和实践中存在的突出问题,梁思成概括为两个方面:一是指导思想错误,将东北大学建筑系定位为"在中国的大学里创办一个'洋式'的建筑系,培养模仿西洋建筑的'国货建筑师'";二是教学体系设置错误,采取拿来主义的做法,"把在美国所学的课程照排一遍,设计仍以欧洲古典和近代建筑为标准"。

对于创办清华大学营建系以来的错误思想和做法,梁思成谈得不是很具体,概括起来有两方面的问题:一是指导思想的错误,继续搬运美国的教条,把 1940 年代美国各流派建筑理论和著作贩运到清华,作为自己办学的依据,毒害学生;二是态度不端正,自己的做法受到进步学生的批评时,未认识错误及时改正,而是找理由作辩解。

梁思成的这篇学习体会虽然严厉批判了自己以往的教育理念和做法,但就其内容而言,并无太多冷静、深刻的剖析和反思,梁本人亦坦言:"我的分析还不够深入,这不过是现阶段学习中初步的认识而已。我的问题离挖根到底还远得很。"①

(二)全盘的否定:《我认识了我的资产阶级思想对祖国造成的损害》解读

1952 年 1 月,高校知识分子思想改造运动转入"三反"与"洗澡"运动阶段,中共中央要求"各级学校的教师和高等学校的学生均应参加'三反'运动的学习",尤其是各级学校的校长和教师,须"在群众斗争中洗洗澡,受受自我批评的锻炼,拿掉架子,清醒谦虚过来"。② 3 月 13 日,中共中央进一步明确高校开展"三反"运动的目的是"批判和打击现在学校中仍普遍和严重存在着的各种资产阶级思想(如崇拜英美、狭隘民族主义、宗派主义、自私自利、对人民国家不负责任、保守观点等)",为达此目的,中央要求"对各学校中严重存在着的各种具体的特别是典型的资产

① 以上见梁思成:《我为谁服务了二十余年》,《人民日报》,1951 年 12 月 27 日第 3 版。
② 《中共中央关于宣传文教部门应无例外地进行"三反"运动的指示》(一九五二年一月二十二日),《建国以来重要文献选编》(第三册),第 49 页。

阶级思想应该充分揭露,并予以彻底批判;每个教师必须在群众面前进行检讨,实行'洗澡'和'过关'"。① 显然,进入"三反"和"洗澡"阶段之后,高校知识分子思想改造运动的指向性更明确,政治批判色彩也更浓厚。在此背景下,梁思成在《光明日报》发表了其第二篇学习体会——《我认识了我的资产阶级思想对祖国造成的损害》,对自己的教育思想及实践进行了系统的批判和否定。

其一,基本否定了创建清华大学建筑系以来不断形成和发展的办学思想。在人才培养目标上,梁思成指出自己以前坚持的"通才"培养目标是错误的,这和党和国家所要求的培养专门工程应用型人才的培养目标相去甚远。② 在学制及课程设置问题上,梁思成曾在《清华大学营建学系(现称建筑工程学系)学制及学程计划草案》中提出,建筑人才培养定位高,应参考欧美国家的经验,将学制改为 5 年,并推出了新的课程设置方案。③ 在《我认识了我的资产阶级思想对祖国造成的损害》一文中,梁全面批判和否定了这一构想,指出其所拟定的课程方案未能做到实事求是、理论与实践一致,是"不科学的","脱离群众的,非大众的",是在毒害祖国的青年。④

---

① 《中共中央关于在高等学校中进行"三反"运动的指示》(一九五二年三月十三日),《建国以来重要文献选编》(第三册),第 117—118 页。
② 梁思成:《我认识了我的资产阶级思想对祖国造成的损害》,《光明日报》,1952 年 4 月 18 日第 3 版。
③ 梁思成:《清华大学营建学系(现称建筑工程学系)学制及学程计划草案》,《梁思成全集》(第五卷),第 46—54 页。
④ 梁思成:《我认识了我的资产阶级思想对祖国造成的损害》,《光明日报》,1952 年 4 月 18 日第 3 版。

其二,否定了"包豪斯"(Bauhaus)教学体系。梁思成在创建清华大学建筑系的过程中,一个重要的指导思想即是抛弃国内高校建筑系依旧采用的"学院派"教学体系,坚持采用"包豪斯"(Bauhaus)方法组织教学,以适应现代建筑发展的趋势。建国前后,虽然清华大学营建系的教学还带有"学院派"的痕迹,但大体上是按照"包豪斯"(Bauhaus)模式组织实施的。在《我认识了我的资产阶级思想对祖国造成的损害》一文中,梁思成对"包豪斯"(Bauhaus)教学体系予以了批判,他指出:自己"以清华'首创全国第一'的自满自大心情,在清华开始讲授所谓'抽象图案',使学生做了许多形式主义的模型,做出那一套完全脱离实际的唯心的把戏",并称"这种一切立体派,功用主义,摩登派最现代等等毒素,早已毒害了全中国的建筑师"。[①]

其三,否定了自己一贯坚持的现代主义建筑设计思想。建国初期,在探索建筑的民族形式的实现路径的过程中,梁思成的建筑设计思想逐渐发生了转变,摈弃了坚持多年的西方现代建筑设计理念,全面接受苏联的设计思想。在《我认识了我的资产阶级思想对祖国造成的损害》一文中,梁思成也专门谈及这一问题,批评所谓的"现代式"或"国际式"建筑"否定了一切文化传统和民族特性",是"资本主义要统一、要垄断全世界的经济文化的法西斯思想在形体上最具体最老实的供状"。[②]

---

① 梁思成:《我认识了我的资产阶级思想对祖国造成的损害》,《光明日报》,1952 年 4 月 18 日第 3 版。

② 同上。

二、清华大学建筑教育的调整与转变

在发表了《我认识了我的资产阶级思想对祖国造成的损害》一文后不久，梁思成又在《光明日报》发表了《立刻行动起来，积极地为实现工学院调整方案而努力》。就其内容而言，这篇文章更像是一份个人政治表态。梁试图以此文再次表达自己的政治立场，抛弃以往的资产阶级的教育思想和做法，完全拥护教育部所拟定的全国工学院调整方案。① 随着高校知识分子思想改造运动的深入开展，清华大学营建系的办学方针及教育教学实践均发生了显著的调整和变化。

(一)更改系名

根据教育部关于全国工学院调整方案的部署，原北京大学建筑工程系并入清华大学营建系，营建系随即更名为建筑系。其实，即使未发生院系调整，营建系的名称也无存在下去的可能。因为，就"营建系"名称的内涵而言，更多的是基于"通才"教育目标下的发展定位，这和欧美现代建筑人才培养的理念是一脉相承的，而和苏联工程教育强调专门技术人才的培养目标是相背离的，在1950年代反美的政治语境下，很难再沿用下去。营建系这个凝聚了梁思成建筑教育思想的系名自1950年左右正式确立，到1952年取消，仅仅存在了两年左右时间。据清华大学1951届毕业生王其明、茹竟华回忆，大概只有她们这一届十余名学生拿

---

① 梁思成：《立刻行动起来，积极地为实现工学院调整方案而努力》，《光明日报》，1952年4月23日第3版。

到了写着清华大学营建系的毕业证书。[①]

(二)采用苏联模式

全国高校调整之后,苏联高等教育模式逐渐占据了主导地位。由于这一时期苏联的建筑设计风格和学术研究已从1920至1930年代的"构成主义"倒退至古典主义,以尖顶、柱廊、三段式宏大构图为特征的复古风格建筑大量出现,其建筑教育也完全转向了传统的"学院派"教学模式。穆欣、阿谢普柯夫等来华的苏联建筑专家不仅参与指导新中国的城市建设和建筑设计,而且将苏联建筑教育的理念和做法系统地带到中国,成为国内各高校建筑系组织教学和人才培养的指导思想。包括清华大学建筑系在内的各高校建筑系重新回到"学院派"的教学模式上,之前已渐成气候的关于现代建筑教育的探索则被中止。

在苏联模式的指导下,清华大学建筑系取消了之前依据不同专业方向对学生的分组培养,放弃了"包豪斯"(Bauhaus)教学模式,停止开设抽象构图方面的课程,注重按照古典美学原则组织教学,重新恢复以渲染为核心的教学内容,积极引导师生探索民族形式建筑的实现路径。由于1947年至1952年清华大学建筑系采用"包豪斯"(Bauhaus)模式组织教学,学生很少接受绘制渲染图的训练,以至于这一时期留校任教的毕业生都不得不重新接受绘制渲染图的训练,自己熟练掌握之后,才能走上讲台指导新入学的学生。[②] 在专业设置方面,建筑学成为唯一的专业,之前

---

① 王其明、茹竟华:《从建筑系说起——看梁思成先生的建筑观及教学思想》,《梁思成先生百岁诞辰纪念文集》,第47页。

② 钱锋、伍江:《中国现代建筑教育史(1920—1980)》,第155—158页。

关于增设规划、园林、工业设计专业的构想和初步尝试完全放弃。在课程设置方面，清华大学建筑系按照教育部的规定进行了规范，增设了"中国革命史"、"马克思列宁主义基础"、"政治经济学"、"历史唯物主义与辩证唯物主义"等多门政治类课程，加大了工程技术和工业建筑类课程的分量，"经济学简要"、"社会学概论"、"庭园学"等课程予以取消。此外，清华大学建筑系高度重视工程实践，每一学年均安排3周以上学时的生产实习。1954年，高教部颁发了五年制建筑学专业统一教学计划，包括清华大学在内，各高校建筑系基本上按照这一计划组织教学，高校之间更多的是培养水平的差异，而较少培养特色的区别了。

小 结

1946年至新中国成立前后，梁思成在建筑人才培养方面进行了大胆而富有远见的探索。其主导思想是紧跟战后国际建筑及建筑教育发展的最新趋势，培养适应战后中国重建任务需要的"体形环境"设计师；在教学体系构建上，梁主张放弃国内高校普遍沿用的"学院派"教学模式，采用"包豪斯"（Bauhaus）教学模式，亦充分体现了其对于现代建筑人才培养的理解。可以说，这一时期，梁思成对于建筑教育的思考和改革是全方位的，且有成效的，并在一定程度上实现了清华大学建筑教育与欧美高校建筑教育的同步，其建筑教育思想亦在办学实践中逐步丰富和成熟。

《我为谁服务了二十余年》和《我认识了我的资产阶级思想对祖国造成的损害》两篇文章是研究1950年代初期梁思成建筑

教育思想的重要文献,亦较为客观地反映了梁思成在办学指导思想方面的新变化。就这两篇文章的行文风格而言,与其说是冷静、深入的学习思考和体会,不如说是紧跟形势的自我批判和自我诋毁。或许梁思成出于对中共和苏联模式的高度信任而自觉地放弃以往的教育观点,但其中的理性思考成分占多大比例,值得学界同仁深思。换言之,在当时的政治语境下,即便梁思成的办学理念不转变,清华大学建筑系还有可能延续之前的模式和做法吗? 这一点,可能才是客观评述 1950 年代初期梁思成建筑教育思想转变的关键。

第五章　愉快的合作:梁思成与新政权创建

新中国成立前后,从选择新政权到参与创建新政权,梁思成表现出了前所未有的热情。他的学识,社会影响力,坚决拥护新政权的政治立场,以及在政治信仰上的追求,使其很快从众多的旧知识分子中脱颖而出,参政议政,共商国是,在赢得广泛社会赞誉的同时亦赢得新政权的信任。本章将以编制《全国重要建筑文物简目》、参与审定国歌国旗方案、主持设计国徽和人民英雄纪念碑等活动为考察点,全面梳理梁思成在建国前后从政态度的转变及参与新政权创建的有关学术实践活动的文献资料,评述梁思成与新政权最初的合作。

第一节　编制文物建筑保护目录

1949年前后,由于中国政局的激烈变动,梁思成的人生亦随之发生了重大改变。在对已知的旧政权和未知的新政权的选择中,梁思成选择了后者,他与新政权的合作机会亦很快到来。出乎梁思成意料的是,最初的合作非常愉快,合作的中心是如何保护北平及全国其他地方的文物建筑,尽量避免它们因战争而损毁。本节将重点论述北平和平解放前后梁思成应中共邀请标注北平市区文物建筑、编著全国文物建筑目录的历史过程,兼论梁思成在北平和平解放前夕的政治选择。

一、抢救平津学人与梁思成的选择

抗战胜利之后,国立中央研究院积极推动建立院士制度,并将其确定为战后学术重建的核心任务。经过评议会的再三讨论,"院士"名衔的确立、院士制度的立法等程序性工作得以顺利完成。1947 年上半年,国立中央研究院先后面向评议会成员和部分联系密切的大学、独立学院、研究机构及专门学会征集院士提名人选。1947 年 10 月 15 日至 17 日,经国立中央研究院第二届评议会第四次年会讨论,确定首届院士候选人正式人选名单,其中数理组 49 人,生物组 46 人,人文组 55 人。[1] 值得注意的是,在评议会成员内部开展提名过程中,对于"哲学、中国文学、史学、语言学、考古学及艺术史"等学科的候选人,参与提名的胡适、傅斯年等 4 人各自提出了一份名单,梁思成皆名列其中。[2] 正式候

---

[1] 《中央研究院办理第一次院士选举经过情形节略》,南京:中国第二历史档案馆,全宗号 393,案卷号 1085。

[2] 《评议员拟提之院士名单》、《评议员拟提合于院士候选人资格之名单》、《中央研究院评议会第一次院士选举筹备委员会组织及会议记录》,南京:中国第二历史档案馆,全宗号 393,目录号 2,案卷号 134;《胡适、罗宗洛等拟提院士候选人名单案》,南京:中国第二历史档案馆,全宗号 393,案卷号 1615。

选人名单面向全国公告 4 个月后,1948 年 3 月 25 日至 28 日,国立中央研究院第二届评议会召开第五次年会,在对候选人情况进行分组审查之后,全体评议员投票,最终选举出国立中央研究院首届院士 81 人,梁思成成为人文组建筑学学科唯一一名当选院士。

1948 年 9 月 23 日至 24 日,国立中央研究院成立二十周年纪念会议暨第一次院士会议在南京鸡鸣寺一号院内礼堂隆重举行。此时,南京国民政府虽内外交困,大厦将倾,但对于这一国内学术界最高级别的盛会还是不敢怠慢,蒋介石亲自出席大会并发布训词。会议场面盛大热烈,院士头衔也颇能让人感到振奋。可是,时局的发展已不可能给这些学界精英以太多聚会、畅谈、庆祝的机会了。随着内战炮火的迅速逼近,纪念大会结束之时,即是他们分别之际。首届院士大会结束后 4 个月,1949 年 1 月 31 日,北平和平解放。就在傅作义下决心接受人民解放军和平改编之前,已经对固守平津不抱任何希望的南京国民政府紧急制定了"平津学术教育界知名人士抢救计划",重点抢救 4 类人员:各院校馆所行政负责人;因政治关系必离者;中央研究院院士;在学术上有贡献并自愿南来者。[①] 该计划由朱家骅、杭立武、蒋经国、傅斯年、陈雪屏等人负责组织实施,具体人选由傅斯年提出,与清华大学、北京大学等院校负责人的联系工作亦由傅具体操办。在北平全城被围,机场一度被解放军占领的情况下,南京国民政府仍未放弃该计划,甚至强令傅作义部队不惜一切代价夺回机场,打通

---

①　傅斯年、陈雪屏:《致石树德等(电)》,《傅斯年全集》(第七卷),第 355 页。

空中通道，用以运送学术教育界知名人士南下。由于局势极度紧张，加之多数符合条件的学者均持观望态度甚或不予理会，傅斯年不得不连发电文，敦促各院校负责人务必动员有关人员尽快南下，空军方面亦不惜冒着被解放军炮火击落的危险，接连派专机赴北平，①可见国民政府之迫切心情。

令傅斯年感到失望的是，虽然北大校长胡适、清华校长梅贻琦及李书华、袁同礼、杨武之、江文锦、毛子水、钱思亮、英千里等部分教授最终离平赴宁，但更多的符合条件的人选却选择留下，其中，就有梁思成、林徽因夫妇和他们的诸多好友，包括首届院士金岳霖、钱端升，政治学家张奚若等人。梁思成的弟弟、同为首届院士的梁思永也和其兄长一样，留在了北平。

新旧政权更迭之际，为了自身安全和事业发展，离开动荡的北平，寻求一个相对稳定的环境，是人之常情。对于梁思成的这一抉择，其远在美国的好友费慰梅曾经给出一个解释，她认为：梁思成和林徽因"对政治都没有表现出丝毫的兴趣。他们在艺术的环境中长大，思想上崇尚理性，一心挂在个人事业上，决心在建筑史和诗歌领域中有所建树，根本没有时间参与政治或进行政治投机。他们在战争期间遭受的艰难困苦也没能在他们身上激起许多朋友感受过的那种政治愤怒。他们是满怀着希望和孩童般

---

① 1948 年 12 月 16 日傅斯年先是致信北京大学秘书长郑天挺，之后又两次致电郑，希望其利用最后的机会，尽全力劝说、组织北大、清华等校知名教授南下。这 3 份信函和电文分别是：《致郑天挺》《致石树德等（电）》《致郑天挺（电）》，《傅斯年全集》（第七卷），第 354—356 页。

的天真进入共产主义的世界"。[1] 应该说，费慰梅的解释有一定
道理，那就是梁思成林徽因夫妇确实是"满怀着希望和孩童般的
天真"迎接新政权的。梁思成曾经坦言："一直到解放前夕，我对
于共产党，对于什么是社会主义，什么是共产主义，我连一点点起
码的概念也没有。"[2]林徽因在北平解放前夕给费正清费慰梅夫
妇的信中亦流露出了这种心态。她当时已经意识到将很久不能
和自己的美国好友见面，因为中国的政局将发生重大变化，虽然
前途难以揣测，但她还是颇为乐观地表示："只要年轻一代有有
意义的事可做，过得好、有工作，其他也就无所谓了。"[3]

　　考察梁思成自抗战以来的言行，选择留在北平应该还有其深
层次的考虑。

　　一是对于建设民族国家的强烈渴望。抗战期间，梁思成即开
始关注和思考战后中国重建问题，他迫切希望自己能有更多的机
会参与其中，发挥一技之长。或许是抗战期间亲眼目睹、亲身经
历国家和民众遭受的巨大灾难，使得梁思成对建设强大的民族国
家有了强烈的认同感。抗战胜利前后，梁思成越来越乐于参与社
会工作，承担社会责任。可能正是基于此种考虑，梁思成坚决主
张结束中国营造学社的工作，转而以主要精力培养民族复兴的建
设者。梁思成的努力目标是积极推动战后中国复兴，其学术根基
又深深植根于中国历史和传统文化，一旦离开，则失去了学术之

---

[1]　费慰梅著，成寒译：《中国建筑之魂：一个外国学者眼中的梁思成林徽因夫妇》，第
　　207—208 页。
[2]　梁思成：《决不虚度我这第二个青春》，《光明日报》，1959 年 3 月 10 日第 2 版。
[3]　林徽因：《致费正清 费慰梅（二十三）》，《林徽因文集·文学卷》，第 391 页。

源,也很难再保持其旺盛的学术生命力了。1947 年梁思成在美
国讲学和考察期间,曾被问及将来中国政权如发生更迭会做何选
择的问题,梁当即表示:共产党也是中国人,他们在战后会进行建
设,自己愿意为此尽力。① 建国初期,梁思成在一份学习体会中
则表示自己之所以留在北平不走,其中一个原因即幻想着"社会
主义"。②

　　二是对国民党旧政权的极度失望。虽然梁思成建国前远离
政治,但对于旧政权的腐败无能不可能一无所知。其实,国立中
央研究院 81 位首届院士,仅有 21 位院士去台或远走国外,60 位
院士选择留在大陆,这一事实本身就颇能表明这些人对新旧政权
的态度。梁思成本人也曾明确表示:自己对反动政府已不存丝毫
幻想。③ 多年之后,梁思成在第一届全国人民代表大会第四次会
议上发言时讲述了清华园解放前后经历的两件事,亦表明他对新
政权的渴望和对中共的良好印象。第一件事他是听保姆讲的,他
这样回忆:"我永远忘记不了一九四八年十二月十三日的早晨,
我家的保姆(那时候我们还叫她做'老妈子')刘妈从清华大学附
近的成府村的家里来开始她一天的工作时,怎样兴奋地叙述了那
天清早她打开大门突然发现村子里已经开来了八路,他们说是半
夜开进来的,可是连一条狗都没有惊动,怎样在严寒中就在胡同
里睡了一夜,怎样连一碗开水都是谢了又谢才接过去喝的。就用
她的话说:'我活了六十多了,可没见过这样的队伍。人家都说

①　梁再冰:《我的妈妈林徽因》,《建筑师林徽因》,第 77 页。
②　梁思成:《我为谁服务了二十余年》,《人民日报》,1951 年 12 月 27 日第 3 版。
③　同上。

八路好,我就不信。今儿个我可瞧见了!'"第二件事则是他亲眼
见到的,他说:"我所接触的第一个解放军是一个拿着一个破柳
条筐子走三里路去还给一个老乡的战士,同前两天在撤退时把一
位女职员的旗袍全部带走了的国民党团长对比之下,使我感动得
说不出话来。"①发表这篇讲话时,正值 1957 年的整风运动风向
突变,开始向"右派分子"猛烈反击之际,讲话的观点是否全部系
梁思成的真实想法无从考证,但就其讲述的这段个人经历及对其
影响而言,应该是真实存在的。

二、与中共的初次合作

就在傅斯年等人忙于劝说、抢运平津地区学术教育界知名人
士之际,梁思成已经在静候新政权的到来了。1948 年 12 月上
旬,北平南苑机场被围城的解放军部队攻占,北平守军不得不在
城内临时开辟东单和天坛两个简易机场,清华大学、燕京大学等
校部分决心南撤或犹豫未决的教授已携家眷暂居城内,便于随时
登机。梁思成则始终和家人留在位于郊区的清华大学,根本就没
有进北平城,其对新旧政权的态度由此可见。梁思成的女儿梁再
冰在回忆这段经历时曾说:"四八年下半年,在学校中,几乎人人
都可以感到蒋政权气数已尽,中国快要大变了。父亲也在默默地
等待着这一巨大变革的到来。"②

在组织发动平津战役过程中,中共及其领导下的军队确实在

---

① 梁思成:《我为什么这样爱我们的党?》,《人民日报》,1957 年 7 月 14 日第 2 版。
② 梁再冰:《回忆我的父亲梁思成》,《梁思成先生诞辰八十五周年纪念文集》,第
244 页。

保护文物古迹方面表现出了积极的态度,对原有的文教机构及相关人员也给予了充分的尊重和保护。这一做法,对于稳定局势、争取广大知识分子的信任和支持至关重要。1948 年冬天,傅作义的部队困守北平,郊外的清华园、圆明园等地则成为国共两军短兵相接的战场。整个平郊,一度炮声隆隆,硝烟弥漫。为保护北平地区的高校和重要文物古迹免受战火打击,中央军委于1948 年 12 月 17 日致电林彪、罗荣桓、刘亚楼等四野高级将领,明确指示:"沙河、清河、海甸、西山系重要文化古迹区,对一切原来管理人员亦是原封不动,我军只派兵保护,派人联系,尤其注意与清华、燕京等大学教职员学生联系,和他们共同商量如何在作战时减少损失。"①1949 年 1 月 16 日,中央军委致电林彪、罗荣桓和聂荣臻,强调"此次攻城,必须做出精密计划,力求避免破坏故宫、大学及其他著名而有重大价值的文化古迹"。中央军委指示攻城部队,对于敌军占据的上述文化机关,要争取通过谈判的方式和平解决,即使战役因此而延长,也要耐心地这样做。中央军委命令攻城部队"对于城区各部分要有精密的调查,要使每一部队的首长完全明了,哪些地方可以攻击,哪些地方不能攻击,绘图立说,人手一份,当做一项纪律去执行"。② 根据中央军委的部署,1948 年 12 月 22 日,中国人民解放军平津前线司令部发布布告,约法三章,保护民众安全及稳定社会秩序。其中,针对平津地

---

① 《军委关于充分注意保护北平工业区及文化古迹的指示(一九四八年十二月十七日)》,《中共中央文件选集 第十七册(一九四八)》,第 584 页。

② 《军委关于准备攻占北平力求避免破坏故宫等文化古迹的指示(一九四九年一月十六日)》,《中共中央文件选集 第十八册(一九四九)》,第 35—36 页。

区文化、教育机构集中的现状,布告第四条强调指出:"保护学校、医院、文化教育机关、体育场所,及其他一切公共建筑,任何人不得破坏。学校教职员,文化教育卫生机关,及其他社会公益机关供职的人员,均望照常供职,本军一律保护,不受侵犯。"①在此以前,进驻清华园地区的解放军第十三兵团亦曾发布安民告示,表示对于清华大学要严格保护,不准坏人滋扰。之后,该兵团政治部主任刘道生将军到清华大学宣讲形势,亦再次强调为了保护古都文化,减少人民损失,力促和平谈判解决北平问题,如非打不可,则会坚决遵守中央指示,全力保护文物古迹。②

　　鉴于梁思成在古建筑研究领域的学术影响力,正在围城的人民解放军希望能够得到他的帮助,标注出北平城区及周边重要的文物建筑,以便在军事作战中尽量避免在这些地方使用重型武器或炸弹。这是梁思成与中共的首次合作,事情虽然不复杂,但对梁思成的影响是深远的。梁思成回忆说:"清华大学解放的第三天,来了一位干部。他说假使不得已要攻城时,要极力避免破坏文物建筑,让我在地图上注明,并略略讲讲它们的历史、艺术价值。"对于中共表现出的谦虚态度和对文物建筑的重视态度,梁思成感慨颇深,称:"童年读孟子,'箪食壶浆,以迎王师'这两句话,那天在我的脑子里具体化了。过去,我对共产党完全没有认识。从那时候起,我就'一见倾心'了。"③

---

①　《中国人民解放军平津前线司令部布告(一九四八年十二月二十二日)》,《中共中央文件选集 第十七册(一九四八)》,第612—613页。
②　刘道生:《清华园的美好回忆》,《人民日报》,1985年12月4日第4版。
③　梁思成:《我为什么这样爱我们的党?》,《人民日报》,1957年7月14日第2版。

完成中共委托的任务并不复杂,梁思成亦表现出了浓厚的兴趣,保护北平城的文物建筑,也是他多年来为之奔走的一件大事。1935 年,北平市政当局成立古都文物整理委员会,着手维护修葺天坛、孔庙、辟雍、智化寺、大高玄殿角楼牌楼、正阳门五牌楼、紫禁城角楼等损坏较为严重的文物建筑,中国营造学社应邀参与了该委员会的工作,社长朱启钤还受聘担任其顾问。抗战胜利后,北平市政当局重启市内文物建筑的维护工程,并成立北平文物整理委员会,以延续抗战前之工作。随着国共内战加剧,北平局势日益严峻,维修工作实际上处于停滞状态。为引起社会各界对维护文物建筑的重视和支持,1948 年 4 月,梁思成撰写了《北平文物必须整理与保存》一文,由北平文物整理委员会以单行本印发。梁思成在文中呼吁社会各界:"每个民族每个国家莫不爱护自己的文物,因为文物不惟是人民体形环境之一部分,对于人民除给予通常美好的环境所能刺发的愉快感外,且更有触发民族自信心的精神能力。"①在该文的最后,梁思成还专门谈了战时文物建筑保护的重要性及可行性,并列举了美军在欧洲战场的一些做法。这和当时的国内局势不无关系。撰写此文时,国共激战正酣,长江以北地区几乎到处都是战场,梁思成应该意识到,战争离古都北平越来越近了。鉴于解放军委托的任务尚属军事机密,梁思成当时没有告诉别人,而是和林徽因一同完成了此项工作。对这件事,梁思成本人并未留下详细的文字记录,但据林洙回忆,北平解放之后,梁思成曾经多次谈及此事,并认定共产党是个了不

---

① 梁思成:《北平文物必须整理与保存》,《梁思成全集》(第四卷),第 313 页。

起的政党。①

三、编制全国文物建筑目录

为保护中外战区的文物建筑，梁思成曾编撰过 3 份古建筑目录。前两份目录编撰于抗战后期，第三章已经论及，北平和平解放伊始，梁即受命编撰了第三份目录——《全国重要建筑文物简目》。

（一）编撰的背景及编撰过程

对于和梁思成的初次合作，尚未见到中共方面的评价，从实际效果看，应该是比较满意的。梁思成不仅高质量地完成了人民解放军攻城部队交办的任务，而且表现出了很高的政治热情，这是中共希望看到的。筹建新政权，离不开文化教育界专家、学者的积极参与；建设新中国，更需要这些专家、学者的大力支持。从这一时期中共对于高级知识分子的态度看，还是比较积极的，并给予他们充分的尊重。

北平和平解放在即，解放战争将在全国更大的范围内进行。为掌握全国各地区文物古迹的准确信息，以便在后续的战争中最大限度地予以识别和保护，处于全面进攻态势下的人民解放军迫切需要这方面的资料，下发各作战部队，并向广大官兵予以宣讲。他们再次找到了梁思成，希望梁能组织力量以最快的速度完成此项任务。对于梁思成而言，应该是非常乐意接受并完成此项工作的。一则，梁深知战争对于文物建筑的强大破坏力，他迫切希望

---

① 林洙：《梁思成、林徽因与我》，第 189 页。

交战双方能够妥善保护战区的文物建筑,使其免遭战火破坏;二则,面对即将执政的中国共产党,虽然初次合作很愉快,但毕竟接触不深,梁思成希望能有机会继续合作,以便互相加深了解,而合作保护文物建筑,无疑是梁最乐意为之又擅长为之的事情。林洙后来记述此事时称梁思成"正在为解放战争可能破坏文物建筑而担忧,接到这个任务真是喜出望外"。① 当年亲自参与此项工作的清华大学建筑系教师汪国瑜则回忆说:"梁先生当时感动得声泪俱下,他说想不到共产党如此珍视文物保护,竟做了他原来一直担心而又不敢奢求的大事。"②接受中共委托的任务后,梁思成立即着手开展《全国重要建筑文物简目》的编撰工作。

其一,成立工作班子。由于编撰《全国重要建筑文物简目》属于军事任务,加之当时清华大学刚刚解放,敌特分子还比较多,编撰工作必须严格控制参加人员的范围。梁思成决定以清华大学建筑系教师为主,组成工作小组,最后署名的编撰成员包括朱畅中、汪国瑜、胡允敬和罗哲文。据罗哲文回忆,林徽因、莫宗江、刘致平等人也参与了此项工作,特别是林徽因,不仅就编撰原则提出了自己的意见,并且和梁思成一起审阅了最终形成的简目条文。③

其二,确定编撰原则。梁思成林徽因夫妇曾专门召集莫宗江、刘致平、罗哲文等3位在清华大学建筑系任教的中国营造学

---

① 林洙:《梁思成与〈全国重要建筑文物简目〉》,《建筑史论文集》(第12辑),第8页。
② 汪国瑜:《忆梁先生二三事》,《梁思成先生诞辰八十五周年纪念文集》,第116页。
③ 罗哲文:《向新中国献上的一份厚礼——记保护古都北平和〈全国重要建筑文物简目〉的编写》,《建筑学报》,2010年第1期。

社成员到家里，商讨编撰的原则。综合梁思成、林徽因提出的意见，编撰原则主要包括以下 4 个方面：一是参考梁思成在抗战后期编撰的《战区文物保存委员会文物目录》的体例，增加分级、分等，重新编写说明性文字；二是"要有简明、准确的地点位置、年代等描述"；三是"价值大小要加以明确，以便攻打时权衡轻重"；四是"为了更加负责任和不忘记中国营造学社的工作成绩，在项目上凡经过了中国营造学社调查研究过的建筑案例，都要加上特别的标记"。① 梁思成、林徽因的意见最终为大家所认可，并体现在编撰工作之中。

其三，全力以赴组织编撰。由于任务重、时间紧，组建好工作班子，并明确了编撰原则后，梁思成便带领大家夜以继日地开始了资料整理和编撰。第一步是全面整理中国营造学社业已形成的调查成果，包括在《中国营造学社汇刊》发表的成果和未曾刊出的调查材料，从中挑选出重要的文物建筑，再依例编写出简要介绍。第二步，对于中国营造学社既往的调查活动未曾涉及的地区，主要通过查阅有关文献资料，筛选出重要的文物建筑并撰写文字介绍。第三步，初步确定的文物建筑名单及简要介绍交梁思成、林徽因二人审阅，经他们修改、充实，最终形成定稿。第四步，师生一起动手，刻板、油印、装订《全国重要建筑文物简目》。罗哲文担任了全书的钢版蜡纸的刻印工作，朱畅中在梁思成的指导

---

① 罗哲文：《向新中国献上的一份厚礼——记保护古都北平和〈全国重要建筑文物简目〉的编写》，《建筑学报》，2010 年第 1 期。

下完成了封面设计和书中版式的排列。① 从接到任务,到1949年
3月最终完成编撰任务并油印出300份,梁思成等人仅用了一个
多月的时间,可见效率之高。鉴于《全国重要建筑文物简目》的
重要价值和各地方的迫切需求,1949年6月,华北人民政府高等
教育委员会图书文物处将其铅印再版,1950年5月,文化部文物
局再次印发《全国重要建筑文物简目》。

(二)《全国重要建筑文物简目》的编撰特点

在编撰《全国重要建筑文物简目》过程中,编撰人员认真遵
循最初确定的编撰原则,体现出较鲜明的编撰风格,在编撰内容
上则比较充分地总结和吸收了中国营造学社开展野外古建筑调
查研究的成果,大大提升了内容的可信度,加快了编撰工作的
进度。

1. 编撰体例简明扼要,充分体现了编撰目的

最终形成的《全国重要建筑文物简目》中的"说明"部分,专
门陈述了编撰的基本原则。在编写体例上,每一项目最多包括4
部分,即"a. 详细所在地点;b. 文物性质如佛寺、道观、陵墓、桥
梁……之类;c. 建筑或重修年代,以朝代及公元表示之;d. 特殊意
义及价值"。在重要性的表现方式上,以圈数多少来表示,"最重
要者四圈○○○○,通常重要者无圈。其间等次以圈之多寡表示
之"。对于中国营造学社以往的工作成果,用[※]予以标注,即
"凡在建筑物名称之后作[※]号者,曾经中国营造学社实地调

① 罗哲文:《难忘的记忆 深刻的怀念——忆我与思成师十事(为纪念梁思成先生
诞辰八十五周年而作)》,《古建园林技术》,1986年第3期。

查。其他则为中外书籍中汇集所得"。① 在编撰体例上,基本上
延续了梁思成1945年5月编撰的《战区文物保存委员会文物目
录》的风格,但"注"的层次更加清晰规范,地点、性质、年代、重要
性等四要素依次表述,每一建筑介绍少则七八字,多则三四十字,
清晰描述出其主要特征,可谓简明扼要,非常符合军队作战及接
管、保护文物建筑的需要。

2.编撰内容严格依据野外古建筑调查和文献研究成果,具有
很高的学术水平

《全国重要建筑文物简目》收录了当时22个省、市的466处
文物建筑,其中系中国营造学社及其成员调查发现或进行过详细
测绘的建筑318处,占收录总数的68.2%,云南省收录的12处建
筑全部出自中国营造学社的调查成果(见表5.1)。每一处建筑
的简介虽然只有短短三四句话,但对其方位、修建年代的考证颇
为严谨,对其重要价值的描述亦基本上体现了当时国内古建筑研
究领域的学术水平。罗哲文曾评论说:"由于简目中采用了中国
营造学社10多年调查研究的主要成果,并参考了许多国内外书
刊,虽然很简略,但内容却相当丰富,学术性很强,因而建国以前
的华北高等教育委员会和建国初期的中央人民政府文化部文物
局以及其他一些省市都曾多次加以重印,作为文物保护和调查研
究之参考。"②

---

① 梁思成编:《全国重要建筑文物简目》,《梁思成全集》(第四卷),第317页。
② 罗哲文:《向新中国献上的一份厚礼——记保护古都北平和〈全国重要建筑文物
简目〉的编写》,《建筑学报》,2010年第1期。

表5.1 《全国重要建筑文物简目》有关情况统计表①

序号	省(市)	收录的古建筑数量	
		总数	中国营造学社及其成员调查过的古建筑
1	北平	33	28
2	河北	65	46
3	河南	69	62
4	山东	42	25
5	山西	44	37
6	陕西	28	10
7	南京	13	9
8	江苏	14	13
9	浙江	26	10
10	江西	5	0
11	湖北	3	0
12	湖南	2	0
13	四川	64	59
14	甘肃	3	2
15	西康	2	0
16	云南	12	12
17	福建	7	1
18	广东	8	1
19	辽宁	12	3
20	辽北	1	0

① 梁思成编:《全国重要建筑文物简目》,《梁思成全集》(第四卷),第317—365 页。

（续表）

序号	省(市)	收录的古建筑数量	
		总数	中国营造学社及其成员调查过的古建筑
21	吉林	1	0
22	热河	12	0
总计	22	466	318

(三)《全国重要建筑文物简目》的社会影响及存在的不足

《全国重要建筑文物简目》编撰完成之后,梁思成立即将油印好的小册子交给了军方代表。随着解放战争的节节胜利和人民解放军向全国的推进,《全国重要建筑文物简目》的作用亦不断得以体现,在建国前后文物建筑保护方面发挥了重要作用。同时,也应看到,由于编撰时间短,无法对全国范围的文物建筑开展普查,加之相关的学术积累有限,《全国重要建筑文物简目》还存在一些明显的缺点,需要不断修订和完善。

1. 满足了解放战争的需要,开启了全国文物建筑保护先河

对于在前线紧张作战的解放军部队而言,《全国重要建筑文物简目》无疑是一部重要的目录检索和教育手册,对于提升广大官兵的文物识别能力和保护意识大有帮助。文化部文物局重印该书时,郑振铎局长特意撰写了"重印说明",其中提到:建国以后,"屡接报告,各地古建筑还没有受到应有的保护,甚或遭受破坏",因此,文物局决定"将此简目重印,普遍发给全国各级政府,使其知道各该管境内,有什么古文物及古建筑,以便加以保护"。①

---

① 林洙:《梁思成与〈全国重要建筑文物简目〉》,《建筑史论文集》(第12辑),第10页。

1949 年 6 月,华北人民政府高等教育委员会图书文物处再版《全国重要建筑文物简目》时,约请梁思成以北平文物整理委员会的名义编写了"古建筑保养须知"一文,作为"附录"收录于书中,其中包括"瓦顶拔草扫陇"、"天沟排水"、"地面排水"、"修剪花木"、"防止鸟害"、"禁止粘贴涂抹"、"整理茶座"、"厕所设备"、"严禁盗毁"、"防火设备"、"通风事项"等 11 个方面。① 该文立足中国古建筑保护的现状,用通俗易懂的语言,提出了最基本、最简便易行的古建筑保养知识和保养办法,在建国前后公众普遍缺乏文物保护意识和常识的情况下,颇具实用价值。文化部文物局再版此书时,亦将该"附录"予以收录。罗哲文指出:"附录"的内容至今仍有现实意义,因为文物保护"多年来仍有不少重大修、轻保养、忽略日常保护维修工程的倾向。殊不知平时如果保养好了,不仅可以节约大规模修缮重建等的经费,而且可大大保存古建筑的原真性,这恰恰符合古建筑保护的真实性原则"。②

《全国重要建筑文物简目》为新中国文物建筑保护提供了最初的文本,"对解放初期开展古建筑调查、研究及各地文物保护单位评定等级与保护工作也提供了积极的指导和方便,可谓中国文物保护史上最重要的历史文献之一"。③ 在《全国重要建筑文

---

① 梁思成编:《全国重要建筑文物简目》,《梁思成全集》(第四卷),第 363—365 页。
② 罗哲文:《向新中国献上的一份厚礼——记保护古都北平和〈全国重要建筑文物简目〉的编写》,《建筑学报》,2010 年第 1 期。
③ 王运良:《中国"文物保护单位"制度研究》(博士学位论文),上海:复旦大学,2009 年,第 38 页。

物简目》的基础上,国务院于 1961 年 3 月颁布了第一批"全国重点文物保护单位"名录,并附录"文物建筑保护须知",文物建筑的保护工作日益规范。

2. 文物建筑收录不全面,部分鉴定结论及评价意见有待进一步研究

由于编撰工作开展得较为仓促,所能收集的资料有限,且主要编撰目的是为了供人民解放军作战及接管时保护文物之用,《全国重要建筑文物简目》还存在着明显的不足。

其一,部分文物建筑的建造时间及评价意见需要进一步考证。对文物建筑的建造及修缮时间的考证是一项专业性很强的工作,须经系统的调查测绘、分析,并在文献资料考证基础上方能作出鉴定结论。中国营造学社虽然在文物建筑调查测绘方面做了大量的工作,并积累了较为丰富的资料,但对系统的研究工作还需要进一步深化。此外,还有很多建筑未曾开展实地调查,仅能通过查阅文献获得一些信息,其鉴定结论存在误差也就在所难免。梁思成在"说明"中亦坦率地指出:"对于各文物年代,不免有欠准确处。"①文化部文物局也认识到这一问题,在"重印说明"中要求各地各级政府要把实际遗漏的或存在问题的文物建筑情况及时上报,以便文物局及时掌握准确信息。②

相比较文物建筑建造时间的考证,对其重要性的评价更复杂,难度也更大。主要原因在于此项工作的主观性较强,既有来

---

① 梁思成编:《全国重要建筑文物简目》,《梁思成全集》(第四卷),第 317 页。
② 林洙:《梁思成与〈全国重要建筑文物简目〉》,《建筑史论文集》(第 12 辑),第 10 页。

自政治、经济、文化等诸多外在因素的影响，也受制于评价者的学识、兴趣、价值观等内在因素的影响。梁思成在《全国重要建筑文物简目》中对文物建筑重要性的评价意见只是其个人及中国营造学社从事古建筑研究形成的一家之言，学术界有不同意见实属正常。对此，文化部文物局明确指出：《全国重要建筑文物简目》"以标圈之多寡定建筑的历史价值，但调查审定未必十分周密恰当"。①

其二，文物建筑收录不够全面，主要局限于中国营造学社重点开展野外调查的区域。这是《全国重要建筑文物简目》最主要的缺陷。简目收录的 22 个省市的 466 处文物建筑，其中北平、河北、河南、山东、山西、陕西、南京、江苏、浙江、四川、云南等 11 个省市即有 410 处，其他 11 个省仅有 56 处。此外，青海、西藏、新疆、内蒙古、广西、贵州、宁夏、安徽等多地的文物建筑一个未提，这与全国文物建筑的实际分布应该有较大出入。究其原因，主要在于当时学术界关于古建筑调查研究的成果较少，掌握的资料也有限，梁思成等人只能依据中国营造学社在 1930—1940 年代调查研究所取得的成果及比较可靠的文献记载确定进入简目的文物建筑名单。全国解放之后，在中央文物保护部门的统一组织下，各省市开展了大范围的文物建筑普查工作，不仅较全面地掌握了文物建筑的分布情况及现状，而且发现了一大批具有重要价值的文物建筑，为后来制定全国重点文物保护单位名录提供了更

---

① 林洙：《梁思成与〈全国重要建筑文物简目〉》，《建筑史论文集》（第 12 辑），第 10 页。

为详实的依据。

第二节 主持国徽设计工作

新中国成立前后,梁思成以知名学者身份积极参与新政权创建,其中最突出的成果即主持完成了新中国国徽的设计任务,同时,作为顾问,直接参与了国歌、国旗方案的评审工作。在筹建新政权的一系列工作中,梁思成与中共合作得非常愉快。

一、筹建新政权与国旗、国徽、国歌方案拟定任务的提出

1948 年 4 月,随着解放战争的胜利推进,毛泽东提出"邀请港、沪、平、津等地各中间党派及民众团体的代表人物到解放区,商讨关于召开人民代表大会并成立临时中央政府问题"。[①] 北平和平解放之后,筹建新政权的步伐加快。1949 年 6 月 15 日至 19日,新政治协商会议筹备会第一次全体会议在北平举行,参加会议的 134 人既有中共代表,也有大量的民主党派人士、无党派人士和各人民团体代表。大会选举毛泽东、朱德、李济深等 21 人组成新政治协商会议筹备会常务委员会,毛泽东当选常委会主任,周恩来、李济深、沈钧儒、郭沫若、陈叔通等 5 人当选为副主任。筹备会下设 6 个小组,分别负责"拟定参加中国人民政治协商会议之单位及其代表名额"、"起草中国人民政治协商会议组织法"、"起草中国人民政治协商会议共同纲领"等工作,其中第六

---

① 逄先知主编:《毛泽东年谱(1893—1949)》(下卷),第 341 页。

小组负责"拟定国旗国徽国歌方案",著名民主人士马叙伦担任该小组组长,叶剑英、沈雁冰任副组长,成员包括张奚若、田汉、马寅初、郑振铎、郭沫若、翦伯赞、钱三强、蔡畅、李立三、张澜(刘王立明代)、陈嘉庚、欧阳予倩、廖承志等 13 人,秘书为彭光涵。[①] 7 月 4 日,第六小组召开第一次会议,决定公开征求国旗国徽方案及国歌词谱,并设立国旗国徽图案评选委员会及国歌词谱评选委员会,"除由本组组员分别参加外,并聘请专家参加"。8 月 5 日第六小组第二次会议决定聘请梁思成、徐悲鸿、艾青、马思聪、吕骥、贺绿汀、姚锦新等 7 位美术、音乐等领域的知名专家为评选委员会委员。[②] 7 月 15 日至 26 日,新政治协商会议筹备会连续数日在《人民日报》《北平解放报》《光明日报》《新民报》《天津日报》等报刊刊登《新政治协商会议筹备会为征求国旗国徽图案及国歌词谱启事》,面向全国公开征集对国旗、国徽、国歌的意见和方案,[③]香港及部分海外华人报纸也纷纷予以转载。

征求国旗国徽图案及国歌词谱的启事得到了社会各界的积极响应,到 8 月 20 日,新政治协商会议筹备会即收到国旗设计样品 1920 件,国旗设计图案 2992 幅;国徽设计样品 112 件,国徽设计图案 900 幅;国歌 632 件,国歌歌词 694 首;意见书(不附图案

---

① 《新政治协商会议筹备会各小组名单》,《中国人民政治协商会议第一届全体会议纪念刊》,第 26—27 页。
② 马叙伦、沈雁冰:《关于拟制国旗、国徽、国歌方案的报告——筹备会第六小组的工作》,《中国人民政治协商会议第一届全体会议纪念刊》,第 235 页。
③ 《新政治协商会议筹备会为征求国旗国徽图案及国歌词谱启事》,《人民日报》,1949 年 7 月 16 日第 1 版。

或词谱者)24 封。① 应征来稿的地区分布广泛,几乎遍及全国乃至海外,第六小组组织开展的方案评审工作亦由此开始。

二、梁思成的自豪感与国歌的确定

1949 年 9 月 29 日,新中国成立前夕,完成了国歌、国旗评选任务的梁思成给随四野部队南下作战的女儿梁再冰写了一封长信。他自豪地告诉女儿:"关于国歌之选定,张(奚若)伯同我可以自夸有不小的功劳。那是我首先提出的,同时也有许多人有那意思。那是'九一八'以后不久制成,而在抗日期间极有功劳的一首歌。"②梁思成在信中所提到的国歌即《义勇军进行曲》,系由田汉作词,聂耳作曲,创作于 1935 年,为抗日电影《风云儿女》的主题歌。这部影片描写了 1930 年代初期,以诗人辛白华为代表的中国知识分子,为拯救祖国,投笔从戎,奔赴抗日前线,英勇杀敌的故事。《义勇军进行曲》旋律激昂慷慨,体现了中华民族抗战到底的激情,很快风靡全国,广为传唱,成为中国最著名的抗战歌曲之一。

第六小组在审阅国歌方案时,感到征集上来的词、谱虽然数量很多,且不乏马叙伦、欧阳予倩、郭沫若、冯至等知名人士创作的作品,但并不是很理想。在之后的多次讨论中,第六小组的多名成员提到了《义勇军进行曲》,认为在国歌未确定之前,可以以该歌曲为代国歌。7 月初,周恩来在审批《新政治协商会议筹备

---

① 马叙伦、沈雁冰:《关于拟制国旗、国徽、国歌方案的报告——筹备会第六小组的工作》,《中国人民政治协商会议第一届全体会议纪念刊》,第 235 页。

② 梁再冰:《我的妈妈林徽因》,《建筑师林徽因》,第 79—80 页。

会为征求国旗国徽图案及国歌词谱启事》时,即已提到了《义勇军进行曲》,表示可以考虑用《义勇军进行曲》为国歌。[①] 也有一些人提出了反对意见,特别是对歌词有看法,认为原歌词中"中华民族到了最危险的时候"的表述与当前的实际不符。[②] 由于意见不够统一,直到 9 月 21 日中国人民政治协商会议第一届全体会议开幕,国歌方案仍未确定。在第六小组向大会所作的工作报告中建议"将选取者,制曲试演,向群众中广求反应后,再行提请决定"。[③] 考虑到开国大典临近,大会主席团没有同意其建议。政协第一届全体会议对相关的工作机构作了调整,成立 6 个分组委员会,分别是"政协组织法草案整理委员会"、"共同纲领草案整理委员会"、"政府组织法草案整理委员会"、"宣言起草委员会"、"国旗国徽国都纪年方案审查委员会"和"代表提案审查委员会",将来自社会各界的委员和特邀代表分别编入各委员会。除"代表提案审查委员会"只有 14 人外,其他 5 个委员会的组成人员均超过 50 人。就其职能而言,6 个委员会既延续了新政治协商会议筹备会 6 个小组的任务,又大大拓展了其工作范围;就其组成人数和代表性而言,则大大增加,具有更广泛的代表性。"国旗国徽国都纪年方案审查委员会"的召集人仍为马叙伦,秘书是徐寿轩和彭光涵,原新政治协商会议筹备会第六小组的成员

---

① 向延生:《〈中华人民共和国国歌〉诞生纪实》,《乐府新声(沈阳音乐学院学报)》,1996 年第 1 期。

② 彭光涵:《国旗、国徽、国歌、纪年、国都诞生记》,《春秋》,1995 年第 5 期。

③ 马叙伦、沈雁冰:《关于拟制国旗、国徽、国歌方案的报告——筹备会第六小组的工作》,《中国人民政治协商会议第一届全体会议纪念刊》,第 236 页。

及其聘请的专家基本上都是该委员会的正式成员。① 9 月 25 日,
毛泽东亲自主持召开座谈会,讨论国旗、国徽、国歌、纪年和国都
问题,与会人员有周恩来、郭沫若、沈雁冰、黄炎培、陈嘉庚、张奚
若、马叙伦、田汉、李立三、洪深、艾青、马寅初、柯仲平、梁思成、徐
悲鸿、马思聪、吕骥、贺绿汀等人。在国歌问题上,分歧主要有两
点:一是是否选用《义勇军进行曲》;二是是否需要修改歌词。与
会代表展开了热烈的讨论。梁思成、张奚若二人在发言中均支持
用《义勇军进行曲》作国歌,并明确表示不要改动歌词。梁思成
在给女儿的信中讲述了这一过程,他表示:"我们虽已过了'最危
险的时候',已不是'做奴隶的人',但那是历史性的。"②综合大家
的意见,毛泽东就国歌问题发表了意见,并建议选用《义勇军进
行曲》作为新中国的国歌,歌词亦不作改动。与会人员最终以热
烈鼓掌的方式通过了毛泽东的提议。

在选用《义勇军进行曲》作为国歌问题上,梁思成无疑发挥
了重要作用,而是否如梁在给女儿的信中所言,是他首先提议将
该歌曲作为国歌,恐怕还需要进一步探讨。就学界及一些当事人
的回忆来看,在这一问题上还有争论。一部分人认为是徐悲鸿首
先提出的建议;还有一部分人认为是周恩来首先提出的建议。从
目前见到的当事人的回忆和有关文献资料看,推荐选用《义勇军
进行曲》应该是集体酝酿、讨论的结果。可以说,作为经历抗战
的一代人,与会的代表和委员对《义勇军进行曲》普遍有着深刻

---

① 　《大会六个分组委员会委员名单》,《中国人民政治协商会议第一届全体会议纪念
　　刊》,第 192—194 页。
② 　梁再冰:《我的妈妈林徽因》,《建筑师林徽因》,第 80 页。

的记忆。据梁思成之子梁从诫回忆：1937 年全家从北平流亡至长沙，"圣经学院"的地下室成了北大、清华等校教授们经常躲避日本飞机轰炸的地方。在"跑警报"期间，梁思成曾多次指挥大家学唱抗日歌曲，"第一支，也是大家唱得最起劲的一支，便是聂耳的《义勇军进行曲》"。[①] 从 1949 年 7 月公开征求国歌词谱到 9 月下旬形成决议，其间召开过多次会议讨论这一问题，周恩来、徐悲鸿、梁思成、张奚若等人都应该提出过此类建议。经过充分的沟通和交流，大部分人倾向于将其作为国歌或代国歌。至于在歌词内容方面的不同意见，则相对比较简单一些。作为参与国歌方案评选的委员之一，梁思成不仅有机会向党和国家最高领导人面陈建议，而且其建议还最终获得采纳，其自豪感与成就感是不言而喻的，这不仅密切了梁思成与中共及新政权的关系，而且极大地增强了梁的政治认同感和归属感，激发了其主动向中共靠拢、积极参与新政权创建的热情。

三、梁思成与国旗方案的论证

和国歌的产生过程相似，新中国的国旗方案也是在 1949 年 9 月 25 日毛泽东主持召开的座谈会上最终得以确定。作为"国旗国徽国都纪年方案审查委员会"评选委员会中唯一的一名建筑学家，梁思成的专业特长得到充分体现。他不仅积极参与方案的评选推荐，而且在国旗方案基本确定之后，受命对其作适度修改和编写"中华人民共和国国旗制法说明"，并组织清华大学建

---

① 梁从诫：《北总布胡同三号——童年琐忆》，《不重合的圈》，第 408 页。

筑系师生用坐标法绘制了国旗的标准图。

(一)关于国旗方案的分歧

在新政治协商会议筹备会面向海内外征集到的国旗国徽国歌方案中,国旗的设计方案数量最多。对于国旗国歌国徽方案的评审,梁思成投入了极大的热情和精力。据第六小组秘书彭光涵回忆,在方案初选阶段,"马叙伦、沈雁冰、田汉、郑振铎、梁思成、郭沫若、艾青、罗叔章(代表蔡畅)等人都是全天埋头审阅群众来稿"。[①]

第六小组在综合评审的基础上,按设计理念和风格将应征方案分为4类。第一类是"镰锤交叉并加五角星者,此类最多,其中并有变体,例如镰锤有国际式(即苏联国旗上所用之形式)与中国式者,有将镰锤置于五角星之中,或将旗之左上方作白色或蓝色而置镰锤或五角星于其中者"。对于这类方案,第六小组基本上予以否定,认为国际式方案较多地模仿苏联国旗,中国式方案则不够美观,且也在一定程度上模仿了苏联国旗。第二类"为嘉禾齿轮并加五角星,或不加五角星者,此类亦有多种变体"。第六小组认为此类方案构图较为复杂,且很难做到美观大方,基本上予以否定。第三类"为以两色,或三色之横条或竖条组成旗之本身,而于左上角或中央置镰锤或五角星或嘉禾齿轮者"。第六小组评价此类方案一半模仿美国国旗,另一半则模仿苏联国旗,构思设计都不够理想。第四类"为旗面三分之二为红色三分之一为白、蓝、黄各色,而加以红色或黄色的五角星者","其变体则为红色旗面加黄色长条一道或两道,而五角星的位置亦各有不

---

① 彭光涵:《国旗、国徽、国歌、纪年、国都诞生记》,《春秋》,1995 年第 5 期。

同"。其中一种方案是"红色旗面三分之一处加黄色长条而以五角星位于左上角","红色象征革命,五角星象征共产党领导的联合政权,黄色长条则可以代表中华民族发祥地的黄河"。第六小组最初比较认可这一方案,在工作报告中亦表达了自己的态度。①

(二)国旗方案的基本确定

由于在评审阶段各位委员和专家的意见不够集中,政协第一届全体会议开幕之后,接手第六小组工作的第一届政协"国旗国徽国都纪年方案审查委员会"决定将大家比较认可的 38 个方案挑选出来,依次编号,于 9 月 22 日送交印刷厂,连夜赶印成图册,以便更广泛地听取意见建议。9 月 23 日,政协第一届全体会议代表分为 11 个小组讨论国旗国徽国歌等方案。由于有了之前的工作基础,与会代表着重讨论初选出的 38 个方案,意见比较容易集中。总的来看,代表们倾向于选择两种方案:一是复字三十二号,即五星红旗方案;二是复字一号、复字三号和复字四号,即左上方一颗大五角星,中间以一条黄杠代表黄河,或以两条黄杠代表长江、黄河的方案。对于第一种方案,反对者的主要理由是四个阶级的提法有待商榷,除此以外,没有太激烈的反对意见;对于第二种方案,赞成者较第一种方案多,但反对者的意见很强烈,认为此类方案"是否意味着南北分家,不体现祖国统一"。②

对于代表们在国旗方案上的分歧,中共中央给予了充分的理

---

① 马叙伦、沈雁冰:《关于拟制国旗、国徽、国歌方案的报告——筹备会第六小组的工作》,《中国人民政治协商会议第一届全体会议纪念刊》,第 236 页。
② 彭光涵:《国旗、国徽、国歌、纪年、国都诞生记》,《春秋》,1995 年第 5 期。

解和尊重。在 9 月 25 日召开的讨论国旗、国徽、国歌、纪年和国都问题的座谈会上,毛泽东经过再三思考,提议采用复字三十二号方案。对于意见分歧比较大的第二种方案,毛泽东指出:"过去我们脑子老想在国旗上划上中国特点,因此划上一条,以代表黄河。其实许多国家国旗也不一定有什么该国的特点。苏联之斧头镰刀,也不一定代表苏联特征。哪一国也有同样之斧头镰刀。英、美之国旗也没有什么该国特点。"对于五星红旗方案,毛泽东强调:"我们这个五星红旗图案表现我们革命人民大团结。现在要大团结,将来也要大团结,因此现在也好将来也好,又是团结又是革命。"①毛泽东的意见得到与会代表的热烈响应,陈嘉庚、梁思成等人先后发言支持毛泽东的提议。梁思成说:"我觉得复字三十二号图案很好,多星代表人民大团结,红代表革命,表示革命人民团结。"②

(三) 梁思成与国旗方案的进一步完善

9 月 26 日,"国旗国徽国都纪年方案审查委员会"举行会议,对国旗、国徽、国歌、国都、纪年方案进行最后审查,决定删去五星红旗方案中大五星中的镰刀斧头图案,使整个图面更加简洁,便于制作。周恩来指示,由胡乔木、梁思成和彭光涵负责,编写制作说明,并制作出标准图。经三人讨论,最终决定由梁思成具体负

---

① 《毛泽东在讨论国旗国徽国歌纪年和国都问题时的发言(一九四九年九月二十五日)》,《一九四九年中共中央、毛泽东关于迎接新中国成立重要文献选载》,《党的文献》,2009 年第 5 期。
② 彭光涵:《国旗、国徽、国歌、纪年、国都诞生记》,《春秋》,1995 年第 5 期。

责完成此项任务。①

　　由于时间紧迫,梁思成连夜作图,编写制作说明。最终定稿的五星红旗方案对审查通过的方案作了进一步的调整,"确定国旗长阔比例尺寸、五星的位置和大小比例,改进了四颗小星的方向"。梁思成还"用坐标法绘制了第一幅中华人民共和国国旗的标准图及编写制作说明"。② 修改后的方案和制作说明得到大会代表的一致认可。9 月 27 日,中国人民政治协商会议第一届全体会议通过了《四个决议案》,"全体一致通过:中华人民共和国的国旗为红地五星旗,象征中国革命人民大团结"。③

四、梁思成与国徽设计

　　在国旗、国歌方案的选定上,梁思成主要是以专家或代表的身份参与其中,发表个人意见,作用终归有限。在国徽设计上,梁思成则担当起了主持人的重任,并组织清华大学营建系师生完成了新中国国徽的设计任务。

(一)从公开征集国徽方案到定向设计国徽方案

　　新政治协商会议筹备会公开征求国旗国徽国歌方案的启事发布后,梁思成即积极组织清华大学营建系的师生参加国旗和国徽图案的设计。"大家怀着对新中国无限热爱的心情,夜以继日地精心构思,绘制了几十个国旗图案和十多个国徽图案送去政协

---

① 彭光涵:《国旗、国徽、国歌、纪年、国都诞生记》,《春秋》,1995 年第 5 期。
② 朱畅中:《梁先生和国徽设计》,《梁思成先生诞辰八十五周年纪念文集》,第 119 页。
③ 《四个决议案》,《中国人民政治协商会议第一届全体会议纪念刊》,第 349 页。

筹委会。"①清华大学营建系只是一个缩影,这一时期,社会各界给予国徽征集活动以极大的关注,并积极报送设计方案。但由于征求到的方案设计时间较短,以至于设计不够精细,在理解和把握中央的意图上还不够准确、全面,第六小组在评审过程中,没有看到比较令人满意的方案。马叙伦在政协第一届全体会议上向全体代表报告了工作的进展情况和第六小组的评审意见,他指出:"国徽图案的投稿大多数不合体制,因为应征者多把国徽想象作普通的证章或纪念章。合于国徽体制的来稿,其中又有图案意味太重,过于纤巧的。"②

　　中共中央亦充分考虑到国徽征集工作遇到的困难,认为国徽不像国旗、国歌那样急迫,必须在政协第一届全体会议通过,加之征集到的方案尚不够成熟,几乎没有大家普遍认可的备选方案,与其仓促作出决定,不如从长计议,等有了适合的方案再予以确定。在9月25日召开的座谈会上,毛泽东在听取与会人员关于国徽方案的发言后,明确指出:"国旗决定了,国徽是否可以慢一点决定,等将来交给政府去决定。原小组还继续存在,再去设计。"③毛泽东的意见得到与会人员的一致认可。政协第一届全体会议主席团提交大会表决通过的决议案中,只有国都、纪年、国歌、国旗四项,没有涉及国徽。国徽的设计评审工作仍由马叙伦担任召

①　朱畅中:《梁先生和国徽设计》,《梁思成先生诞辰八十五周年纪念文集》,第121页。
②　马叙伦、沈雁冰:《关于拟制国旗、国徽、国歌方案的报告——筹备会第六小组的工作》,《中国人民政治协商会议第一届全体会议纪念刊》,第236页。
③　《毛泽东在讨论国旗国徽国歌纪年和国都问题时的发言(一九四九年九月二十五日)》,《一九四九年中共中央、毛泽东关于迎接新中国成立重要文献选载》,《党的文献》,2009年第5期。

集人的政协"国旗国徽国都纪年方案审查委员会"具体负责。

随着开国大典的结束,国徽设计评审工作再次展开。周恩来直接领导建国之后国徽方案的论证工作,并决定不再组织面向社会各界的方案征求活动,改由指派梁思成、张仃二人分别带领清华大学营建系和中央美术学院[①]的师生组成设计小组提出新的设计方案。这和马叙伦等人的想法是不一样的,马在政协第一届全体会议报告国旗国徽国歌评选情况时,曾经提议重新面向社会各界开展一次方案征求,以期获得理想的方案。定向开展设计最大的好处是能够集中最优秀的专家,在充分领会中央意图的基础上,在比较短的时间内提出新的设计方案,避免意见过于分散。后来的实践证明,周恩来的决定是行之有效的。

(二)清华大学与中央美术学院的设计竞赛

接到设计国徽的任务后,清华大学营建系和中央美术学院分别成立了国徽设计小组。清华大学营建系国徽设计小组的主要成员包括梁思成、林徽因、莫宗江、朱畅中、李宗津、汪国瑜、胡允敬、张昌龄、罗哲文等人,后期高庄、徐沛真等人亦加入其中。[②]中央美术学院国徽设计小组的主要成员包括张仃、张光宇、周令

---

① 新中国成立时,中央美术学院尚未成立,当时还是国立北平艺术专科学校。1949年11月,经中央人民政府批准,国立北平艺术专科学校和华北大学三部美术系合并,成立国立美术学院。1950年1月,经中央人民政府政务院批准,正式定名为中央美术学院。4月1日,在王府井校尉胡同5号校址举行中央美术学院成立典礼。为行文方便,对于建国之后的国立北平艺术专科学校、国立美术学院和中央美术学院三个时期的校名,本书一律统称中央美术学院。

② 朱畅中:《梁先生和国徽设计》,《梁思成先生诞辰八十五周年纪念文集》,第122页。

钊、钟灵等人。① 双方围绕完成国徽设计这一重要政治任务展开了一场技术竞赛。

经过夜以继日的工作，清华大学营建系国徽设计小组率先于10月23日提交了新设计的国徽图案以及《拟制国徽图案说明》。该设计方案以中华民族建国为主题，充分借鉴了国旗的设计理念，将五星红旗上的五颗金星吸收进国徽图案，用五颗星来表现新中国的政权特征。就整体设计而言，"以一个璧（或瑗）为主体；以国名、五星、齿轮、嘉禾为主要题材；以红绶穿瑗的结衬托而成图案的整体"。国徽的颜色选用金、玉、红三色。对于国徽图案中采用的题材，清华大学营建系特意予以说明，强调在充分运用中国民族文化元素的同时，努力实现与新民主主义革命精神的统一。"璧是我国古代最隆重的礼品"，国徽图案中的"璧"是大孔的，也可以说是一个瑗，"瑗召全国人民，象征统一"，"瑗或璧都是玉制的，玉性温和，象征和平"；金色的齿轮和金色的嘉禾则分别代表工、农，带有浓厚的阶级革命色彩；红色的主色象征着革命，而"红绶穿过小瑗的孔成一个结，象征革命人民的大团结"。② 此外，璧上浅雕卷草花纹和国名的字体都具有浓厚的民族文化风格。

中央美术学院国徽设计小组提交的新的国徽图案则是其建国之前报送的国徽图案的修改稿。新方案将原方案中心位置的图案由标出中国国土的地球改为一个彩色的斜透视的天安门图

---

① 张郎郎：《大雅宝旧事》，第33页。
② 《拟制国徽图案说明》，《林徽因文存 建筑》，第140页。

形,"以天安门为中心,有五星、齿轮、麦穗和绶带等"。①

从清华大学营建系和中央美术学院提出的国徽设计方案看,各有特点亦各有侧重。前者注重传统文化与革命精神的结合,并努力实现在此基础上的新创造;后者则更能体现新政权缔造者的思路,将天安门作为新中国的标志吸收进来,并置于核心位置。两种方案在设计理念及表现方式上的差异显然和设计师的政治背景关系密切。梁思成、林徽因等人虽然积极参与新政权创建工作,但直至清华园解放,几乎很少直接和中共打交道,对中共的路线、方针、政策所学不多,更谈不上深刻的理解,他们更多的是学者参政,以自己对新中国的理解来提出国徽方案;中央美术学院的张仃等人则来自延安,属于进城接收国立北平艺术专科学校的革命画家,他们在艺术表现方式上更容易接近中共的想法也就不难理解了。张仃之子张郎郎后来在提及此事时说:"中央美院组的人,明白当时新中国的领导阶层,是向苏联坚决一边倒的,那时候流行唱:苏联是老大哥,我们是小弟弟。"至于梁思成、林徽因等人,则很难认识到这一点。张郎郎认为:"以林徽因的知识结构框架和生活的实际环境,当时尚且还在暂时是世外桃源的清华园里,因此她也许都没有听明白过这歌,或者至少不会完全理解这个国策。"②

(三)分歧与融合:国徽方案的最终确定

就图案内容而言,清华大学营建系的国徽方案与中央美术学

---

① 张郎郎:《大雅宝旧事》,第34页。
② 同上书,第36页。

院的国徽方案的最大区别在于是否采用天安门作为新中国的标志。事实上,建国之后,围绕国徽设计,中共中央、中央美术学院与清华大学之间的主要分歧即在于此。梁思成和林徽因的态度很明确,反对将天安门放进国徽图案。在政协"国旗国徽国都纪年方案审查委员会"专门讨论国徽方案的会议上,梁思成再次阐述了自己的观点,他认为:"一个国徽并非是一张图画,亦不是画一个万里长城、天安门等图式便算完事,其主要的是表示民族传统精神,而天安门西洋人能画出,中国人亦能画出来的,故这些画家所绘出来的都相同,然而并非真正表现出中华民族精神。"基于此,梁思成强调:"采取用天安门式不是一种最好的方法,最好的是要用传统精神或象征东西来表现的。"①应该说,梁思成更多的是从艺术设计的角度来考虑天安门在国徽图案中的取舍。支持采取天安门图形的意见则更多的是从政治含义上考虑,在他们看来,天安门已不再象征着封建皇权,而是伟大的五四运动的代表,是新民主主义革命的发源地,并且见证了新中国的诞生,成为新生的人民政权的形象标志。后者的意见显然占了上风,不仅中央的高层领导明确表示认可,张奚若、沈雁冰等一些知名人士也予以赞成。在政协讨论国徽方案时,张奚若专门强调了天安门的政治意义,他指出:天安门"代表中国五四革命运动的意义,同时亦代表中华人民共和国诞生地"。沈雁冰也提出:天安门"是代表中国五四运动与新中国诞生之地,以及每次大会都在那里召集

①　《附件(一)中国人民政治协商会国徽组会议(1950.6.11)》,《梁思成全集》(第九卷),第22—23页。

的",因此,应该将天安门图形体现在国徽之中。①

国徽不是一般的艺术作品,而是由国家正式规定的代表本国的标志,具有强烈的政治属性,象征着国家权力。国徽的这一政治特征决定着其产生过程必然是政治权力与艺术设计相结合的过程。在征求国徽方案和讨论方案的过程中,中共中央高层领导逐渐形成了一些较为明确的意见,其中最重要的即是要以天安门为主体来设计国徽。6月10日,根据中共中央的指示,政协第一届全国委员会第五次常务会议通过了关于国徽设计的决议,决定国徽的主体图案为天安门,并要求清华大学营建系和中央美术学院依此精神抓紧时间修改原有国徽方案,尽快提交新方案。

对于中央的决定,梁思成虽然从学术的角度表达了自己的不同看法,但并未坚持。回到清华后,梁立即将中央的要求向参与国徽设计的同事们作了传达,并迅速调整思路,着手设计以天安门为主要题材的新的国徽方案。在设计过程中,清华大学营建系国徽设计小组重点解决了4个问题:一是关于天安门的表现形式。中央美术学院的设计方案中天安门的图案是一幅透视图,占据国徽图案的三分之二以上,清华大学营建系最初亦决定天安门采用透视图的表现方式,但在设计过程中,负责绘制天安门透视图的朱畅中提出采用立面图易于绘制,且效果会更好,"可以使比例尺寸严格正确,同时在视觉上可使人感觉天安门广场显得非

---

① 《附件(一)中国人民政治协商会国徽组会议(1950.6.11)》,《梁思成全集》(第九卷),第22—23页。

常广阔深远,庄严宏伟,而且在作图上也容易得多"。① 梁思成、
林徽因接受了朱畅中的建议,国徽方案中的天安门采用了立面图
的表现方式。二是关于天安门的大小比例。在这一问题上,清华
大学营建系并未完全遵循政协会议作出的国徽以天安门为主体
的设计要求,而是大胆地突破和创新,以国旗上的金色五星和
天安门为主要内容,强调五星与天安门在比例上的关系。同
时,用纯金色浮雕的手法表现天安门,使整个图案画面简洁,大
方稳重,主题鲜明,极富立体感,强烈地表现出了新中国的政权
特征。三是关于华表比例和位置的处理。中央美术学院的方
案中,华表分列天安门透视图的左右两侧,其高度约为天安门
的三分之二,在整个画面中的比例较大,清华大学营建系则"有
意识地把两个华表向左右两个方向位移了一段距离,这样就显
得比较开阔,构图也比较稳重"。② 华表的高度和尺寸也大大缩
小,其高度未超过城楼,整个画面中华表融入天安门,成为一个整
体。四是国徽的色彩。这一点非常重要,也是体现国徽特色和中
国传统的重要元素之一。在设计过程中,林徽因对国徽色彩问
题进行了专门研究,并组织设计小组成员就"国徽"和"商标"
的区别问题展开讨论。最终,清华大学营建系决定放弃用多种
色彩绘制图案,"转而采用中国人民千百年来传统喜爱的金、红
两色"。③ 既具有鲜明的民族特色,庄重大方,又避免了与其他国

---

① 朱畅中:《梁先生和国徽设计》,《梁思成先生诞辰八十五周年纪念文集》,第
　 123 页。
② 同上。
③ 同上书,第 123—124 页。

家国徽的雷同。

1950年6月14日至23日,中国人民政治协商会议第一届全国委员会第二次全体会议召开,此次会议的一项重要议题便是审定国徽方案。大会专门成立了国徽审查组,沿袭了原政协"国旗国徽国都纪年方案审查委员会"的职责。会议开幕的第二天,国徽审查组即召开会议专题研究国徽方案,周恩来出席。与会人员在听取了梁思成等人的设计报告后,经研究决定:"将梁先生设计的国徽第一式与第三式合并,用第一式的外圈,用第三式的内容;请梁先生再整理绘制。"①

根据政协会议的决定,梁思成带领清华大学营建系的同事们开始了国徽设计的最后冲刺。"国徽设计小组的同志们,在系主任梁先生领导下,人人动手画草图,绘正式图,大家从各方面进行探索,不断讨论,归纳集中",②最终于6月17日形成新的国徽设计方案。之前两天,中央美术学院新的国徽设计方案也正式提交。

6月20日,政协国徽审查组召开会议,讨论评审国徽设计方案。周恩来亲自参加会议听取意见建议。田汉、张奚若、李四光等人先后发言,表明自己的态度,对清华大学和中央美术学院的国徽方案的优缺点予以评述。经过热烈的交流和讨论,绝大部分

---

① 《附件(二)全委会第二次会议国徽组第一次会议记录(1950.6.15)》,《梁思成全集》(第九卷),第24页。
② 朱畅中:《梁先生和国徽设计》,《梁思成先生诞辰八十五周年纪念文集》,第124页。

委员倾向于清华大学的方案,认为该方案"气魄大,有中国特色",①富有感染力。经周恩来提议,会议形成决议,决定选用清华大学营建系设计的国徽方案。此外,会议还就国徽图案细部的进一步修改完善提出了具体的要求,例如周恩来要求稻穗要向上挺拔的问题。梁思成、林徽因再次组织人员对国徽方案进行修改,仅用了两三天时间,即设计调整了图案上的几处细部,形成了报送政协全体会议审议的正式方案。6月23日,中国人民政治协商会议第一届全国委员会第二次会议举行最后一次大会,"会议同意国徽审查组代表马叙伦关于国徽图案审查意见的报告,并通过了国徽图案,建议中央人民政府委员会采用"。②

国徽设计工作并未就此结束。政协一届二次会议之后,梁思成组织清华大学营建系国徽设计小组继续改进国徽设计方案,把国徽从平面图案做成立体浮雕模型,同时编写国徽图案说明、使用办法、制作说明、方格墨线图和纵断面图。梁思成特意邀请营建系同事高庄先生制作雕塑模型,徐沛真协助。如果说之前的设计是在和中央美术学院竞赛,努力领会中央意图,提出新的方案,这一阶段则是和自己较劲,精益求精,力臻完美。经过两个多月的持续工作,清华大学营建系国徽设计小组出色地完成了国徽设计定稿及制作的全部任务。经中央人民政府委员会第八次会议审议通过,9月20日,毛泽东主席正式颁布中央人民政府命令,

---

① 朱畅中:《梁先生和国徽设计》,《梁思成先生诞辰八十五周年纪念文集》,第126页。

② 《中国人民政协第一届全国委员会二次会议昨日圆满闭幕》,《人民日报》,1950年6月24日第1版。

向全世界公布中华人民共和国国徽图案及对该图案的说明。

随着国徽图案的确定和发布,国旗、国徽、国歌等新中国标识系统的设计工作告一段落。作为一名党外学者,梁思成全程参与了此项工作,并发挥了重要作用。也正是在这一过程中,梁思成得以结识许多中共高层领导,并在他们的领导下,就新中国的政权建设问题建言献策,这种担当国家主人的经历是梁从未体验过的,亦是使他感动和振奋之处。可以说,这一时期梁思成对中共及新政权的态度已不再是北平和平解放之际的审慎观察和颇有好感,而应该是发自内心的认同感和归属感。也正是基于此种心态,梁思成开始努力用新政权的理想和信念来改造自我,在恪守学术原则的同时,亦自觉地用组织原则和政治纪律来约束自己的思想和行动,这一点,在国徽方案的设计过程中对待天安门图案的取舍问题上已有所体现。梁思成在1957年7月一届全国人大四次会议上的一次发言中谈起其思想转变的历程,称"不知从什么时候起,我已经养成了对党的百分之百的信心了"。[①] 就梁思成的经历而言,应该是在参与新政权创建的过程中完成了其思想的转变。

第三节 崭新的自我:建国前后梁思成从政态度的转变

北平和平解放前后,梁思成与中共的两次合作,不仅搭建起了彼此的联系渠道,而且大大增进了了解和共识,也正是在这一时期,梁思成对于从政的态度逐渐地发生了变化,不是一味地远

---

① 梁思成:《我为什么这样爱我们的党?》,《人民日报》,1957年7月14日第2版。

离政治,而是以极大的热情参与到新政权的建设之中,其身份也由单一的清华大学教授转变为兼任多项行政职务头衔的学者型领导。

一、加入革命队伍:梁思成的新角色

1949 年,是中国社会实现历史性巨变的一年,对于梁思成而言,同样是其人生际遇迎来重大转变的一年。在这一年,梁思成放弃了青年时代确立的不从政的原则,以书生从政,积极参与新政权筹建工作,并接受中共的安排,在中央和北平市的有关部门担任多项领导职务,迈出了其从政生涯的第一步,也开始了其人生历程的新阶段。5 月,梁思成受聘担任北平市都市计划委员会委员、中国人民政治协商会议会场——怀仁堂建筑师、中直修建处顾问等职务;8 月,当选为北平市各界代表会议代表,被聘为新政治协商会议筹备会"国旗国徽图案评选委员会"委员;9 月,当选中国人民政治协商会议特邀代表并参加政协第一届全体会议;12 月,当选为北京市人民政府委员、北京市各界人民代表会议协商委员会副主席。到了 1950 年初,梁思成又被任命为北京市都市计划委员会副主任委员,得以直接参与北京市城市改造与建设的领导工作。1959 年 1 月,经中共中央批准,梁思成加入了中国共产党,对此,梁思成坦言:"要求自我改造的知识分子,首先是需要他自己有决心,站到无产阶级立场上来。"[①]梁思成之所以积极参与新政权的建设,并打破了自己多年坚持的不从政的原则,

---

① 梁思成:《一个知识分子的十年》,《中国青年》,1959 年第 19 期。

或许出于以下四个方面的因素。

其一,旧知识分子对新政权寄予的殷切期望和美好憧憬。

旧中国国力衰弱,一穷二白,基础建设千疮百孔,社会秩序混乱不堪,各界民众怨声载道,不满、绝望的情绪弥漫在社会各阶级、阶层。正是因为对国民党政权的极度失望,当中共中央提出"打倒蒋介石,建立新中国"、"成立民主联合政府"的口号以后,响应者不仅有一些重要的民主党派及其领袖,更有千千万万的普通民众。学术界也是如此,北平和平解放前夕,南京国民政府紧急制定并不惜代价实施的"平津学术教育界知名人士抢救计划"最终惨淡收场,愿意南下的知名专家、学者数量极少,大多数人,包括梁思成林徽因夫妇及其周围的很多朋友,宁愿选择留下等待一个陌生的充满未知因素的新政权,也不愿依附于一个让人彻底失望的旧政权。在他们看来,新的政权至少还可能存在民族振兴的新希望,而旧政权已经完全垮掉了。梁思成曾谈及这一问题,他表示,在旧中国"自己学了一技之长,就想用自己那一点有限的本事去'救国',想使祖国繁荣富强"。但是"'救'来'救'去,'国'却一天比一天'糟'"。①

其二,新旧社会的巨大反差激发了知识界建设新国家的责任意识和自豪感。

近代以来备受欺凌与压迫的中华民族终于在中国共产党的领导下获得了独立、自由和尊严,这对从旧中国走过来的知识分子的强烈震撼是难以用言语表达的。北平和平解放之后,新政权

---

① 梁思成:《一个知识分子的十年》,《中国青年》,1959 年第 19 期。

所显示出的勃勃生机和崭新气象给了人们以极大的鼓舞和信心，昔日垃圾成堆、乞丐满街、达官贵人们花天酒地的旧北平几乎在一夜之间消失了，整个城市豁然开朗，整洁的环境，井然的秩序，工人们在热火朝天地工作，许许多多在过去被认为根本无法清除的社会丑恶现象在人民政权的强大攻势下彻底消亡了，古老的北平城焕发出青春的光彩。这一切都使梁思成感到万分欣喜，他表示"在党的领导下，祖国的一切欣欣向荣，越来越打动我的心，觉得党的确光荣伟大"，决心要用自己的知识加倍地为建设人民民主国家而努力。① 林徽因长期重病卧床，但依然为新生的社会激动不已。对于林当时的心态，她的儿子感触颇深，回忆说："她以主人翁式的激情，恨不能把过去在建筑、文物、美术、教育等许多领域中积累的知识和多少年的抱负、理想，在一个早晨统统加以实现"，"病情再重也压不住她那突然迸发出来的工作热情"。② 为新社会欢欣鼓舞的不止是梁思成林徽因夫妇这样的知名学者，年轻人更是如此。1949 年 3 月，梁思成的长女梁再冰毅然决定暂时中断在北京大学西方语言文学系的学业，报名参加了第四野战军南下工作团，很快便随同解放大军南下，成为一名年轻的革命战士。梁思成的好友、著名法学家钱端升对此也深有感触。他回忆说："1949 年 10 月 1 日，我荣幸地登上天安门城楼参加新中国的开国大典，看到象征着中国真正独立的五星红旗冉冉升起，听见《义勇军进行曲》威严的声音，不禁热血沸腾。我意识到，为

---

① 梁思成：《一个知识分子的十年》，《中国青年》，1959 年第 19 期。

② 梁从诫：《倏忽人间四月天——回忆我的母亲林徽因》，《建筑师林徽因》，第 100 页。

了中华民族的富强昌盛和自立于世界民族之林,我将会不知疲倦地从事祖国需要我做的工作。"①

其三,建国前后中共对待高校及知名专家、学者的政策有效地团结了广大知识分子。

建设新政权离不开人才,对此,中共高层是十分清楚的。在解放战争中后期,中共在发起战略反攻,即将解放全中国之际,亦展开了一场没有硝烟的人才争夺战,通过各种途径争取广大知识分子,尤其是知名专家、学者的支持,甚至对于胡适这样的曾出任国民政府要职的学者,亦不放弃劝说和争取。国立中央研究院首届81名院士,至1949年底仅有21人选择离开大陆,其中9人赴台,12人赴美,其余60人,包括华罗庚、竺可桢、苏步青、茅以升、李四光、伍献文、贝时璋、金岳霖、陈寅恪、郭沫若、梁思成等学界精英,均义无反顾地留在大陆,加入到建设新中国的行列。对于高校、科研院所等文教机构,这一时期,中共也采取了妥善保护、维持现状的政策,对于院系调整等较大的改革举措则强调视群众基础审慎推进,很快稳定了秩序,亦体现了适度的尊重。平津战役期间,中共中央曾多次电示前线作战部队要注意保护大学及文教机构。对于愿意和新政权合作的知名专家和学者,中共不仅给予其较高的政治待遇,而且安排其担任各种荣誉性的职务或行政领导职务,如担任政协代表、特邀代表,或是在一些政府机构及所属的专门委员会任职,实践表明,这一做法还是颇有成效的。梁思成林徽因夫妇的感受即很有代表性。"新政权突然给了他们

① 钱端升:《钱端升学术论著自选集》,第699页。

机会,来参予具有重大社会、政治意义的实际建设工作,特别是请他们参加并指导北京全市的规划工作。这是新中国成立前做梦也想不到的事。作为建筑师,他们猛然感到实现宏伟抱负,把才能献给祖国、献给人民的时代奇迹般地到来了。"①梁思成本人则明确表示正是中共对自己的尊重和信任,使自己产生"士为知己者用"的心情,想"大大发挥一下自己多年的抱负";②林徽因亦有同样的感受,"在旧时代,她虽然也在大学教过书,写过诗,发表过学术文章,也颇有一点名气,但始终只不过是'梁思成太太',而没有完全独立的社会身份。现在,她被正式聘为清华大学建筑系的教授、北京市都市计划委员会委员、人民英雄纪念碑建筑委员会委员,她还当选为北京市第一届人民代表大会代表、全国文代会代表……她真正是以林徽因自己的身份来担任社会职务,来为人民服务了。这不能不使她对新的政权、新的社会产生感激之情"。③

其四,学术界同事、朋友在政治信仰方面的转变及积极参与新政权建设的实践所产生的影响。

在一个高度重视政治立场、政治觉悟的年代,一个人的力量和一个政权的权力相比显得太微不足道了,更不可能脱离政权而独立地从事学术活动。北平和平解放前后,一些思想进步的专家、学者纷纷加入到革命队伍之中,积极参与社会工作,包括担任各级领导职务,这其中,既有很多梁思成在清华大学的同事,也有

---

①　梁从诫:《倏忽人间四月天——回忆我的母亲林徽因》,《建筑师林徽因》,第99页。
②　梁思成:《一个知识分子的十年》,《中国青年》,1959年第19期。
③　梁从诫:《倏忽人间四月天——回忆我的母亲林徽因》,《建筑师林徽因》,第100页。

一些多年的好友。这些人对于革命的积极参与在很大程度上又强烈地感染着其周围的知识群体。清华园刚刚解放,进攻北平城的解放军代表通过清华大学的地下党组织登门拜访梁思成,请梁在军用地图上标注出北平城区及周边重要的文物建筑,据说介绍人即是梁的好友张奚若。① 北平和平解放之初,张奚若和许德珩、吴晗等人以茶话会的形式向北平各大学的一百余位教授讲解中共的政策,以安定人心。② 之后,张奚若又积极与中共合作,出任清华大学校务委员会常务委员。新政治协商会议筹备会第一次全体会议召开期间,张奚若第一个提出了以"中华人民共和国"作为国名的建议,并最终获得通过。新中国成立后,张奚若被中共委以重任,历任中央人民政府委员、政务院政法委员会副主任、教育部部长、对外文化联络委员会主任、中国人民外交学会会长等职务,还是第一至四届全国人大代表,第一至四届全国政协常委。梁思成的另一位好友、著名哲学家金岳霖的思想也发生了重大转变。金不仅积极参与新政权的建设,拥护共产党,赞成社会主义,对自己过去的学术思想进行彻底批判,而且在政治上向中共靠拢,成为了一名中共党员。对于老朋友在政治上的转变及进步,梁思成颇为触动,称金岳霖的言行"给了我勇气,使我感到惭愧,也给了我鼓舞,因而坚定了我彻底批判自己的错误理论的决心"。③

---

① 林洙:《建筑师梁思成》,第105页。
② 许德珩:《许德珩回忆录:为了民主与科学》,第239—240页。
③ 梁思成:《一个知识分子的十年》,《中国青年》,1959年第19期。

二、诚邀建筑人才:梁思成的人才意识

和好朋友张奚若的从政之路不同,梁思成主要还是以专家身份在建设、规划等部门担任技术领导职务,同时兼任一些荣誉性的社会职务。建国前后,国家建设任务繁重,但建筑师奇缺,因此,梁思成进入北平市都市计划委员会任职之后,除去审核规划与建设项目外,一项重要的工作即是"罗致建筑设计人才来北平"。[①] 考察梁思成这一时期对建筑人才重要性的论述及引进人才的实践,有助于深化对梁思成关于新中国城市规划与建筑设计思想的理解和认识。

(一)建筑人才与首都建设

抗战胜利之前,梁思成即在积极思考战后中国的重建问题,这一点在前文已有所论述。战后的城市重建,不是单纯的盖楼修路,而是在科学规划基础上的有机构建,既要大量采用最新的技术,体现其现代性,也要很好地传承和保护传统文化,呵护其文化血脉。执教清华大学之后,梁思成高度重视城市规划,着力培养规划人才,甚至一度将清华大学建筑系更名为营建系,亦充分体现出其对现代城市规划与建设的关注。北平和平解放,古都几乎毫发未损,这让梁思成欣喜不已,也在很大程度上激发了其积极参与首都建设的热情,促使他把主要的精力投入到北平市的城市规划方面。作为一名建筑学家,梁思成迫切希望通过自己的学术实践,能够为古老的北平城设计出一份完美的发展建设蓝图。

---

① 梁思成:《致聂荣臻信》,《梁思成全集》(第五卷),第43页。

　　建国前夕,针对北平城市建设中开始出现的缺乏规划、无序建设的苗头,梁思成给时任北平市长聂荣臻写了一封长信,主要谈了两个方面的问题:一是北平城市规划问题;二是规划建设人才的重要性及其本人近期在引进人才方面所做的工作。其实,这两个问题是围绕一个中心话题展开的两个方面,这个中心话题即是希望上级领导能够认识到城市规划的重要性并在工作中积极予以推动。

　　关于建筑人才问题,梁思成着重谈了3点意见。

　　其一,人才工作应为北平都市计划委员会的核心工作之一。梁思成直言,引进建筑设计人才与都市计划有不可划分的关系,只有大批受过专业训练且有丰富经验的建筑师主持各个建筑公司的设计工作,才能很好地完成建筑物的设计建造工作,从而有效推动整个城市规划的落实。此外,在建筑工作中要重视技术人才,"就是干部人才也必须是学建筑成绩优良的毕业生"。

　　其二,要注重发挥建筑师在城市规划与建设中的主导作用。梁思成强调:"必须将建筑师与土木工程师及承包施工的营造厂商的不同的任务区别清楚。"就建筑设计建造而言,土木工程师的专长在于"土木材料之计算及使用",其他方面则非其专业;建筑师则"是以取得最经济的用材和最高的使用效率,以及居住者在内中工作时的身心健康为目的的"。也就是说,建筑的规划及整体设计应由建筑师主持完成。

　　其三,要积极引进建筑人才并注重发挥其专业特长。经梁思成邀请,已经到北平工作的建筑人才中,既有二十余位学有所长、初出茅庐的青年建筑师,也有学术造诣颇深的知名规划师和建筑师,应该说,成绩是非常可观的。但这批建筑师到北平报到后,一直未得到合理的安排使用,"都因没有确定机构及工作地址,也不明了工作性质范围,也没有机会与各有关方面交换意见,一切均极渺茫着困惑的感觉"。分析这一问题产生的根源,梁思成认为还是在于某些主管单位和领导对建筑人才的重要性缺乏足够的认识,因此,他希望"各机关的直接领导者和上级能认识清楚,给他们一点鼓励和保证"。①

(二)诚邀各地建筑人才赴北平工作

在致聂荣臻的信中,梁思成简单地报告了引进建筑人才的情况,并列举了正在积极接洽过程中的知名专家名单,其中包括"拟聘的建筑公司总建筑师吴景祥先生,拟聘的建设局企划处处长陈占祥先生,总企划师黄作燊先生,以及自由职业的建筑师赵深先生等"。② 在引进人才的过程中,梁思成的识才与爱才亦得以充分体现。吴良镛曾评价说:"北京解放后,梁先生即以火炽般的激情,多方面号召海内外建筑师来北京工作(这种心情,从梁思成先生约童寯教授来北京任教的短信中最为表达)。"③其中,邀请陈占祥、张镈和童寯等 3 人来京工作颇具代表性。

1. 邀请陈占祥参与首都规划

陈占祥是著名的城市规划专家,1950 年代初,曾和梁思成一同提出了《关于中央人民政府行政中心区位置的建议》,即著名

---

① 以上见梁思成:《致聂荣臻信》,《梁思成全集》(第五卷),第 44—45 页。
② 同上书,第 44 页。
③ 吴良镛:《一代宗师 名垂青史》,《梁思成先生诞辰八十五周年纪念文集》,第 217 页。

的"梁陈方案"。陈占祥于 1944 年获英国利物浦大学建筑学院建筑学学士和城市设计硕士学位,1944 年至 1945 年在英国伦敦大学攻读都市规划博士学位。1944 年,陈占祥师从英国著名城市规划学专家——"大伦敦计划"主持人阿伯康培爵士,参与完成了英国南部三个城市的区域规划,赢得了广泛的赞誉,同期成为英国皇家规划师学会会员。1946 年,北平市政府邀请陈占祥负责北平都市计划工作。经与导师协商,陈占祥决定回国接受这一历史性的重任,并以大北平规划作为自己的博士论文。① 回国后,由于北平的都市规划工作迟迟未启动,南京国民政府遂将陈占祥留在南京,担任内政部营建司简任正工程师。1949 年,上海解放之后,陈占祥亲眼目睹了人民解放军的严明军纪和优良作风,深受感动,毅然放弃了移居香港的机会,决心留在大陆,参加新中国的建设。鉴于北平已和平解放,大规模的规划与建设即将展开,陈占祥迫切希望能有机会参与其中,为所学专业找到用武之地。当得知梁思成在北平市都市计划委员会任职的消息后,陈立即给梁写信,寄出自己的履历,说明了自己的情况,并表示愿同梁一起从事首都城市规划工作。② 虽然之前和陈占祥并不相识,但对于其出色的学术成就梁思成是有所了解的,认为陈"在英国随名师研究都市计划学,这在中国是极少有的"。③ 梁思成立即回信表示欢迎,同时积极向上级部门推荐陈占祥出任都市计划委

---

① 陈愉庆:《多少往事烟雨中》,第 7—17 页。
② 陈占祥:《忆梁思成教授》,《建筑师不是描图机器——一个不该被遗忘的城市规划师陈占祥》,第 58 页。
③ 梁思成:《致聂荣臻信》,《梁思成全集》(第五卷),第 44 页。

员会企划处处长,领导全市的城市规划工作。1949 年 10 月底,
陈占祥携全家北上。离沪之前,陈占祥还应梁思成之托,动员在
上海的一些知名建筑师赴京工作,其中就有其好友、毕业于英国
伦敦建筑学院及美国哈佛大学的黄作燊教授。对于黄的工作单
位和职务,梁思成也作了安排。陈占祥抵京时,梁思成亲自到前
门火车站迎接,并妥善安排好了住处。陈占祥到北京市都市计划
委员会就职后,为帮助陈尽快熟悉北京的情况,梁思成还经常陪
着他走访北京的大街小巷。陈占祥晚年曾回忆起当年和梁思成
的交往及梁对自己的帮助,称自己和梁思成夫妇一见如故,是真
正的知音,和梁一起工作的那几年,则是其一生值得回忆的
岁月。①

　2. 劝说学生张镈赴北平工作

　　张镈是中国第二代著名建筑大师,主持和参与设计的建筑创
作达百余项,其中即包括人民大会堂、民族文化宫、北京饭店东
楼、友谊宾馆等。张镈是梁思成早年在东北大学建筑系的学生,
"九一八"事变之后转入中央大学建筑系,毕业后曾长期在基泰
工程司任职。1948 年底,由于局势动荡,基泰工程司的大老板关
颂声将公司主体业务迁至香港,张镈亦到香港主持公司的图房工
作。在此之前,鉴于张镈的专业水平和在基泰工程司的重要地
位,关颂声提议吸收张镈、初毓梅、肖子言、郭锦文等 4 位业务骨
干为公司的初级合伙人,共占 18% 的股份,其中张镈最多,持有

---

① 陈占祥:《忆梁思成教授》,《建筑师不是描图机器——一个不该被遗忘的城市规
　 划师陈占祥》,第 58 页。

6%的股份。① 由于长期在建筑设计公司工作,张镈耳闻目睹了旧中国工程建设领域存在的大量的腐败现象,逐渐形成了"爱专业、恨职业的心理状态",渴望摆脱当时的生活工作环境,回到内地参加新中国的建设。梁思成得知张镈的状况后,特意给其去信,"说明建国后的良辰美景和建设中国的美妙前景",盛情邀请张回国工作。② 梁思成的来信消除了张镈对新政权的种种误解和顾虑,亦使其感激至极,决心放弃在香港颇为丰厚的待遇,从工作了17年的基泰工程司离职回内地工作。1951年3月26日,张镈携家人回到北京,进入公营永茂公司设计部。③

3. 动员老友童寯北上

童寯是梁思成执教东北大学时的老同事,建筑系的骨干教师之一。"九一八"事变之后,童寯携家眷流亡关内,1931年11月,应陈植之邀,赴上海加入赵深、陈植组建的"赵深陈植建筑师事务所"。1933年,在原"赵深陈植建筑师事务所"基础上,三人联合成立了"华盖建筑师事务所",赵深负责外业,陈植负责内务,童寯主持图房设计。"华盖建筑师事务所"在1930—1940年代,主持设计了大量的建筑作品,成为近代中国赫赫有名的建筑设计公司。在"华盖建筑师事务所"工作之余,童寯还专注于江南园林的调查和研究,1937年,撰写了《江南园林志》,该书被学界公认为近代园林研究最有影响的著作。梁思成后来读到该书的书稿后颇为赞叹,在写给童寯的信中,专门谈及读后感言,充分肯定

① 张镈:《我的建筑创作道路》(修订版),第69—76页。
② 张镈:《怀念恩师梁思成教授》,《梁思成先生诞辰八十五周年纪念文集》,第90页。
③ 该设计部后更名为北京市建筑设计院。

了童在园林研究方面的造诣和显示出的学术水平,称赞作者治学严谨,搜寻史料全面丰富,文笔简洁,剖析深邃。[1] 1944 年秋,童寯应刘敦桢邀请,到中央大学建筑系任教。抗战胜利后,童寯定居南京,负责华盖建筑师事务所在宁工程项目,兼任中央大学建筑系教授。鉴于童寯深厚的学术功底和丰富的建筑设计经验,加之对其人品的了解,梁思成一直希望童寯能够到北平工作。人民解放军解放南京的战役结束不久,梁思成即致信童寯,诚挚地向老友发出了邀请。在信中,梁思成满怀热情地向童寯介绍了北平的现状和自己对新政权的感受,希望老友能够北上参加首都城市建设,同时,到清华大学建筑系执教,为国家建设培育更多的建筑师。[2] 由于种种原因,童寯最终未能北上。

三、全身心建设新政权:国徽设计过程中的梁思成林徽因夫妇

对于新政权,梁思成林徽因夫妇寄予了太多的憧憬和期望,尤其是前两次愉快的合作,打消了他们的顾虑和观望,他们亦积极投身新政权建设,参与各项社会活动。

(一)对新政权的真诚态度

在写给童寯的信中,梁思成明确表达了自己对于新政权的评价和态度,他表示从北平和平解放的第一天起,"解放军的纪律就给了我们极深的印象"。[3] 这一点与其同时代的很多知识分子的感受颇为相似。陈占祥即是在上海解放之时,亲眼目睹了人民

---

[1]　梁思成:《梁思成致童寯信》,《梁思成全集》(第十卷),第 121 页。
[2]　梁思成:《致童寯信》,《梁思成全集》(第五卷),第 42 页。
[3]　同上。

解放军的严明军纪和优良作风而当场撕毁了飞赴香港的机票,最终下决心留在国内参加建设。对于新政权,梁思成坦言,通过与中共领导的接触,"看见他们虚怀若谷,实事求是的精神,耳闻目见,无不使我们心悦诚服而兴奋"。也正是有了这种认识,梁思成颇为自豪地告诉童寯:"中国这次真的革命成功了。中共政策才能把腐败的中国从半封建半殖民地的状况里拯救出来。前途满是光明。"①林徽因也有同感,她在和梁思成合著的《〈城市计划大纲〉序》一文中表示:"中国'大病'了一百一十年,现在我们的病基本上已被我们最伟大的'医师'治好了。新生的中国正在向康复的大道上走。"②在这个生机勃勃的新时代,建筑师自然不能落伍,梁思成林徽因夫妇表示:"我们是为祖国的和平的社会主义事业而建设,也是为世界的和平建设的一部分而努力。我们集体工作的成果将是这新时代的和平民主精神的表现。我们的工作充满了重要意义,在今天,任何建筑师,无论在经济建设或文化建设中,都是最活跃的一员。我们为这光荣的任务感到兴奋和骄傲。"③据梁思成的多位学生回忆,解放初,梁思成曾受到过毛主席的接见和宴请,回到清华后他立即把营建系师生召集在一起,生动热情地介绍主席的亲切和风雅,勉励同学们好好学习,投身国家的建设事业。④

---

① 梁思成:《致童寯信》,《梁思成全集》(第五卷),第 42 页。

② 梁思成、林徽因:《〈城市计划大纲〉序》,《梁思成全集》(第五卷),第 116 页。

③ 梁思成、林徽因:《祖国的建筑传统与当前的建设问题》,《梁思成全集》(第五卷),第 139 页。

④ 杜尔圻:《追记・追忆》,《梁思成先生诞辰八十五周年纪念文集》,第 152 页。张德沛:《忆林徽因先生》,《建筑师林徽因》,第 176 页。

(二)为建设新国家忘我地工作——以设计国徽为例

北平和平解放至新中国成立后的很长一段时间,梁思成几乎每天都要往返于清华园和市区之间,总有开不完的会,讲不完的话,做不完的事。建国前后,梁思成全程参与了国旗、国歌、国徽的方案评审和设计工作。前文已经详细介绍了梁思成林徽因夫妇领导清华大学营建系国徽设计小组完成国徽设计任务的经过,可以说,在完成这一重要政治任务的过程中,梁思成林徽因夫妇对新政权表现出的近乎虔诚的拥护和忘我的工作激情,是对其这一时期政治立场和个人心态的真实写照。正如梁思成自己所言:"这不是 jargon,①而是真诚老实的话。"②

国徽设计过程中,梁思成主要负责各种沟通协调工作,具体的设计工作则由林徽因负责。超负荷的工作使他们的健康状况不断恶化,两人几乎轮流生病,有时甚至虚弱得连话都不能多说。即便在这种情况下,工作依旧是他们生活的主题,工作室不能去了,就在家里和同事们讨论设计方案。1950 年 6 月,梁再冰从汉口回到清华园的家里,亲眼目睹了这一情景。她回忆说:"客厅的情景使我大吃一惊:到处都是红、金两色的国徽图案——沙发上、桌子上、椅子上摆满了国徽,好像这里已经成了一个巨大的国徽'作坊'。妈妈正全神贯注地埋头工作,其他一切似乎都暂时忘记了。"梁思成写给梁再冰的信中也谈到了他们当时的工作状态,他告诉女儿:自己"这几个礼拜来,整天都在开会,在机构的

---

① 原意为难懂的话,此处意为并非奢谈。
② 梁思成:《致童寯信》,《梁思成全集》(第五卷),第 42 页。

组织和人事方面着忙。四面八方去拉建筑师来北京";林徽因则具体负责国徽设计的技术工作,"忙得不可开交"。①

清华大学营建系国徽设计小组的同事们对梁思成林徽因夫妇的敬业精神也钦佩不已。朱畅中是设计小组主要成员之一,他回忆说:"梁先生和林先生以病弱之躯,不辞辛劳带头做方案,并带领大家讨论研究方案,以高度的政治热情和爱国之心,为大家作出了榜样。"②罗哲文则在国徽设计过程中多次得到林徽因的指导,他回忆说:"徽因师把我们找去亲自教我们绘画五星、天安门、稻麦穗、齿轮等的技法,特别是五星如何画得又快又准的方法。"③由于设计任务繁重,政协国徽审查小组召开最后一次评选国徽方案的会议时,梁思成林徽因夫妇双双病倒,不得不委派设计小组成员朱畅中到会汇报。

第四节　梁思成与人民英雄纪念碑

参与人民英雄纪念碑的设计及方案审查是梁思成在建国初期承担完成的另一项重要政治任务。为设计建造人民英雄纪念碑,中央及北京市集中了数十位学术造诣深厚的历史学家、建筑学家、美术家及大批技术精湛的工匠,历时 8 年,最终完成这一历史巨作。在论证设计方案及施工过程中,围绕碑体形式、碑顶形

---

① 梁再冰:《我的妈妈林徽因》,《建筑师林徽因》,第80页。
② 朱畅中:《梁先生和国徽设计》,《梁思成先生诞辰八十五周年纪念文集》,第124页。
③ 罗哲文:《难忘的记忆　深刻的怀念》,《建筑师林徽因》,第148页。

式、台基风格、浮雕题材等问题,各方曾产生诸多分歧,设计方案亦反复修改多次,碑体的施工甚至一度因此而停工。作为纪念碑兴建委员会的副主任委员和建筑设计组的组长,梁思成参与了方案设计和审查的绝大部分工作,并在碑体及碑顶形式的设计及台基风格的确定等关键的技术问题上发挥了重要作用,其意见也基本上得到采纳。

一、兴建人民英雄纪念碑及主要的设计分歧

1949 年 9 月 30 日,中国人民政治协商会议第一届全体会议闭幕,大会决定建立人民英雄纪念碑。根据周恩来的提议,全体代表一致赞同将"为国牺牲的人民英雄纪念碑"建在天安门广场,纪念死者,鼓舞生者。[①] 人民英雄纪念碑的设计建造工作随即展开。1952 年 4 月 29 日,首都人民英雄纪念碑兴建委员会成立,北京市市长彭真亲自担任主任,副主任由郑振铎和梁思成担任,市政府秘书长薛子正担任秘书长。委员会下设工程事务处、设计处、办事处等 3 个处及建筑设计委员会、结构设计专门委员会、施工委员会和雕画史料编审委员会等 4 个委员会。其中最核心的部门是分别隶属于工程事务处和设计处的土木施工组、建筑设计组、美术工作组,梁思成同时兼任建筑设计委员会的召集人和建筑设计组的组长。

就设计及施工过程而言,人民英雄纪念碑具有 3 个突出的特点:一是设计建造时间跨度长,工程于 1949 年 9 月 30 日启动,

---

① 中共中央文献研究室编:《周恩来年谱(1898—1949)》(下卷),第 864 页。

1952 年 8 月 1 日正式开工,1958 年 5 月 1 日完工并举行揭幕仪式,前后历时 8 年零 7 个月;二是开工建造时,具体的设计方案尚未形成,仅确定采用纪念碑的形式,整个工程是在边讨论完善设计方案边施工的状态下进行的;三是设计方案分歧大,从整体设计方案到碑身、碑顶、碑座、浮雕等分部方案,均有不同的意见,社会各界及有关设计人员围绕这些问题进行了深入的讨论,由中央领导研究确定了最终的方案。

(一)碑形还是群雕:关于碑身风格的争论

建造人民英雄纪念碑是新中国第一个大型纪念性建筑工程。和建国前夕审定国歌、国旗、国徽方案的做法一样,启动人民英雄纪念碑设计建造工程之初,北京市都市计划委员会即向全国各建筑设计单位、大专院校的建筑系公开征求设计方案。这一提案得到了社会各界的热烈响应,征求设计方案的公告发布不久,都市计划委员会便陆续收到来自全国各地的设计方案 140 余份。[①] 这些方案大致可分为三种类型:一是"认为人民英雄来自广大工农群众,碑应有亲切感,方案采用平铺在地面的方式";二是"以巨型雕像体现英雄形象",这个意见主要出自一些雕塑家;三是"用高耸矗立的碑形或塔形以体现革命先烈高耸云霄的英雄气概和崇高品质"。[②] 就其艺术表现形式而言,则是有古有今,有中有西,可谓种类繁多。

在北京市都市计划委员会组织的评审会上,与会专家就碑身

---

① 《首都人民英雄纪念碑工程进展概况》,《美术》,1954 年第 11 期。
② 梁思成:《人民英雄纪念碑设计的经过》,《梁思成全集》(第五卷),第 462 页。

的表现方式展开了激烈讨论。由于多数专家不认可采取平铺地面的方式,第一种方案首先被排除,争论的焦点集中在第二种和第三种方案的选择上。来自美术界的专家大多主张采用巨型雕塑的方式,并列举了很多苏联东欧国家的雕塑实例作为佐证,而建筑界的专家则大多主张采用碑形或塔形的方式。根据梁思成的记述,争论过程中,意见逐渐倾向于采用碑形,主要原因基于两点:一是从政治上考虑,碑形更符合中央的意图,因为"政协会议通过建碑,通过了《碑文》。碑的设计应以《碑文》为中心主题,所以应采用碑的形式",至于"碑文"中所涉及的革命历史,则可通过浮雕的方式表现;二是从设计上考虑,"以镌刻文字为主题的碑,在我国有悠久传统",且能充分突出"碑文"的内容,"所以采用我国传统的碑的形式较为恰当"。① 彭真在听取了相关意见的报告后,表示中央领导比较认可颐和园"万寿山昆明湖"碑和北海白塔山下"琼岛春阴"碑的形式,关于碑身表现形式的讨论基本上告一段落,后续的碑体设计及施工准备工作亦依据此意见而展开。

(二) 建筑顶还是群像:关于碑顶模式的争论

　　碑身形式初步确定之后,人民英雄纪念碑即正式开工建造。专家们围绕碑顶的表现形式又一次展开了激烈的争论,一直持续到 1954 年下半年,方确定基本方案。

　　关于碑顶模式的意见较为分散,雕塑家们大多坚持采用群像的方式,认为此种方式既有现代感,可以取得生动的轮廓线,又能

---

① 梁思成:《人民英雄纪念碑设计的经过》,《梁思成全集》(第五卷),第 462 页。

体现革命的精神。梁思成等一部分建筑学家主张用传统的"建
筑顶"的表现方式，但也有一些建筑界的同行不认可这一意见，
甚至"很不礼貌地说是'一顶小瓜皮帽'"。① 对于"建筑顶"模
式，雕塑家们认为太古老，缺乏新意；对于群像模式，建筑学家们
则普遍认为在 40 多米高的碑顶上树立雕像，不可能看清楚。
1954 年 11 月 6 日，北京市人民政府委员会召开会议，彭真提出：
"如用群像，主题混淆，不相配合"，指示用"建筑顶"。② 在具体的
表现方式上，首都人民英雄纪念碑兴建委员会以梁思成的方案为
基础，适度作了调整，最终确定了上有卷云，下有重幔的小庑殿顶
的样式。

（三）关于碑座的争论

关于碑座的争论同样发生在碑身形式确定之后。1951 年夏
天，北京市都市计划委员会初步推出了 3 种设计方案，并专门制
作了模型。这些方案最突出的特征即是将纪念碑碑身下的平台
加高，下面开 3 个门洞，类似天安门的台座。据参与人民英雄纪
念碑设计工作的陈占祥的女儿陈愉庆回忆，其中一个方案的设计
者是陈干，当时就职于北京市都市计划委员会企划处，据说陈干
的方案得到了北京市领导的青睐。梁思成、陈占祥等人则坚决反
对此类方案，他们认为："人民英雄纪念碑是一座历史性的纪念
建筑，设计人员必须严格执行全国政协决议中对'碑'的定义"，
而此方案不仅不符合全国政协决议精神，而且在设计上与天安门

---

① 陈占祥：《陈占祥自传》，《建筑师不是描图机器——一个不该被遗忘的城市规划
　师陈占祥》，第 15 页。
② 梁思成：《人民英雄纪念碑设计的经过》，《梁思成全集》（第五卷），第 463—464 页。

的三座门洞造型完全一样，"既使广场显得压抑，又显得纪念碑没有新意"。① 由于梁思成、陈占祥等人的坚决反对，陈干等人提出的 3 种设计方案最终被否定。

二、梁思成的意见及问题的解决过程

人民英雄纪念碑的设计建造是集体智慧的结晶。在整个设计建造过程中，梁思成的意见对于纪念碑外形的确定起到了重要作用。

(一)对于陈干方案碑座设计的批评

对于陈干提出的人民英雄纪念碑设计方案，梁思成予以了全面的否定。在梁看来，陈干的方案中碑座部分问题最大。他指出："如此高大矗立的，石造的，有极大重量的大碑，底下不是脚踏实地的基座，而是空虚的三个大洞，大大违反了结构常理。虽然在技术上并不是不能做，但在视觉上太缺乏安定感，缺乏'永垂不朽'的品质，太不妥当了。"此外，基座上开三个洞窟，无任何使用价值，且使比例失调，"台小洞大，'额头'太单薄，在视觉上使碑身漂浮不稳定"。

针对陈干方案在碑座设计方面存在的问题，梁思成强调，即便采用这种高基座、下面开券洞的样式，也有成功的古建筑实例可资借鉴。梁特意选取了北京的鼓楼和钟楼作为案例来详细说明处理这一类型建筑的基本思路。他介绍说：鼓楼和钟楼"相距不远，在南北中轴线上一前一后鱼贯排列着。鼓楼是一个横放的

---

① 以上见陈愉庆：《多少往事烟雨中》，第 105、106 页。

形体,上部是木构楼屋,下部是雄厚的砖筑。因为上部呈现轻巧,
所以下面开圆券门洞。但在券洞之上,却有足够的高度的'额
头'压住,以保持安全感。钟楼的上部是发券砖筑,比较呈现沉
重,所以下面用更高厚的台,高高耸起,下面只开一个比例上更小
的券洞。它们一横一直,互相衬托出对方的优点,配合得恰到好
处"。①

(二)关于人民英雄纪念碑与天安门及天安门广场关系的论述

人民英雄纪念碑和天安门同为新中国标志性建筑,两者又同
处于天安门广场,因此,必须从建筑设计上高度重视和妥善处理
三者之间的关系,使其在建筑风格、建造比例等方面巧妙地融为
一体。针对一些设计方案在这一问题上存在的缺陷,梁思成明确
提出天安门和即将兴建的人民英雄纪念碑"绝不宜用任何类似
的形体,又像是重复,而又没有相互衬托的作用"。考虑到"天安
门是在雄厚的横亘的台上横列着的,本身是玲珑的木构殿楼",
人民英雄纪念碑的外形设计应为另一种完全不同的形体,"矗立
峋峙,坚实,根基稳固地立在地上"。

同样,人民英雄纪念碑的体积大小还要和天安门广场相统
一。当时的天安门广场尚未扩建,宽度只有 100 米左右,梁思成
认为,即使将来扩建,宽度至多 150—160 米左右,而那些主张建
高大碑座的方案,台基的长宽约 40 多米,高约 6—7 米,几乎占了
广场二分之一的面积,"将使广场窒息,使人觉得这个大台子是

---

① 以上见梁思成:《致彭真信》,《梁思成全集》(第五卷),第 127—128 页。

被硬塞进这个空间的,有硬使广场透不出气的感觉"。①

(三)提出人民英雄纪念碑外形设计思路及草图

在碑身风格问题上,梁思成和参与此项工作的绝大部分建筑学家意见是一致的,即坚持采用碑形的方式。而所谓的碑形,仅是一个初步的分类,具体到设计中,是采用无顶的碑形,还是"多块砌成的一种纪念性建筑物的形体",又引起了设计人员的争论。梁思成指出:虽然"传统的习惯,碑身总是一块整石",但由于人民英雄纪念碑非常高大,必须用数百块石头砌成,如做成一块平板的碑形,则"将成为一块拼凑而成的'百衲碑',很不庄严,给人的印象很不舒服"。在征求了张奚若、老舍、钟灵等评审专家的意见后,梁思成建议还是要做成"多块砌成的一种纪念性建筑物的形体",同时,设计好与之匹配的顶部。②

在碑顶设计问题上,梁思成明确反对采用"群像"方式,坚持采用"建筑顶"。"建筑顶"的实现方式有很多,包括平顶、歇山、庑殿、重檐、攒尖等多种方式,"建筑顶"方式的问题则主要集中在两点:"近乎传统建筑的宝顶歇山等不仅嫌古老,同时使人感到好像是大身材戴上小帽子,极不协调";"如将传统的'碑额'简易地放大,也显示不出纪念碑高大的尺度"。③ 最终,经过反复调整推敲,形成了简单庄重的、上有卷云下有垂幔的小庑殿顶形式。据陈占祥介绍:"梁、林两位对碑顶设计也不是极为满意,只是尽

---

① 以上见梁思成:《致彭真信》,《梁思成全集》(第五卷),第127—128页。
② 同上书,第129页。
③ 吴良镛:《人民英雄纪念碑的创作成就——纪念人民英雄纪念碑落成廿周年》,《建筑学报》,1978年第2期。

了最大努力设计成今天的碑顶,让时间最后来判断。"①

对于人民英雄纪念碑的整体样式,1951 年 8 月底,在致彭真的信中梁思成专门绘制了设计草图,碑身挺拔巍峨,碑座不大,采用近于扁平的平台,且不开门洞。② 虽然之后方案仍在不断地讨论修订,但主体样式与梁思成的设计图十分接近。

(四)注重把握人民英雄纪念碑碑身的尺度、比例和曲线

人民英雄纪念碑碑高 37.94 米,用 17000 块花岗石和汉白玉砌成,体量可谓巨大,且承担重大政治含义,处理好碑身的尺度、比例,形成理想的曲线至关重要。在这一问题上,梁思成曾对北京市都市计划委员会推荐的陈干等人制定的 3 个方案提出过严厉的批评。在设计实践中,梁思成、林徽因带领莫宗江等人充分汲取了古今中外设计经验,在碑身的收分上花了很大功夫。最后建成的人民英雄纪念碑台座顺应中轴线,东西短,南北长,继承了中国传统台基的惯用手法,碑身在三分之一处略有收分,采用"曲线的卷杀;碑身转角有小的斜面以柔和它的轮廓;碑身的平面则是以微微隆起的曲线组成以表现它的丰满感",③从而更显挺拔、有力,这是吸收西方古典柱式的做法。

值得一提的是,首都人民英雄纪念碑兴建委员会成立时,林徽因亦被聘为建筑设计委员会委员,在进入该委员会工作之前,

---

① 陈占祥:《陈占祥自传》,《建筑师不是描图机器——一个不该被遗忘的城市规划师陈占祥》,第 15 页。
② 梁思成:《致彭真信》,《梁思成全集》(第五卷),第 128—129 页。
③ 关肇邺:《关于人民英雄纪念碑的设计》,《清华大学建筑学院(系)成立 50 周年纪念文集》,第 58 页。

她已经和清华大学营建系的师生参与了人民英雄纪念碑的设计
工作。在之后的设计建造过程中,林徽因承担了美术设计方面的
部分任务,特别是为纪念碑的碑座和碑身设计了全套的纹饰,其
中有很大一部分被采纳。此外,林对纪念碑的整体造型和结构也
提出了不少有见地的意见。可以说,参与人民英雄纪念碑的设计
建造工作是梁思成林徽因夫妇在建国初期与新政权的又一次愉
快的合作。对于林徽因和梁思成所做的工作,陈占祥给予了很高
的评价,他指出:"我们用碑的形式,因为这是我们所熟悉的碑,
但在这基础上加以发扬,这要求设计人对我国的建筑文化有极高
造诣,才能应付自如。而我们庆幸有梁思成教授和林徽因教授精
心加工,完善了纪念碑的造型。"①

小　结

　　在参与创建新中国的过程中,梁思成在古建筑研究及建筑设
计等领域的专业特长得到了充分的发挥,其本人及所做的工作亦
得到了新政权的充分肯定,可以说,双方的合作是非常愉快的。
梁思成本人也曾多次表示,参加革命工作之后,自己怀着"士为
知己者用"的心情,干得挺起劲。新生的人民政权的蓬勃朝气及
整个社会精神面貌焕然一新的现状又深深地鼓舞着梁思成,使他
对新政权和执政的中国共产党产生了强烈的认同感。正如梁自

---

① 　陈占祥:《陈占祥自传》,《建筑师不是描图机器——一个不该被遗忘的城市规划
　　师陈占祥》,第15页。

己所言:"每一项成就都使我的心进一步爱这个党。不知什么时候起,在我的心里,在我的话里,'他们'已经变成了'我们的党'了。"①

　　总结这一时期梁思成的学术实践,主要是围绕建立新政权的需要而开展。《全国重要建筑文物简目》为新中国文物建筑调查与保护工作提供了基本的范本和有效的线索,虽然仓促编就,问题颇多,但其具有的重要的学术价值却是不容忽视的。在设计国徽、人民英雄纪念碑过程中,梁思成较好地将政治需要与艺术设计融为一体,对于关键问题和重大分歧,能够及时、准确地剖析原因,提出解决思路及具体方案,发挥了技术负责人的作用,较顺利地完成了有关设计任务,也因此赢得了中央及北京市有关领导的信任。

---

① 以上见梁思成:《决不虚度我这第二个青春》,《光明日报》,1959 年 3 月 10 日第 2 版。

第六章　规划新北京：
以"梁陈方案"为中心的历史考察

　　1950 年 2 月，梁思成和规划专家陈占祥一起提出了《关于中央人民政府行政中心区位置的建议》(以下简称"梁陈方案")。[①]"梁陈方案"针对建国初期北京市城市建设表现出的无序状况以及旧城保护的急切需要，建议"早日决定首都行政中心区所在地，并请考虑按实际的要求，和在发展上有利条件，展拓旧城与西郊新市区之间地区建立新中心，并配合目前财政状况逐步建造"。[②] 为北京市城市规划建言献策，联合陈占祥提出"梁陈方案"，呼吁妥善保护北京旧城，是 1950 年代初期梁思成学术实践

---

① 该方案由梁思成、陈占祥二人合写，并自费印刷了百余份，约 20000 字，分别呈送了中央人民政府、中共北京市委、北京市人民政府有关领导，同时为汇报需要绘制了 12 张彩色图纸。
② 梁思成、陈占祥：《关于中央人民政府行政中心区位置的建议》，《梁思成全集》(第五卷)，第 60 页。

活动的重要内容之一,亦是梁思成研究不可或缺的一个方面。关于这一问题,建筑学界曾发表了大量的学术研究论文和纪念性文章,亦有一些学术著作、回忆录和人物传记专门谈及,这些研究成果及其观点,对本章的写作有很大的借鉴和启发,本章也将对部分观点予以引用和评述。本章将着重讨论3个问题:一是"梁陈方案"提出的历史背景;二是"梁陈方案"的主要内容及其体现出的学术思想;三是各方对于"梁陈方案"的不同态度及"梁陈方案"的最终命运。

第一节 定都北京与无序使用:古都规划问题的提出

1949年1月31日,北平和平解放。早在半年前中共中央政治局九月会议期间,毛泽东即流露出和平解放北平及定都北平的想法。1949年3月中共七届二中全会上,毛泽东告诉全党:"召集政治协商会议和成立民主联合政府的一切条件,均已成熟。""我们希望四月或五月占领南京,然后在北平召集政治协商会议,成立联合政府,并定都北平。"①会议召开后不久,中共中央便于3月23日从河北省平山县西柏坡出发,途经保定、涿州,迁往北平。随着中共中央正式进驻北平和城市建设的蓬勃兴起,启动并做好城市规划的紧迫性日益凸显,相关工作亦被提到议事日程。

---

① 毛泽东:《在中国共产党第七届中央委员会第二次全体会议上的报告(一九四九年三月五日)》,《毛泽东选集》(第四卷),第1435—1436页。

一、古都风貌依旧:解放之初的北平城

和平解放,对于古都北平及生活于此的民众而言,无疑是一件天大的幸事。中共在解放北平过程中注重古建筑保护的意识和做法,以及古都风貌完好无损地得以保留的事实,不仅为即将诞生的人民政权定都北平提供了客观的条件,而且在很大程度上使中共赢得了舆论的广泛赞扬,拉近了中共与社会各界的距离,增强了人们对新政权的信心。对于顺应大势,率部接受人民解放军和平改编,促成北平和平解放之举的傅作义,中共亦给予了很高的评价和礼遇。1974 年 4 月,傅作义病重,周恩来前往探视时还特意告诉傅:"毛主席叫我来看你来啦,说你对人民立了大功。"①

解放之初的北平城即现在的北京旧城,是指现二环路(原城墙和护城河位置)以内的地区。"凸字形的北京,北半是内城,南半是外城,故宫为内城核心,也是全城布局重心,全城就是围绕这中心而部署的。"②北京内城约 35.6 平方公里,其中东西长 6650 米,南北长 5350 米;外城约 24.6 平方公里,其中东西长 7950 米,南北长 3100 米,内外城总面积约 60 平方公里。北京是著名的历史文化名城和古都,其悠久的历史,可上溯到五十多万年前的"北京猿人"时期。以琉璃河西周古城为北京建城的起点,至今已有三千多年的建城史。从公元 10 世纪开始,辽、金、元、明、清五朝定都于此,留下了数量众多、体系严谨、气势恢宏的皇家建

---

① 王克俊:《北平和平解放回忆》,《文史资料精选》(第 14 册),第 132 页。
② 梁思成:《北京——都市计划的无比杰作》,《梁思成全集》(第五卷),第 106—107 页。

筑。"特别是经过明、清两代的修建,古城格局更加完整宏大,形成了在大片平房四合院民居衬托下,以紫禁城为主体,以景山为制高点,自永定门至钟鼓楼对称严谨、起伏有致的,总长约8公里的城市中轴线。在这条中轴线及其两侧,布置了紫禁城、景山、钟鼓楼、太庙、社稷坛、天坛、先农坛等封建王朝最重要的建筑群。"①梁思成在建国初期一再强调:北京城"所特具的优点主要就在它那具有计划性的城市的整体",基于此原因,"我们首先必须认识到北京城部署骨干的卓越,北京建筑的整个体系是全世界保存得最完好,而且继续有传统的活力的、最特殊、最珍贵的艺术杰作"。②

北平解放时,市内数量众多的文物古迹基本得以保全,整个城市的格局及风貌亦较为完整地保存下来。但另一方面,近代中国的衰败与落后在这座古老的城市中也处处可见,经济萧条,民不聊生,城市建设长期处于停滞状态,许多文物古迹年久失修残破不堪,连故宫和天安门广场都到处是垃圾。可以说,整个城市凄凉凋敝,满目疮痍,与首都的地位难以相称,亦满足不了大批中央和国家机关进驻的需要,整个城市发展面临艰巨的改造和建设任务。

二、古都保护与规划:梁思成及学术界同仁的初步讨论

聂荣臻在其回忆录中谈到北平和平解放的决策过程,其中特

---

① 平永泉:《建国以来北京的旧城改造与历史文化名城保护》,《北京规划建设》,1999年第5期。
② 梁思成:《北京——都市计划的无比杰作》,《梁思成全集》(第五卷),第110页。

别强调,战役发动之初,对于能否和平解放北平,平津前线司令部指挥员之间分歧很大。司令员林彪明确表示和平方式难以实现,最终还要通过军事进攻解决。聂荣臻、罗荣桓等人则力主和平解放,因为城内有大量的文物古迹,加之中共中央已考虑将北平定为新中国的首都,一旦发动军事进攻,势必会对城内文物及基础设施造成无法估量的破坏和损失,"应尽力把这个文化古都保全下来",最后中共中央决定争取和平解放北平。[①] 事实上,北平的和与战,亦为社会各界密切关注。北平妇女界于 1949 年 1 月 7 日发表的公开宣言颇有代表性,宣言一再强调北平作为历史文化古都的重要价值,指出:"北平市聚有四朝的文物,万国的精华,为千年文化的古都,又是世界第五名城,其地位之重要可想而知矣。"如此重要的古都,如果不能够得到保全,"将何以对后生乎"。为此,妇女界呼吁交战双方,"顾此名城,避免在市中作战,为人类,为国人,为后者,全其文化"。[②]

这一时期,梁思成同样为北平城内文物建筑的命运而忧心忡忡。据其子梁从诫回忆,梁思成每天都会往南眺望,谛听远处的炮声,常常自言自语地说:"这下子完了,全都要完了!"[③]对于古都北平,梁思成充满了感情。1948 年 4 月,梁思成发表了《北平文物必须整理与保存》一文,指出北平城的历史价值不仅在于单体的文物建筑,而且体现在其无与伦比的城市规划上。他强调,

---

① 聂荣臻:《聂荣臻回忆录》,第 559 页。
② 《平妇女界一鸣惊人 宣言吁请双方勿在北平用兵》,《明报》(北平),1949 年 1 月 7 日第 1 版。
③ 梁从诫:《倏忽人间四月天——回忆我的母亲林徽因》,《建筑师林徽因》,第 98 页。

"北平市之整个建筑布署，无论由都市计划、历史、或艺术的观点上看，都是世界上罕见的瑰宝"，"至于北平全城的体形秩序的概念与创造——所谓形制气魄——实在都是艺术的大手笔，也灿烂而具体的放在我们面前"。①

1949年2月3日，中国人民解放军举行入城式，正式接管北平城，各党政军机关和有关单位亦陆续进城办公。早在1个半月前，为顺利接管北平，中共中央即任命彭真为北平市委书记、叶剑英为北平市委副书记、北平军管会主任兼市长。② 鉴于北平城市现状以及新中国将定都于此的需要，北平市政府在恢复生产、改善民生、整顿秩序等方面做了大量的工作，亦取得了明显的成效。在解放后的一年时间内，全市清除垃圾339142吨，把解放以前积存的20余万吨垃圾一举扫清，新修道路108123平方公尺，而抗战胜利至北平和平解放，3年多时间才新修道路90620平方公尺。③ 整个城市豁然开朗，秩序井然。张治中作为南京国民政府的和谈代表，在北平与中共谈判期间，亲眼目睹了这座城市的变化，引发了无限感慨，他告诉社会各界："我居留北平已八十多天了，以我所见所闻的，觉得处处显露出一种新的转变、新的趋向，象征着我们国家民族的前途已显露出新的希望。"④

除了恢复正常的社会秩序外，北平城的建设与规划任务亦提

---

① 梁思成：《北平文物必须整理与保存》，《梁思成全集》（第四卷），第307页。
② 《军委关于包围北平及对平津干部配备问题的指示（一九四八年十二月十三日）》，《中共中央文件选集 第十七册（一九四八）》，第572页。
③ 张友渔：《解放一年来北京市的市政建设（1950年1月31日）》，《北京市重要文献选编.1950》，第28页。
④ 张治中：《对时局的声明》，《张治中回忆录》，第849—850页。

到议事日程。大量机关单位进城之后,需要足够多的办公地点,工作人员及其家属也需要足够多的宿舍,北平城区一下子显得拥挤起来。除了尽最大限度地使用旧政府留下的公用房产外,恭王府、段祺瑞执政府、孚王府、庆王府、淳亲王府等大量闲置的王府、庙宇等文物建筑亦被征用为办公用房,一些新建筑也陆续开工建造。

由于缺乏相关的制度规定和统一有效的管理,北平市新建建筑明显呈现出无序的状态,风格、分布、功能等均各行其是。为此,梁思成以刚刚成立的北平市都市计划委员会委员的身份致信新任北平市市长聂荣臻,表达了其对北平建设无序状况的担忧,并着重从两个方面就解决这一问题提出了意见和建议。其一,须明确都市计划委员会在建设规划方面的职能。他指出:"都市计划委员会最重要的任务是在有计划的分配全市区土地的使用,其次乃以有系统的道路网将市区各部分联贯起来,其余一切工作,都是这两个大前题下的部分细节而已。"其二,须树立都市计划委员会在建设规划方面的领导地位,做到"慎始"。在谈到这一问题时,梁思成显得颇为谨慎,其文风也与其一贯的平实、流畅的风格大不相同。梁先是充分肯定了各有关单位主动与都市计划委员会合作的情况,并列举了两个案例,即人民日报社新厦和西郊一汽油库的建设选址,然后才不点名地提到若干机关未经都市计划委员会同意即随意兴建新建筑的问题。在指出这一问题的危害性之后,梁思成转而提出明确的建议:一是"慎始",从一开始即树立原则,规范管理,在高起点上规划建设北平;二是树威,"凡是新的建筑,尤其是现有空地上新建的建筑,无论大小久暂,必须事先征询市划会的意见,然后开始设计制图"。①

在上书聂荣臻之前一个月,梁思成已向北平市政当局提出了类似的意见和建议。1949年8月,北平市召开了各界代表会议。作为大会代表,梁思成就城市规划问题提交了《加强北平市都市计划委员会案》的代表提案。梁思成建议北平市政府"应加强本市都市计划委员会,组织应健全化,职权应提高,延聘专职技术人员,并请各方面专家参加工作,全市人民应起来,为自己建立适宜于四大功能的'体形环境'"。在提案中,梁思成并未就北平市的规划提出具体的实施方案,其重点仍在认识层面,希望市政府及各级领导能够认识到做好城市规划的重要性和紧迫性。梁指出,当前需要立即着手对北平城市现状开展全方位的调查,包括"人口分布、土地使用、经济状况、房屋及工厂商店建筑现状"等,这是做好城市规划建设的前提和基础。梁进而强调,现代城市发展不是孤立的,彼此之间都是息息相关的,不仅要对北平市市界范围内的所有城市、乡村做全面调查,了解实情,而且应当关注周边地区及城市的现状。②

这一时期,也有一些学术界的同仁就北平市的规划问题建言献策,其中,最具代表性的是华南圭。华是近代中国著名的土木工程专家,早年毕业于京师大学堂,后留学法国,1928年至1929年曾任北平特别市工务局局长。北平解放之后,华受聘担任北平市都市计划委员会委员。从民国时期,华即参与领导北平市政建

---

① 梁思成:《致聂荣臻信》,《梁思成全集》(第五卷),第43页。
② 梁思成:《加强北平市都市计划委员会案》,《北平市各界代表会议专辑》,第37页。

设,对北平城市规划历史及现状非常熟悉。在北平市各界代表会
议上,华南圭提交了一份篇幅很长的代表提案,题为《刷新北平
旧城市之建筑(条陈几宗切近易行之事)》,大会提案审查委员会
经审查,将华的提案分列为 16 项提案。华南圭提出,北平的发展
应基于"改造旧城市"与"另开新城市"两点,同步实施。对于二
者的关系,华指出:"改造旧城市,是市政上最大难题,故西洋某
某国,皆于旧城市之近郊,另开新城市;而对于旧者,则仍保存之,
整理之,又尽其可能以改良之。"在"改造旧城市"方面,华共提出
19 条建议,包括"下水道应开始筹划"、"打通几条要路,以利交
通"、"规划通州码头"、"整理玉泉源流"、"规定空地之用途"、
"广设小公园及小广场"、"添开城门,拆除瓮城"等,几乎涉及旧
城改造和市政、公用设施建设的各个方面。对于"另开新城市"
问题,华南圭明确表示,"西郊新城市,事在必行",具体的规划,
可由专业建筑师来完成。华建议市政府务必全盘抓好新市区规
划建设,尤其对于道路、工商区、文教区、行政机关、公共建筑、公
园广场、邻里单位、下水道、火车站、垃圾场等要提前综合统筹
安排。[①]

　　梁思成、华南圭的提案表明,北平和平解放以后,学术界对古
都的建设与规划给予了高度的关注,并从思想动员、措施制定等
多个方面建言献策,这既是建国前后专家、学者们保护古都、建设
古都的一种学术自觉,也是他们努力融入新社会、积极参与新政

---

① 　华南圭:《刷新北平旧城市之建筑(条陈几宗切近易行之事)》,《北平市各界代表
　　会议专辑》,第38—42 页。

权建设的一种政治态度和实践。

三、从建新城到以天安门为中心:北京市政府的态度转变

在北平城的规划及建设改造问题上,从接管北平城到新中国成立,9个月时间内,北平市政府的态度及具体举措前后发生了极大的变化,尤其是在一些关键性问题上更是有了实质性的转变。

(一)启动北平规划工作

接管北平之后不久,新成立的北平市政府即注意到必须加强对城市建设与改造的管理和规划,而拟制城市发展规划,须解决好两个基本问题:一是必须强化北平的工业基础,将建设高度工业化的城市作为北平的基本城市定位,这是中共中央为巩固新生的人民政权而提出的政治要求和重要建设目标;二是北平行政中心区的位置问题。关于前者,毛泽东在中共七届二中全会的报告中明确指出:"只有将城市的生产恢复起来和发展起来了,将消费的城市变成生产的城市了,人民政权才能巩固起来。"[1]在这一问题上,各地是没有丝毫变更的权限的,也非规划师们可以争论的学术问题,必须不折不扣地执行。这也就意味着规划建筑专家在拟制北平市规划时,必须充分考虑工业发展的需要,而不能按照欧美一些国家的经验,仅将首都定位为政治中心和文化中心。关于后者,在北平和平解放之后的一年多时间内,则是学者们可

① 毛泽东:《在中国共产党第七届中央委员会第二次全体会议上的报告(一九四九年三月五日)》,《毛泽东选集》(第四卷),第1428页。

以讨论甚至展开争论的话题,后来,梁思成、陈占祥联合提出的
"梁陈方案"讨论的核心问题即是中央人民政府行政中心位置的
选择。

1. 召开北平市都市计划座谈会

据左川考证,中共接管北平之后不久,中直机关供给部①即
委托梁思成组织清华大学建筑系师生开展中央领导住宅规划设
计工作,规划初步选址为北平西郊的新市区。② 北平市政府正式
启动城市规划工作则是在 1949 年 5 月。5 月 8 日,北平市建设局
组织召开了"北平市都市计划座谈会",商讨城市建设及规划问
题。应邀参加会议的专家有滑田友、林是镇、周令钊、冯德襟、梁
思成、华南圭、刘致平、王明之、朱兆雪、钟森等二十余人,建设局
局长曹言行主持了会议。考虑到当时的政治形势和实际工作需
要,建设局希望与会专家重点围绕 4 个议题发表意见,即如何把
北平变成生产城问题;西郊新市区建设问题;城门交通问题;城区
分区制问题。对于第 2 个议题,建设局在为会议准备的文件中这
样予以介绍:

"北平解放后,因事实上之需要,西郊新市区原有房屋,必须
加以修理,新建房屋分区在规划中。惟此种部分的建筑工程,应
与全部建设计划配合,故新市区建设方针需从速规定。

"按北平城区已发展至相当成熟阶段,人口密度最大已至每
公顷 460 人,建筑面积最大已占房基地百分之六十以上。欲维持

---

① 现为中直机关事务管理局。
② 左川:《首都行政中心位置确定的历史回顾》,《城市与区域规划研究》,2008 年第
  3 期。

公共安宁,确保公共福利,将来发展应趋重于建设近郊市或卫星市。故建设西郊新市区实有必要,可利用已有建筑设施,疏散城区人口。新市区结构应包括五种功能,即(一)行政,(二)居住,(三)商业,(四)工业(轻工业或手工业),(五)游憩,使成为能自主之近郊市。"①

建设局的情况介绍反映了当时北平市政府对西郊新市区建设问题的初步态度及原则性意见,概括起来有如下3点:第一,应依据城市规划中的"疏散"原则,推动新市区建设;第二,应加快西郊新市区的规划和建设,以期早日建成使用;第三,西郊新市区的功能不是单一的,而是全面的,综合的,应成为首都的行政区之一。

与会专家围绕西郊新市区建设问题进行了讨论,并就建设西郊新市区的基本思路初步达成了共识。在发言中,梁思成强调要明确西郊新市区的功能定位,他指出:清华大学建筑系曾就新市区问题进行了多次讨论,大家认为应将新市区定位为中央或北平市的行政中心,以此为基础开发建设。梁同时提出,西郊新市区应依据邻里单位原则进行分区;合理规划道路交通,对路网和交通施行等级制,保障交通安全和效率;坚持设计国际式新建筑,不必守旧成规。②

对于西郊新市区的规划建设,北平市政府亦表现出了浓厚的兴趣,市建设局局长曹言行告诉与会人员:"将来新市区预备

① 《北平市都市计划座谈会记录》,北京:北京市档案馆,档号:150-001-00003。
② 同上。

中共中央在那里,市行政区还是放在城内。"5 月 8 日下午,北平市市长叶剑英和杨尚昆、薛子正等人专程到会,提出了一些初步的想法,并明确希望与会专家集中讨论西郊建设问题。北平市政府希望经过充分的论证,以日本人关于西郊新市区的建设方案为参考,尽快拟制出新的规划建设方案,市政府秘书长薛子正在发言时则表示希望西郊新市区能提前一步建设起来。①

此次座谈会还有一项重要的成果,即考虑到北平城市规划与建设的复杂性和重要性,决定筹备成立"北平市都市计划委员会",以加强对城市规划工作的领导,并广泛吸收专家、学者参与该委员会的工作。② 1949 年 5 月 22 日,北平市都市计划委员会成立,叶剑英市长兼任该委员会主任。与会人员讨论和通过了都市计划委员会组织规程,决定聘请有关城市建设的专家学者为顾问,并就有关建设的事项广泛交换了意见。会议决定由北平市建设局在暑假前完成对西郊新市区的测量,并授权清华大学梁思成先生及建筑系师生起草西郊新市区设计方案。③

2. 关于北平城市规划及西郊新市区建设的历史回顾

事实上,关于建设西郊新市区的意见并非北平市建设局的首创,它是对日伪统治时期和民国时期制定的西郊新市区建设规划的延续和发展。"卢沟桥事变"之后,日军占据北平城,后成立建设总署。为更有力地控制北平城,应对人口增加、日本人与中国

---

① 《北平市都市计划座谈会记录》,北京:北京市档案馆,档号:150 - 001 - 00003。
② 同上。
③ 《都市计划委员会成立大会记录》,北京:北京市档案馆,档号:150 - 001 - 00001。

人混居产生摩擦等问题,达到长期统治北平的目的,日本占领军委派土木专家佐藤久俊和山崎桂一拟制北平城市规划的初步方案。1938 年 1 月,方案完成,名为《北京都市建设计划要案》。① 在此基础上,华北伪建设总署编制了《北京都市计划大纲》,②同年 11 月获批。《北京都市计划大纲》明确了北平的城市定位,即"政治军事中心地"、"特殊之观光都市"及"商业都市";首次提出了在北平西郊建立"新街市",主要供日本人办公和居住,东南郊及通县建立工业区,"在新旧两街市间须有紧密连络之交通设施,使成一气"。"在街市计划地域内,就专用居住、商业、混合、工业各用途实施分区制";同时,按照地区制原则,将城市划分为"绿地区"、"风景地区"及"美观地区"等不同性质的地区。③ 日本人拟制的北平规划 3 个特点最为突出:一是为避免日中居民混居导致摩擦而影响其统治提出建设西郊"新街市"的构想;二是明确北平城市定位,强调对古都的保护,其划定的风景地区范围明确,"城内拟以故宫为中心,包括北海及中南海及景山东北西三面,由各黄城根包围中间之区域。又各城门并著名庙宇之周围亦指定为本地区。在城外为颐和园西山八大处等及其附近并设有林荫道路之地区",④不论这一做法的真实用意如何,至少,"在

---

① 《北京特别市工务局关于报送北京都市建设计划要案、北京都市计划地域规划等的呈市公署的指令》,北京:北京市档案馆,档号:J017 - 001 - 03614。
② 抗战胜利北平光复后,民国三十六年八月(1946 年 8 月),北平市工务局编印《北平市都市计划设计资料第一集》一书,将日伪时期拟制的《北京都市计划大纲》收入,将其名称更改为《北平都市计划大纲旧案之一》。
③ 《北平都市计划大纲旧案之一》,《北平市都市计划设计资料第一集》,第 60—62 页。
④ 同上书,第 63 页。

文化上表现出对北京城市传统的充分尊重";①三是该规划一部分内容得以实施,如东郊工业区征地和西郊"新街市"的基本建设,规划中的西郊"新街市""东距城墙约四公里,西至八宝山,南至现在京汉线附近,北至西郊飞机场,全部面积约合六十五平方公里,其中主要计划面积约占三十平方公里,余为周围绿地带"。②

从 1939 年开始,日伪政府开始依据计划大纲建设西郊"新街市",经过几年的建设,已初具雏形。"第一期计划面积十四点七平方公里,放租土地约六平方公里,已成建筑五百八十一幢,用地八十六万二千零四十二平方公尺,建筑面积六万七千零八十三平方公尺,已成土路六万七千九百公尺,占全区计划路长度百分之七十,沥青洋灰道路二条长八千七百公尺,沥青石碴路三条长三千六百公尺。主要经纬干路二条,贯通全区。"修建"自流井三口,净水场三处,每日供水量二千三百吨,所敷水管长二万余公尺,沟渠污水管一万四千公尺。其他设施有医院、运动场、公园各一处,苗圃三处。"③可以说,在新中国成立之前,西郊新市区的建设已经有了一定的基础。

关于西郊新市区建设的第二份规划出自抗战胜利后的北平市工务局。北平光复后,北平市政当局依据日伪时期制定的《北京都市计划大纲》,对中央车站的位置进行了调整,修改拟

---

① 朱涛:《梁思成与他的时代》,第 271 页。
② 《北平都市计划大纲旧案之一》,《北平市都市计划设计资料第一集》,第 61 页。
③ 《北平市东西郊新市区概况》,《北平市都市计划设计资料第一集》,第 39 页。

制了《北平都市计划大纲》。① 该规划一方面延续了《北京都市计划大纲》对北平的城市定位和建设西郊新市区、东郊工业区等方案,另一方面首次提出"本市计划为将来中国之首都",拟将西郊新市区为行政中心区的设想,强调要首先大力推动交通计划的实施。② 后来,北平市政当局又对北平市城市规划进行了论证和研究,形成了一些调查和研究报告,其中比较系统地阐述北平城市规划思路及指导思想的是《北平市都市计划之研究》,该报告提出北平城市规划的基本方针有4项:一是"完成市内各种物质设施,使成为近代化之都市";二是"整理旧有名胜古迹,历史文物,建设游览区,使成为游览都市";三是"发展文化教育区,提高文化水准,使成为文化城";四是"建设新市区,发展近郊村镇为卫星市,开发产业,建筑住宅,使北平为自给自足之都市"。③ 由于政局不稳、经济窘迫、内战爆发等因素,直至北平和平解放,北平市政当局拟制的城市规划及有关设想均未付诸实施。虽然这一时期的规划方案未获实施,但其对既往规划成果的继承和发展值得肯定,其对北平城市定位的明确态度亦有效地保护了北平的文物建筑,延续了古都的城市风貌和文化血脉。

---

① 该规划大纲由北平市工务局于1946年征用原日伪工务总署都市计划局的日本人拟制,北平市工务局编印《北平市都市计划设计资料第一集》一书,收录此规划大纲,标题为《北平都市计划大纲旧案之二》。

② 《北平市都市计划大纲旧案之二》,《北平市都市计划设计资料第一集》,第67—68页。

③ 《北平市都市计划之研究》,《北平市都市计划设计资料第一集》,第53页。

3.《城市的体形及其计划》的发表

北平市都市计划座谈会之后,梁思成将自己关于现代城市规划问题的思考及对北平城市规划的建议整理成《城市的体形及其计划》一文,发表于 1949 年 6 月 11 日的《人民日报》。就文章的内容而言,这是抗战胜利以来梁思成关于现代城市规划问题研究的一个简要总结,也是其对于新中国城市建设原则的一个基本概述。

第一,关于现代城市发展问题的反思。梁思成指出,居住、工作、游息、交通是城市的四大功能,一个城市必须满足这四种活动的要求。但纵观欧美近代城市发展历史,"百余年来无秩序无计划发展的结果,使得四大功能无一能充分发展,只互相妨碍"。梁进而指出,在中国的上海、汉口、广州等大工商都市也有此类情况出现。在文中,虽然没有直接谈及中共提出的将城市变成"生产的城市"的问题,但显然,梁思成试图站在现代城市规划理论的高度来引导人们对城市功能问题的理解和认识。

第二,关于现代城市规划的基本原则。如何构建现代"城市体形"? 梁思成认为应围绕 15 个方面展开,其中包括"适宜于身心健康,使人可以安居的简单朴素的住宅,周围有舒爽的园地,充足的阳光和空气,接近户外休息和游戏的地方";"小学的位置,在距离每一所住宅都适当而安全(儿童自己来回的安全)的步程之内";"食品和日常用品的商店距离每一所住宅都在适当步程之内";"社区性的娱乐与集合设备,也在每一所住宅步程之内";"幼童、儿童、少年、青年、成人都应有适当的游戏的地方";"工作地距离住宅不宜太远";"街道按功用分别设计,并须极力减少;

"一切自然的优点——如风景、山冈、湖沼、河海等等——都应保存而利用";"全部建筑式样应和谐";"尽可能的减少汽车的危险性",等等。可以说,梁思成提出的城市体形的 15 个目标的核心是以人为本、适宜人居。

第三,关于北平城市规划的基本建议。梁思成对其在北平市都市计划座谈会上的发言作了进一步的总结和阐述,建议北平应充分汲取苏联及欧美的经验,按照"分区"、"邻里单位"、"环形辐射道路网"、"人口面积有限度的自给自足市区"等 4 种不同的"体形基础"来合理地规划和建设。在分区问题上,梁强调须"将市内居住、工业、商业、行政、游息等等不同的功能,分划在适当的地区上";在邻里单位问题上,提出"邻里单位是最新的住宅区基本单位,是一个在某种限度之下能自给自足的小单位";在环形辐射道路网建设上,指出其功能是有效地约束"过境或穿过的车流使它不入市区的道路系统";在有限度的市区问题上,强调疏散分布体现出的对人的关怀,"可使每区居民,不必长途跋涉,即可与大自然接触"。

第四,关于北平城市规划的注意事项。在该文的"结论"部分,梁思成特别强调 3 点注意事项:一是要注意现代交通带来的区域经济发展问题,"每一个城市与邻近的城市,乃至更远的城市,都是息息相关的";二是城市规划必须建立在全面的调查统计基础之上,"对于城市人口,工商业,以及一切社会现象都应有精确的调查统计";三是注意提高规划的执行力,"每个城市计划订定之后,一切建设都必须遵守计划进行,无论任何公私建筑都不得与计划相抵触"。还要密切联系发展实际,定期组织开展规划修订,使之不断完善。①

(二)北京市政府的态度变化

从已公开的文献资料看,北京市政府关于首都城市规划问题的态度及思路在苏联市政专家抵京后开始发生转变。11 月 14 日上午,张友渔副市长主持召开了城市规划汇报会,会议进行过程中,聂荣臻市长专程赶来参会。此次会议上,苏联专家的意见建议得以集中阐述。12 月 19 日,建设局局长曹言行、副局长赵鹏飞联名提交了《对于北京将来发展计划的意见》,在首都行政中心区位置设定、西郊新市区规划建设等问题上,一改之前的想法,全盘接受苏联专家的建议。从这一时期开始,梁思成关于北京城市规划的思路和设想逐渐被边缘化,其本人及其学术思想在北京市重要规划问题决策方面的影响力也越来越小。

1. 以天安门广场为中心设置行政中心区

北平和平解放之后的大半年时间内,北平市政府不仅主动将拟制城市规划事宜提上议事日程,专门召开了专家座谈会,成立了都市计划委员会主管规划工作,而且注意对以往城市规划经验与成果的继承和改进,充分发挥梁思成、华南圭等专家作用,初步形成了建设西郊新市区的设想并着手进行基本情况调查和规划草图的编制。应该说,这一时期,市政府在处理城市规划发展问题上的作风是比较开明的,采取的措施也是积极而慎重的。虽然在实际工作中暴露出部分单位规划意识不强、相关的规章制度不健全、专业人才匮乏等问题,但基本的思路和做法是有成效的。

---

① 以上见梁思成:《城市的体形及其计划》,《人民日报》,1949 年 6 月 11 日第 4 版。

　　1949 年 9 月 16 日,以莫斯科市苏维埃副主席阿布拉莫夫为首的苏联市政专家工作组一行 17 人抵达北平,其职责很明确,传授苏联城市发展经验,指导北平市的城市规划和建设。受各方因素制约,北平市委、市政府迅速调整了思路,将城市规划工作置于苏联专家倡导的模式之中,对于之前讨论过并达成初步共识的一些基本问题的态度亦发生了重大转变,其中一个关键性转变即是在行政中心区的选择上。作为市建设局的主要负责人,曹言行、赵鹏飞二人明确表态:"将行政中心设于原有城区以内",[①]再具体而言,即是以天安门广场为中心,建设首都的行政中心。

　　显然,北京市受到了苏联专家组的影响。苏联专家提出北京市应以天安门广场为中心,建设首都行政中心。陈占祥回忆说:"开国大典,苏联专家在天安门城楼上,指了指东交民巷一带的空地,认为可在那里先建设办公楼,主张一切发展集中在天安门周围,第一项工程就在东长安街。"[②]巴兰尼克夫指出:"最好先改建城市中的一条干线或一处广场,譬如具有历史性的市中心区天安门广场,近来曾于该处举行阅兵式及中华人民共和国成立的光荣典礼和人民的游行,更增加了他的重要性,所以这个广场成了首都的中心区,由此,主要街道的方向便可断定,这是任何计划家没有理由来变更也不会变更的。"[③]行政中心区位置确定了,行政

① 《曹言行、赵鹏飞对于北京市将来发展计划的意见》(1949 年 12 月 19 日),《建国以来的北京城市建设资料 第一卷 城市规划》,第 107 页。
② 王军整理:《陈占祥晚年口述》,《建筑师不是描图机器——一个不该被遗忘的城市规划师陈占祥》,第 33 页。
③ 《苏联专家巴兰尼克夫关于北京市将来发展计划的问题的报告》,《建国以来的北京城市建设资料 第一卷 城市规划》,第 114 页。

机关的房屋理应围绕这一中心,分期分批设计建造。对于这一建议,苏联专家还从多个方面予以论证,他们认为:一是"能经济的并能很快的解决配布政府机关的问题和美化市内的建筑",可以充分地利用旧城内已有的文化和生活必需的建设和技术的设备,减少工作人员住宅区的建设量;二是莫斯科改建的经验证明,在市区内建设行政中心的做法是正确的;三是从充分发挥北京城历史、文化价值的角度考虑,在这么一座美丽的古城中建设行政中心区,可以"增高新中国首都的重要性"。[①]

2. 搁置西郊新市区建设

和行政中心区问题密切关联的是西郊新市区的定位及建设问题。北京市的态度同样发生转变,表示放弃将首都行政中心区放在西郊新市区的方案,中央行政机关的房屋建筑亦先从东长安街空地开始建造,即以天安门广场为中心建设首都行政中心区。[②] 这一意见的提出,实际上中断了自 5 月份以来北京市开展的关于西郊新市区建设问题的论证及初步规划,而将该方案无限期地搁置起来。

西郊新市区规划建设问题同样是苏联专家组非常关注的一个问题。从现有的资料看,苏联专家并未太多顾及西郊新市区已经形成的开发建设基础及日伪、民国时期北京市对该区域建设所做的论证和规划,明确反对将其作为首都行政中心区或行政中心

---

① 《建筑城市问题的摘要(摘自苏联专家团关于改善北京市市政的建议)》,《建国以来的北京城市建设资料 第一卷 城市规划》,第 119—121 页。
② 《曹言行、赵鹏飞对于北京市将来发展计划的意见》(1949 年 12 月 19 日),《建国以来的北京城市建设资料 第一卷 城市规划》,第 107—108 页。

区之一,仅从与市中心距离较近、交通较为便捷这个角度出发,将其定位为满足在市中心机关工作的职员需要的住宅区。[①] 苏联专家反对以西郊新市区为行政中心区的原因是多方面的,其中最核心的是政治和经济上的原因。政治上,苏联专家提出两个理由:一是天安门广场是开国大典举办之处,政治意义重大;[②]二是中共中央高层领导支持将首都行政中心区位置选在北京城内。苏联专家组组长阿布拉莫夫在会议发言中专门提及此事,他称:"市委书记彭真同志曾告诉我们,关于这个问题曾同毛主席谈过,毛主席也曾对他讲过,政府机关在城内,政府次要的机关设在新市区。"经济上,苏联专家认为"建筑行政住宅的房屋不能超出建筑城市全数经费的百分之五十",否则就会造成极大的浪费。在原来的中心城区建设行政中心区显然比较经济。[③]

3. 以苏联专家意见指导北京城市规划

随着苏联专家全面开展工作,北京市在城市规划建设领域逐渐形成了依据苏联专家意见、政府主导规划设计的工作模式。规划建筑学界的专家,包括都市计划委员会的有关专家也必须按照领导确定的目标和思路去拟制具体的规划方案。曹言行和赵鹏飞明确表示,苏联专家关于北京市将来发展计划问题的基本论述与北京各界人士的意见是完全一致的,对于存在分歧的基本问

---

① 《苏联专家巴兰尼克夫关于北京市将来发展计划的问题的报告》,《建国以来的北京城市建设资料 第一卷 城市规划》,第 113 页。

② 同上书,第 114 页。

③ 《苏联市政专家组组长阿布拉莫夫在讨论会上的讲词(摘录)》,《建国以来的北京城市建设资料 第一卷 城市规划》,第 124、125 页。

题,即首都行政中心位置问题,北京市完全同意苏联专家的意见。① 这也就意味着,北京市基本上确立了以苏联专家意见为指导拟制城市规划的原则。

第二节　保护旧城与发展新区:"梁陈方案"的提出

对于苏联专家提出的关于北京市将来发展计划问题的意见和建议,梁思成并不认可,就苏联专家意见中存在的问题,梁思成以学术讨论的方式阐述了自己的观点。基于拟制北京市城市规划的重要性及紧迫性,以及北京市委、市政府在城市规划工作中表现出的"一边倒"的态度和做法,梁思成深感有必要将自己对于规划中一些重要问题的理解和观点予以全面的表述,以引起中央及北京市领导的关注,争取各方的支持和认可。在此背景下,梁思成联合规划专家陈占祥提出了"梁陈方案",并上书周恩来总理,希望获得更多的机会,宣传自己的规划方案。本节将围绕"梁陈方案",重点讨论3个与之相关的问题:一是梁思成与苏联专家的观点分歧与学术争论;二是"梁陈方案"的提出过程;三是"梁陈方案"的特点、内容及其体现出的首都规划思想。

一、梁思成与苏联专家的分歧与争论

在11月14日的城市规划汇报会上,梁思成等与会中国专家

---

① 《曹言行、赵鹏飞对于北京市将来发展计划的意见》(1949年12月19日),《建国以来的北京城市建设资料 第一卷 城市规划》,第107页。

就苏联专家的报告内容进行了热烈的讨论,并与苏联专家们深入交换了意见。梁思成并不完全赞同苏联专家的意见,对于他们的报告和讲话中涉及到的首都行政中心区位置、住宅区规划、工业区和住宅区绿地规划、城郊乡村发展、新建房屋层高、新建房屋的朝向等问题提出了不同的意见和看法,苏联专家亦对梁思成等中国专家的观点发表了意见,对一些观点甚至予以尖锐的批评。

(一)争论的焦点:首都行政中心区的位置

自 1949 年上半年市政府启动北平市规划工作以来,行政中心区的位置一直是专家们讨论的焦点问题,因为"行政中心区位置的决定是北京整个都市计划的先决条件:它不先决定,一切计划无由进行"。① 首都行政中心区的位置问题亦成为梁思成与苏联专家争论的焦点。

苏联专家阿布拉莫夫在首都行政中心区位置问题上与梁思成分歧很大,他曾在一次讨论会上将梁思成的观点概括为一句话:中心区究竟是在北京旧址还是在西郊新市区的问题,尚未决定,所以对各区域的分布计划工作,为时尚早。② 梁思成的质疑实际上包含着两个问题:一是不应轻易放弃西郊新市区的规划建设,应考虑将其作为首都行政中心区或行政中心区之一;二是将数量庞大的党政机关及人员统统塞入以天安门广场为中心的行政中心区,既不符合现代都市规划的"有机疏散"原则,亦不利于北京旧城的保护。事实上,早在 5 月份市政府召开的都市计划座

---

① 梁思成:《致周恩来信》,《梁思成全集》(第五卷),第 84 页。
② 《苏联市政专家组组长阿布拉莫夫在讨论会上的讲词(摘录)》,《建国以来的北京城市建设资料 第一卷 城市规划》,第 124 页。

谈会上与会专家已就这两个问题初步形成了共识。

　　苏联市政专家组组长阿布拉莫夫从 3 个方面进一步阐述了苏联专家组的意见,并反驳了梁思成的质疑。第一,中共中央支持以天安门广场为中心设置行政中心区的设想;第二,行政中心区设在城内是最经济的,苏联城市的建设经验已经证明了这一点;第三,将旧城作为陈列馆保护起来而不予改建的做法是不可取的,现在的莫斯科即是在旧城基础上改建的,结果并不坏。①

　　显然,苏联专家的反驳意见是颇为尖锐的。阿布拉莫夫不仅抬出了中共领导人的观点作为己方设计思想形成的依据,而且对梁思成发言中体现出的欧美城市规划及保护理念明确予以否定,特别是以莫斯科城市改建实例为依据,批评了梁思成对于北京旧城保护的观点。1948 年 4 月,梁思成在《北平文物必须整理与保存》一文中提出了"历史艺术陈列馆"的概念,他指出:"北平的整个形制既是世界上可贵的孤例,而同时又是艺术的杰作,城内外许多建筑物却又各个的是在历史上、建筑史上、艺术史上的至宝。""它们综合起来是一个庞大的'历史艺术陈列馆'",必须重视对这个历史艺术陈列馆的保护。② 苏联专家批评将旧城作为陈列馆的想法,明显是针对梁思成的。

(二)分歧:城市设计中的人文关怀问题

　　梁思成与苏联专家争论的第二个方面涉及多个问题,究其实质,则在于是否体现了城市环境设计的宜居性和对人的关怀。基

---

① 《苏联市政专家组组长阿布拉莫夫在讨论会上的讲词(摘录)》,《建国以来的北京城市建设资料 第一卷 城市规划》,第 124—125 页。
② 梁思成:《北平文物必须整理与保存》,《梁思成全集》(第四卷),第 308 页。

于对欧美现代都市规划理论的理解和认识，建国前后，梁思成的
城市规划思想的一个重要特点即是强调对人的关怀和适宜人居。
前文讨论过的《城市的体形及其计划》一文即充分体现了梁思成
的这一思想。而抗战胜利前夕，梁思成发表于重庆《大公报》的
《市镇的体系秩序》一文亦是梁阐述其现代城市规划思想及理论
的一篇重要作品。在该文中，梁思成较为系统地论述了他对于美
国著名规划学家沙里宁（Eliel Saarinan）提出的"有机性疏散"理
论（Organic decentralization）的理解和认识。梁指出：战后中国重
建应使民安居乐业，市镇计划是民生基本问题之一，"无论着重
点在哪方面，孰为因果，而人民安适与健康是必须顾到的"。[①]

梁思成批评苏联专家将住宅区设置在城东北或东方，离市中
心区太远，行走时间长。苏联专家的意见显然和梁大力倡导的
"城市体形的十五个目标"中"工作地距离住宅不宜太远"[②]的要
求是相悖的。阿布拉莫夫反驳说，这些住宅区是工业区的工作人
员的住宅区，将来城市发展了，距离中心区就要远的，这是不可避
免的。[③]

同样是基于宜居性的考虑，梁思成主张设计建造二、三层房
屋；房屋朝向尽可能向南，以应对北方寒冷的冬季；还要充分考虑
东长安街和天安门建筑房屋后停放汽车的地方问题。对于梁思
成的这些批评意见，阿布拉莫夫则颇不以为然，其回答也很简单。

---

① 梁思成：《市镇的体系秩序》，《梁思成全集》（第四卷），第 303 页。
② 梁思成：《城市的体形及其计划》，《人民日报》，1949 年 6 月 11 日第 4 版。
③ 《苏联市政专家组组长阿布拉莫夫在讨论会上的讲词（摘录）》，《建国以来的北
京城市建设资料 第一卷 城市规划》，第 125 页。

他引用斯大林的话说明自己的观点："历史教导我们，住的最经济的方式，是节省自来水、下水道、电灯、暖气等的城市。"显然，阿布拉莫夫并不认同梁思成关于城市宜居性的观点，他强调指出："五层房屋是最合算的房屋（如果包括建设生活必需的设备在内）"；建筑的房屋则应当是"朝南的和朝北的，当中是甬道"，"房屋的正面方向要随着街道的方向"，不必一律朝向南方；停放汽车问题不是什么大问题，"正确的办法是设计改建街道的另一方面"。①

（三）未形成争论的分歧：北京城市定位问题

其实，在北京城市规划问题上，梁思成和苏联专家之间还存在一个重要的原则性的分歧，即北京的城市定位问题。苏联专家强调指出，北京"应不仅为文化的、科学的、艺术的城市，同时也应该是一个大工业的城市"，现在工人阶级仅占全市人口的百分之四，远低于莫斯科的百分之二十五的比例，还是一座消费城市，因此需要进行工业的建设。② 这一思想和中共一再强调的要把消费性城市变成生产性城市的指导思想是完全一致的。由于生产性城市定位是中共指导城市规划建设的既定方针，学术争论已失去其依托的空间，梁思成没有就这一原则性问题与苏联专家展开争论。建国前后，梁思成虽未专门谈及北京市的城市定位问题，但从其一贯的学术思想及后来流露出的想法分析，梁更倾向

① 《苏联市政专家组组长阿布拉莫夫在讨论会上的讲词（摘录）》，《建国以来的北京城市建设资料 第一卷 城市规划》，第126—127页。
② 《苏联专家巴兰尼克夫关于北京市将来发展计划的问题的报告》，《建国以来的北京城市建设资料 第一卷 城市规划》，第110页。

于将北京定位为政治中心、文化中心,完整保持其历史文化名城的风貌。"文化大革命"期间,梁思成在撰写的"交代材料"中曾谈及自己建国初期关于北京城市定位问题的想法,他这样说:"当时彭真给我讲了北京城市建设的方针,'为生产服务,为劳动人民服务,为中央服务';还告诉我'要使北京这个消费城市改变为生产城市';'有一次在天安门上毛主席曾指着广场以南一带说,以后要在这里望过去到处都是烟囱'。……而我则心中很不同意。我觉得我们国家这样大,工农业生产不靠北京这一点地方。北京应该是像华盛顿那样环境幽静,风景优美的纯粹的行政中心;尤其应该保持它由历史形成的在城市规划和建筑风格上的气氛。"①

二、"梁陈方案"的提出及其动机分析

参加完北京市城市规划汇报会,梁思成随即联合陈占祥,着手编撰"梁陈方案",并在较短的时间内完成了文字撰写和规划编制,甚至为便于向上级领导汇报,专门绘制了 12 张彩色图纸,其用心之良苦可见一斑。

(一)慎重决策城市规划

在北京市城市规划问题上,梁思成一直积极参与,出谋划策,并发表学术文章,以期引起社会各界对规划工作的重视和参与。但在和苏联专家发生争论之前,梁就北京城市规划问题发表的意见大多比较宏观,讲规划理论和理念多,谈具体意见和做法少。这一点,从梁思成在 5 月 8 日建设局都市计划座谈会上的发言、

① 梁思成:《文革交代材料》,1968 年 11 月,转引自王军:《城记》,第 67—68 页。

参加北平市各界代表会议时提交的代表提案以及 6 月 11 日发表的《城市的体形及其计划》均可明显感受到。例如，关于西郊新市区的定位问题，这既是关系西郊新市区规划建设的核心问题，又是关系首都行政中心区位置及未来北京发展导向的关键问题，梁思成虽然多次发言支持规划建设西郊新市区，并就日伪时期及民国时期的选址问题提出了自己的看法，但并未谈得太具体，对其发展定位也只是谈了一些原则性看法。可见，在具体的规划设计问题上，梁思成是非常审慎的。

基于规划对城市发展的重要性，梁思成认为制定规划必须把握好 3 个关键因素：一是城市规划与建设要"慎始"，"体形环境一旦建立起来，若发现错误需要矫正，不惟繁难而且在财力上是极其耗费的"，因此，制定规划"必须避免一失足成千古恨的错误"；[1]二是注重基础情况调查和方案的论证，"做体形计划的人必须先得到各专家的资料才能着手的"，[2]只有做好前期调查，并充分论证，才有可能形成正确的决策。三是规划是一门极专业的工作，必须由规划专家、建筑专家主持完成，"为实行改进或辅导市镇体系的长成，为建立其长成中的体系秩序，我们需要大批专门人才，专门建筑（不是土木工程）或市镇计划的人才"。[3] 考虑到战后中国城市重建任务繁重，建筑、规划教育落后以及相关专业人才匮乏的现状，梁思成格外强调须由专业人员制定城市规

① 梁思成：《清华大学营建学系（现称建筑工程学系）学制及学程计划草案》，《梁思成全集》（第五卷），第 50 页。
② 梁思成：《城市的体形及其计划》，《人民日报》，1949 年 6 月 11 日第 4 版。
③ 梁思成：《市镇的体系秩序》，《梁思成全集》（第四卷），第 306 页。

划,区别使用建筑师与土木工程师。在致聂荣臻的信中,梁思成
甚至用了很长的篇幅谈论土木工程师和建筑师在知识结构、职业
能力、学术特长等方面的区别,强调城市规划工作必须倚重建筑
师主持完成,土木工程师的"智识只限于土木材料之计算及使
用"。①

(二)对苏联专家规划意见的学术反驳

就在国内专家、学者还在为拟制北京城市规划而开展学术探
讨之际,来华不久的苏联专家即已形成并提出了较为全面系统的
规划意见,这令梁思成及建筑界同仁颇感诧异。他们最初可能还
没有意识到苏联专家所具有的政治能量及其意见对于中央领导
的强大影响力,仅仅把与苏联专家的讨论当做是一次普通的学术
交流。陈占祥的回忆颇具代表性,他说:"这是我第一次参加这
样的会议,当时我是极端的无知,根本不知道那些领导是谁,在我
看来,苏联朋友毕竟是友好使者,会议不过是讨论北京都市计划
方案的构思而已。"②

梁思成当时的想法如何,未见到资料记载,但从其发言中提
出的问题来看,其最初的想法应该是与陈占祥相类似的。经过与
苏联专家的交流和争论,梁思成颇感问题严重,苏联专家不是就
北京市城市规划的某一问题发表意见,而是全面地提出北京市将
来发展计划的指导意见,城市发展定位、行政中心区的位置、西郊
新市区建设等问题均有涉及,而且依据苏联的城市规划理论和建

---

① 梁思成:《致聂荣臻信》,《梁思成全集》(第五卷),第44页。
② 《陈占祥教授谈城市设计》,《城市规划》,1991年第1期。

设经验,提出了明确的建议。更让梁思成难以接受的事实是,北京市政府对于城市规划的基本思路和态度正在发生重大转变,几乎全盘接受了苏联专家的意见,不仅强化了将北京建成生产城市的思想,而且对于之前已经形成初步共识的一些设想,如建设西郊新市区,慎重决策行政中心区位置,均明确予以否定。陈占祥后来指出:"中央的官员主张以天安门广场为城市中心,苏联专家也是这样。一提要建新城,他们就以为要放弃天安门。而不把行政中心放进去,势必旧城之上建新城,古都风貌就要被破坏。"①意识到问题的严重性后,梁思成决定尽快采取行动,将自己的想法和建议全盘托出,争取化被动为主动,赢得中央及北京市领导的认可和支持。

(三)联合陈占祥编写"梁陈方案"

陈占祥的女儿陈愉庆所著《多少往事烟雨中》一书记述了父亲一生的经历,虽非严格的史学传记,但由于作者亲历了其中的很多事件,书中记述对研究陈占祥颇有价值。该书在回忆梁思成、陈占祥合作编撰"梁陈方案"的往事时,有一章的题目是"一起做梦的日子"。② 这一文学色彩浓厚的标题颇为形象地反映了梁思成与陈占祥当年对于北京城市规划的理想和追求,亦将他们二人深厚的友情和默契的合作予以再现。

1.学术上的知己

前文曾提及梁思成与陈占祥最初的交往。对于陈占祥的学

---

① 王军整理:《陈占祥晚年口述》,《建筑师不是描图机器——一个不该被遗忘的城市规划师陈占祥》,第34页。
② 陈愉庆:《多少往事烟雨中》,第64页。

识,梁思成评价很高,在致聂荣臻的信中还专门作了推介。陈携全家到北京后,梁思成在工作和生活上竭尽所能给予照顾,两人一见如故,成为知己。

在北京城市规划与旧城保护问题上,梁思成和陈占祥有很多共同语言。陈占祥到达北京之前,梁思成受都市计划委员会委派,已经开始拟制西郊新市区规划草图。陈占祥认识到"梁先生的指导思想是要保护北京历史名城",他表示"完全赞成梁先生的这一指导思想",但是对梁的方案内容提出了修改意见。梁思成带领清华大学建筑系师生拟制中的西郊新市区规划草图仍以日伪时代确定的"西郊新街市"方案为基础,未作大的变动。陈占祥认为:"日本侵略者在离北京城区一定距离另建'居留民地',那是置旧城区的开发于不顾",这样做的结果,既不利于新旧城的衔接和一体化发展,也给居民生活带来诸多不便。陈占祥提出,调整西郊新市区的区域范围,将"新市区移到复兴门外,将长安街西端延伸到公主坟,以西郊三里河(现国家经委所在地)作为新的行政中心,象城内的'三海'之于故宫那样;把钓鱼台、八一湖等组织成新的绿地和公园,同时把南面的莲花池组织到新中心的规划中来"。①

陈占祥的这一提议是颇有见地的。自华北日伪政府启动西郊新市区建设方案以后,一个重要的批评意见即是新市区距离旧城太远,在很大程度上割裂了与旧城的联系,加之行政中心区迁

---

① 陈占祥:《忆梁思成教授》,《建筑师不是描图机器——一个不该被遗忘的城市规划师陈占祥》,第59页。

移至新市区,旧城有被边缘化、成为"死城"的可能性。1946年11月9日,南京国民政府内政部都市计划专家、荷兰人柏德扬(J. C. L. B. Pet)博士考察北平时,批评日伪时期确定的西郊新市区与"旧城显然分离,两者边界之相距,约为四公里,中心之相距约八公里"。柏德扬认为"此种郊区,实不能谓为北平之一区,或其一部;简言之,不得谓之曰郊区","只可称之为附属市,或卫星市(Satellite town)"。①

梁思成接受了陈占祥的意见,这一点在"梁陈方案"中得到具体体现。经过反复的讨论和研究,两人在首都行政中心区、西郊新市区规划建设等核心问题上形成了明确、一致的意见。

2. 编撰"梁陈方案"

苏联专家已经提出了较为全面的指导意见,要想改变决策者的想法,必须提供出同样有分量的规划文本。梁思成决定将自己与陈占祥关于北京城市规划的意见系统整理和完善,形成正式的方案草案。

其一,分工问题。梁、陈二人彼此已很熟悉,也很了解对方的学术特长,经简单磋商,陈占祥负责做规划,梁思成负责写文章。②

其二,确定方案重点。虽然最终定稿的"梁陈方案"约20000字,但就其内容和篇幅而言,仍是一个比较粗的规划草案。梁、陈二人决定抓住制约北京规划的核心问题展开论述,这个核心问题即首都行政中心区位置及与之密切联系的西郊新市区建

---

① 《北平西郊新市区计划之检讨》,《北平市都市计划设计资料第一集》,第87页。
② 王军整理:《陈占祥晚年口述》,《建筑师不是描图机器——一个不该被遗忘的城市规划师陈占祥》,第34页。

设问题。

经过紧张的工作,梁思成、陈占祥二人顺利完成了"梁陈方案"的编撰,并呈送给有关领导。

三、"梁陈方案"的主要内容及其特点

围绕中央人民政府行政中心区位置问题,梁思成、陈占祥分三节依次递进论述,同时配以必要的图纸。附件部分则列出 8 个专题,着重就第二节的有关内容详加说明。

(一)抓住北京城市规划的核心问题编撰方案

"行政中心区位置的决定是北京整个都市计划的先决条件:它不先决定,一切计划无由进行。"[①]无论是梁思成、陈占祥,还是来华的苏联专家,均认识到确定行政中心区位置对于北京都市规划的重要性。这一问题也是梁思成、陈占祥与苏联专家存在意见分歧并进行争论的焦点。对于苏联专家提出的以天安门广场为中心设置首都行政中心区的建议,梁思成、陈占祥等人坚决反对。正因为此,梁、陈二人没有泛泛地就北京都市规划方案提建议,"梁陈方案"开篇即直奔主题,明确提出:"早日决定首都行政中心区所在地,并请考虑按实际的要求,和在发展上有利条件,展拓旧城与西郊新市区之间地区建立新中心,并配合目前财政状况逐步建造。"[②]这 65 个字的建议,可以说是"梁陈方案"的浓缩版,关系北京城市规划的几个关键问题的解决意

---

① 梁思成:《致周恩来信》,《梁思成全集》(第五卷),第 84 页。

② 梁思成、陈占祥:《关于中央人民政府行政中心区位置的建议》,《梁思成全集》(第五卷),第 60 页。

见悉数得以表述。正文的三节内容同样抓住规划的核心——行政中心区位置问题,步步为营,深入剖析,系统论述,力求将这一问题讲深讲透。

1. 关于须早日决定行政中心区理由的表述

"梁陈方案"第一节以"必须早日决定行政中心区的理由"为标题,再次强调指出:"政府机构中心或行政区的位置,是北京全部都市计划关键所系的先决条件。"之所以这么说,主要基于两大因素:其一,北京的城市地位及由此引发的任务艰巨的建设需要。"梁陈方案"指出,"北京不止是一个普通的工商业城市,而是全国神经中枢的首都",规划师要努力做好建都的设计,"为繁重的政府行政工作计划一合理位置的区域,来建造政府行政各机关单位,成立一个有现代效率的政治中心"。整个行政机构所需的地址面积加上附属的住宅及生活区要远远大于旧城内的皇城,"故如何布置这个区域将决定北京市发展的方向和今后计划的原则,为计划时最主要的因素"。其二,行政中心地区的决定,同时也决定了改造北京旧城的政策。北京旧城一方面是人口密集,土地资源紧张,公园、绿地等公共资源严重不足;另一方面是其古都的城市体形环境以及大量的文物古迹需要保护。在旧城之外设立行政中心区,则为启动旧城的疏散、调整、改善和保护提供了重要的契机。①

"梁陈方案"进一步指出:"如何安排这政府机关建筑的区域是

---

① 梁思成、陈占祥:《关于中央人民政府行政中心区位置的建议》,《梁思成全集》(第五卷),第61—62页。

会影响全城整个的计划原则,所有的区域道路系统和体形外观的。如果原则上发生错误,以后会发生一系列难以纠正的错误的。"①

2.关于发展西面城郊建立行政中心区理由的表述

"梁陈方案"第二节以"需要发展西面城郊建立行政中心区的理由"为标题,分4个方面提出了自己的观点,附件部分则对其中一些观点予以详细解读和论证。

其一,符合建设首都行政机关应备的11个客观条件。在这一问题上,"梁陈方案"首先构建了自己的理论框架,即广义而言,一个区域是否适合建筑政府行政机关,应通过对11项客观标准的考察予以确定。这11项标准分别是"要合于部署原则";"要有建筑形体上决定";"要足有用的面积";"要有发展余地";"须省事省时,避免劳民伤财";"不增加水电工程上困难而是发展";"与住宅区有合理的联系";"要使全市平衡发展";"地区的选定能控制车辆合理流量";"不勉强夹杂在不适宜的环境中间";"要保护旧文物建筑"。②"梁陈方案"将北京市的实际情况一一放置其中予以考量,并在附件部分从8个方面详细论证其适合度,结论如何自然一目了然。

暂且不去讨论这11项指标是否科学合理,至少有一点可以肯定:"梁陈方案"是在学术研究的思维范式下对首都行政中心区位置问题进行了深入的探讨,并能依据相关理论和实际情况,自圆其说。

————————

① 梁思成、陈占祥:《关于中央人民政府行政中心区位置的建议》,《梁思成全集》(第五卷),第62页。
② 同上书,第63—64页。

其二,不能将行政中心置于旧城。对这一问题,梁、陈二人显然有充分的思考。"梁陈方案"从北京的城市发展历史与现实的困境两个方面入手,明确指出在旧城区建设行政中心的两大困难:一是"北京原来布局的系统和它的完整,正是今天不可能位置庞大工作中心区域的因素";二是"现代行政机构所需要的总面积至少要大过于旧日的皇城,还要保留若干发展余地。在城垣以内不可能寻出位置适当而又足够的面积"。①

将行政中心区设置在旧城不仅困难大,难觅良策,而且缺点多,无法弥补。概括起来有 5 点:一是大量行政机关集中于旧城,势必会造成人口激增,不符合现代都市有机疏散的原则;二是为建设行政机关房屋,须大量迁出原有居民,拆除旧房屋,数量庞大,实施难度极大;三是如大量建设高楼,无疑会"改变整个北京街型,破坏其外貌";四是会"加增交通的流量及复杂性",影响交通安全;五是由于行政中心区与住宅区的分离,以及政府机关各单位间的不够集中,来往路程较远,致使交通压力剧增。②

其三,回避解决区域面积的分配而片面建造办公楼的办法危害很大。梁、陈二人指出:"都市计划是有原则性的分配区域和人口,并解决交通上的联系",任何不顾整体和全局,"不考虑以一千人占用四公顷的原则分配区域,却在其他工作区域内设法寻求和侵占若干分散的,不足标准面积的地址来应付"的做法都是错误的。"梁陈方案"特意列举了"沿街建筑高楼的办法"、"用中

---

① 梁思成、陈占祥:《关于中央人民政府行政中心区位置的建议》,《梁思成全集》(第五卷),第 65 页。
② 同上书,第 67 页。

国部署的建筑单位办法"等两种颇具代表性的错误做法,详细剖析了其危害,并一再强调:"这片面性的两种办法都没有解决问题,反而产生问题。"①

其四,在西郊近城地点建设政府中心是可行的。在客观地论述了中央人民政府行政中心区选址问题的有关原则及错误做法之后,"梁陈方案"从 8 个方面详细剖析了"以西郊月坛与公主坟之间的地区为政府行政中心"的可行性。一是"因为根据大北京市区全面计划原则着手,所以是增加建设,疏散人口的措施";二是"因为注重政府中心行政区的性质是一个基本工作的区域";三是"承认建设行政办公地点主要是需要面积的问题";四是"解决人口密度最基本而自然的办法";五是"新旧两全的安排";六是"以人口工作性质,分析旧区,配合新区,使成合理的关系";七是"在大北京市中能有新中线的建立";八是"能适当满足以上所举的十一个条件"。②

3. 关于西郊行政区建设应坚持立足实际、逐步实施的原则的表述

"梁陈方案"第三节以"发展西郊行政区可以逐步实施,以配合目前财政状况"为标题,重点谈了两个问题:一是行政中心区设置在旧城内和设置在西郊的建设费用比较;二是分阶段、分步骤推动西郊行政区建设的思路和做法。第三节篇幅较短,但却是整个方案的重要组成部分,其讨论的事项亦是城市规划必须慎重

① 梁思成、陈占祥:《关于中央人民政府行政中心区位置的建议》,《梁思成全集》(第五卷),第67—68 页。
② 同上书,第69—73 页。

考虑的问题。不难看出,梁思成、陈占祥在编撰"梁陈方案"时,充分顾及到了新中国的财力问题及与之紧密联系的建设经费问题和建设周期问题。

对于第一个问题,"梁陈方案"通过费用项目比较及估算,得出初步结论:"在城内建造政府办公楼显然是较费事,又费时,更费钱的。"①

对于第二个问题,"梁陈方案"指出:西郊行政区和东郊工业区的建设,规模巨大,应该紧密结合实际发展的需要,有计划地逐步实施,以配合财政情况及技术上的问题。从技术层面上,"梁陈方案"提出了逐步实施建设的思路,即"行政区的道路系统及各单位划分的计划,可采取中国坊制的街型,布署而成",这样的话,"在发展的各阶段中,每次完成无论若干单位,都又自成一整体"。从操作层面上,"梁陈方案"还就具体实施措施及步骤提出了3点建议,包括先行启动复兴门外往西到新市区的林荫干道北面的行政房屋建造、建设一个完整的"邻里单位",有计划地植树、铺设市政管网,修建新的北京总车站等措施。②

(二)从关键问题入手全面论述北京城市规划

城市规划是一项长远的系统工程。"梁陈方案"虽然围绕首都行政中心区这一核心问题提出规划建议,但就其内容而言,则涉及到了北京城市规划的各个关键问题,既有大量的理论阐述,也有联系实际的具体解析,可以说是一份全面论述北京城市规划

① 梁思成、陈占祥:《关于中央人民政府行政中心区位置的建议》,《梁思成全集》(第五卷),第74页。
② 同上书,第74—75页。

的纲要。总结起来,3个方面最为突出。

1. 关注旧城与文物建筑保护

"梁陈规划"用了大量的篇幅讨论古都保护问题,充分吸纳并体现了梁思成关于北京旧城和文物建筑保护的思想。"梁陈方案"坦言,提出在西郊近城地点建设政府中心的建议的一个重要目的就是实现新旧两全,"保全北京旧城中心的文物环境,同时也是避免新行政区本身不利的部署"。①

对于北京城的文物价值,"梁陈方案"给予了极高的赞誉,称北京"原是有计划的壮美城市,而到现在仍然很完整的保存着。除却历史价值外,北京的建筑形体同它的街道区域的秩序都有极大的艺术价值,非常完美"。② 而北京城内的文物建筑,"它们有特具的风格,就是北京之所以成为世界罕贵的历史名城的风格,它们就是北京生活的历史传统和建筑的传统。它们是北京'人民所珍贵'的。它们是北京'人民的美感条件的,和习惯的,文化的需要'"。③

在论述必须早日决定行政中心区的理由时,"梁陈方案"强调"北京为故都及历史名城,许多旧日的建筑已为今日有纪念性的文物,不但它们的形体美丽,不允许伤毁,它们的位置部署上的秩序和整个文物环境,正是这名城壮美特点之一,也必须在保护之列,不允许随意掺杂不调和的形体,加以破坏,所以目前的政策

---

① 梁思成、陈占祥:《关于中央人民政府行政中心区位置的建议》,《梁思成全集》(第五卷),第71页。
② 同上书,第65页。
③ 同上书,第81页。

必须确定"。①

　　在讨论符合建设首都行政机关应备的 11 个客观条件时,"梁陈方案"将保护旧文物建筑作为其中一项,指出制定规划必须兼顾北京原来的布局及体形的作风,"不但消极的避免直接破坏文物,亦须积极的计划避免间接因新旧作风不同而破坏文物的主要环境"。②

　　值得注意的是,"梁陈方案"还专门提及北京城墙的保护问题。考虑到北京和平解放之后不久,拆除北京城墙的声音便不时出现,一些专家亦倡导此事,"梁陈方案"在讨论城墙与城市发展的关系问题时,特意提出了城墙保护问题,称"今日这一道城墙已是个历史文物艺术的点缀,我们生活发展的需要不应被它所约束"。对于城墙的现实功能,"梁陈方案"亦描绘出了初步的蓝图:"其实城墙上面是极好的人民公园,是可以散步,乘凉,读书,阅报,眺望远景的地方(这并且是中国传统的习惯)。底下可以按交通的需要开辟新门。"③

　　2. 注重规划对人的关怀

　　重视城市的体形环境设计,强调城市的宜居性和对生活于此的每一个人的关怀,是抗战胜利后梁思成规划设计思想的一个重要方面,也是他和陈占祥编撰"梁陈方案"的一个基本出发点。

　　"梁陈方案"指出,首都行政中心区位置问题是牵动全城规

---

① 　梁思成、陈占祥:《关于中央人民政府行政中心区位置的建议》,《梁思成全集》(第五卷),第 61 页。
② 　同上书,第 64 页。
③ 　同上书,第 73 页。

划与发展建设的原则问题,关系北京百万人民的生活、居住和交通,关系到每一个人的感受和利益,因此至关重要且须早日决定。决定首都行政中心区位置时,必须注意"不必为新建设劳民伤财,迁徙大量居民,拆除大量房屋","政府区必须与同他有密切关连的住宅区及其供应服务的各种设备地点没有不合理的远距离,以增加每日交通的负担"。[①]

"梁陈方案"认为,如行政中心区设置于旧城,则将对民众生活造成诸多不便。一是人口密度增加,且需大量建造行政用房,原本已不显宽裕的城市空间会因此而更加拥挤;二是交通流量增加,交通安全问题凸显,危及民众安全;三是行政区与宿舍区分离,导致"邻里单位"优势的缺失,上班路途较远,耗时耗力。而如将行政中心设置于西郊近城区,则可以有效地疏散旧城人口,节约建设经费,拓展城市空间,改善居住环境,并适时在行政中心区附近建设完整的"邻里单位",最大限度地满足居民工作、生活、教育、消费、娱乐等各方面的需求。[②]

3. 强调规划的长远性和分阶段实施

"梁陈方案"在讨论北京的发展设想时,反复强调规划的长远性。同时,亦充分考虑建国初期的基本国情,主张结合现实,分步骤、分阶段推动西郊行政中心区建设。

在论述行政中心区选址的客观条件时,"梁陈规划"强调必须要有发展余地,"以适应将来的需要,解决陆续嬗变扩充的问

---

① 梁思成、陈占祥:《关于中央人民政府行政中心区位置的建议》,《梁思成全集》(第五卷),第 64 页。
② 同上书,第 67、75 页。

题"。对于在旧城区内建造新行政区的意见,"梁陈方案"列举出其存在的诸多缺点,而这些缺点,均是由规划的短视行为所造成的,包括对人口增加量、旧房拆迁量等的估计不足,对未来交通拥堵、城市风貌破坏等问题科学预判的缺失。[①]

"梁陈方案"用了一节的篇幅专门论述分步骤、分阶段推动西郊行政中心区建设,其关注度之高亦可见一斑。

(三) 对苏联专家意见的反驳及对首都城市功能定位问题的无奈与回避

与苏联专家就北京城市规划问题产生严重分歧和争论,是促使梁思成、陈占祥提出"梁陈方案"的重要原因。针对苏联专家的意见和建议,"梁陈方案"亦予以反驳。鉴于在"一边倒"的基本方针下形成的日渐浓厚的学习苏联的社会氛围,梁、陈二人采取了"拿来主义"的策略,将学习苏联建筑史学家 N. 窝罗宁教授著作的体会融入自己的方案之中,藉以增强所阐述的观点的政治色彩和权威性。但在首都城市功能定位问题上,则所言甚少,刻意回避了对于这一关系城市规划的核心问题的讨论,仅仅强调要规划建设好东郊的工业区及其住宅区,使旧城少受工业化之累而已。

在 11 月 14 日北京市城市规划报告会上,苏联专家在论述其观点时,基本理论和主要案例均来自苏联。"梁陈方案"在驳斥苏联专家意见时,亦首先引用了苏联规划界权威人士的理论和苏

---

① 梁思成、陈占祥:《关于中央人民政府行政中心区位置的建议》,《梁思成全集》(第五卷),第 63、67 页。

联战后城市重建的经验,如强调城市规划要尊重历史传统和建筑的传统,注重宜居性和对人的关怀,注重规划的长远性和前瞻性,等等,①在此基础上,提出城市行政中心区须具备的 11 条客观条件,进而明确指出在北京旧城建设首都行政中心区的困难与缺点,提出了在西郊近城地点建设行政中心区的可行性和必要性。

对于苏联专家一再强调的将首都行政中心区设置于旧城经济、合算的理由,"梁陈方案"指出在城内建造政府办公楼的费用有 7 项,而在城西月坛与公主坟之间建造行政中心区的费用只有 4 项,远低于前者,省事、省时、省钱。如果再考虑到由于长距离路程加重的交通负担、古都风貌及文物建筑遭到破坏造成的损失等等问题,前者劳民伤财,在经济上更不划算。②

对于苏联专家提出可以在东单广场的空地上先行建设的建议,"梁陈方案"毫不客气地予以否定,指出"这个看法过分忽略都市计划全面的立场和科学原则。日后如因此而继续在城内沿街造楼,强使北京成欧洲式的街型,造成人口密度太高,交通发生问题的一系列难以纠正的错误,则这首次决定将成为扰乱北京市体形秩序的祸根"。③ 关于这一问题,陈占祥晚年时曾专门谈及,他指出:苏联专家认为可以在东单广场一带先建设办公楼,第一项工程就在东长安街,"我们反对先开发东长安街,理由是没能力,不成熟,我们的施工能力不够。另外,不能再把北京城的什么

① 梁思成、陈占祥:《关于中央人民政府行政中心区位置的建议》,《梁思成全集》(第五卷),第 62 页。
② 同上书,第 73—74 页。
③ 同上书,第 68—69 页。

东西再搬进去了"。①

对于苏联专家对古都保护的忽视，"梁陈方案"不仅着重论述了北京旧城及文物建筑保护的重要性，而且以苏联经验为依据直言："我们希望能遵循苏联最近重修历史名城的原则对文物及社会新发展两方面的顾全。"②

第三节 学术争鸣与非学术决策：
关于"梁陈方案"的思考

建国初期北京市城市规划制定工作是关系北京长远发展的大事，其最终形成的决策意见和实施方案至今仍深深地影响北京的城市建设和发展，社会各界对其评价意见亦褒贬不一。对于北京的规划建设，梁思成满腔热情而来，却失望落寞而去。"梁陈方案"先是遭遇各方冷遇，继而受到责难，未能对北京市城市规划产生更多的积极影响。本节着重讨论 3 个问题：一是对"梁陈方案"的命运及 1950 年代北京城市规划方案拟制过程的考察；二是规划建筑学界关于"梁陈方案"的争论；三是关于"梁陈方案"的反思。

---

① 王军整理：《陈占祥晚年口述》，《建筑师不是描图机器——一个不该被遗忘的城市规划师陈占祥》，第 33 页。
② 梁思成、陈占祥：《关于中央人民政府行政中心区位置的建议》，《梁思成全集》（第五卷），第 69 页。

一、"梁陈方案"的历史命运

对于"梁陈方案"，梁思成应该是颇有信心的。一是梁思成在城市规划领域的学术造诣和成就。自1930年代起，梁思成即对现代都市设计颇感兴趣，抗战后期，更是高度关注战后中国的重建与之关系密切的城市规划问题。梳理建国之前梁在城市规划领域的成果，既有编制都市规划方案的实践，又有理论研究的成果。前者的代表是1930年梁思成与好友张锐一起编制的《天津特别市物质建设方案》，即"梁张方案"；后者的代表则是梁思成先后发表的《市镇的体系秩序》、《城市的体形及其计划》、《清华大学营建学系（现称建筑工程学系）学制及学程计划草案》等3篇著述。《清华大学营建学系（现称建筑工程学系）学制及学程计划草案》一文虽非专门的规划理论著述，但亦很好地阐述了梁思成及其领导的清华大学建筑系对于城市规划原理、规划人才培养等问题的认识。二是对于陈占祥学术水平的了解。陈在规划领域的学识成就及梁思成对他的评价，前文已有介绍。陈本人对于和梁思成的合作亦感到非常愉悦，表示"在1957年以前，在全国大好形势下，我与梁先生一起工作的那几年，真是我一生中值得回忆的岁月"。[①] 三是梁思成对于北京城及其历史文化的熟悉和热爱。梁思成一生钟爱北京城，对古都的历史沿革、建筑古迹、城市风貌都非常熟悉，而且充满了感情。陈占祥全家刚到

---

① 陈占祥：《忆梁思成教授》，《建筑师不是描图机器——一个不该被遗忘的城市规划师陈占祥》，第58页。

北京的时候,为帮助这位即将参与领导全市规划工作的规划专家尽快了解北京城,梁思成亲自陪同陈逛京城,感受风土人情。[1]但"梁陈方案"的最终命运却和梁思成的信心背道而驰。

(一)上书周恩来

1950年2月提出"梁陈方案"之后,梁思成随即自费印制百余份并呈送中央及北京市委、市政府有关领导,希望能尽快得到反馈意见。此外,考虑到"梁陈方案"的内容还比较粗,提出的问题不少,但论述还不够充分,有些建议还不够成熟,梁思成和陈占祥希望进一步将其修订和完善。[2]但建议送上去之后近两个月,始终没有领导表态,梁、陈二人对此颇为不解。4月10日,梁思成致信政务院总理周恩来,征询总理对于"梁陈方案"的意见,并对建议中的主要问题再作陈述。

梁思成在信中简要论述了早日决定行政中心区位置问题的极端重要性,强调这一问题不先决定,一切计划无法进行。他还专门列举了由这一问题而引发的影响都市建设的两种错误倾向:"一种是因都市计划未定,将建筑计划之进行延置,以等待适当地址之决定";"另一种是急不能待的建造,就不顾都市计划而各行其事的"。[3]值得注意的是,这封信较之1949年9月写给北平市长聂荣臻的信,心情更显急迫,行文更直白。梁在写给聂荣臻的信中还充分肯定了北平市在规划建设方面取得的成绩,并列举

---

[1]　陈愉庆:《多少往事烟雨中》,第60页。

[2]　王军整理:《陈占祥晚年口述》,《建筑师不是描图机器——一个不该被遗忘的城市规划师陈占祥》,第35页。

[3]　梁思成:《致周恩来信》,《梁思成全集》(第五卷),第84页。

了一些尊重规划的事例,之后才指出问题症结,提出意见建议。在写给周恩来的信中则直接谈及问题和建议,同时就都市计划委员会遇到的困难流露出些许的不满,表示因规划工作的滞后,该机构"已受到不少次的催促和责难"。[1]

为加深周总理对自己所提建议的重视,梁思成特意在信中提出了3个私人请求:一是请求总理能在百忙之中抽出一点时间阅读"梁陈方案";二是请求总理能抽出一点时间听取自己的报告,面谈交流;三是请求总理准许自己列席有关决策会议,直陈观点。[2]

(二)同行的不同意见

对于"梁陈方案"的反馈信息首先来自规划建筑界的同行。梁思成致信周恩来总理10天之后,北京市建设局朱兆雪与赵冬日联合提交了《对首都建设计划的意见》,系统地阐述了他们对于北京城市规划的建议,特别是就行政中心区问题表明了态度。

朱兆雪与赵冬日的方案重点论述了北京城市规划中的4个问题,即"北京市的规模"、"土地使用分区计划"、"中心区与东西郊中心区"和"交通问题"。和"梁陈方案"相比较,该方案篇幅较短,更显简略,如作者所言,"只概略的说明了计划方向"。[3]

针对"梁陈方案"提出的将政府行政中心区设置于西郊月

① 梁思成:《致周恩来信》,《梁思成全集》(第五卷),第84页。
② 同上。
③ 朱兆雪、赵冬日:《对首都建设计划的意见(1950年4月20日)》,《建国以来的北京城市建设资料 第一卷 城市规划》,第168页。

坛以西、公主坟以东地区的建议,朱兆雪与赵冬日明确表示反
对,提出将行政区"设在全城中心,南至前三门城垣,东起建国
门,经东西长安街至复兴门,与故宫以南,南海、中山公园之间
的位置,全面积六平方公里,可容工作人口十五万人。"为此,朱
兆雪、赵冬日提出了 4 条理由:一是不破坏文物风景,还能发扬
天安门以北的古艺术文物和北京的都市布局与建筑形体;二是
各行政单位集中,便于联系;三是位于全市中心,与四周住宅区
距离适中;四是可充分利用城内基础设施,建设费用低。对于
"梁陈方案"提出的将行政中心区设置于旧城会造成人口密度过
大、须外迁大量居民和拆迁大量旧房屋等问题,朱兆雪、赵冬日也
予以反驳,认为人口过密的问题"会因经济之发展,无业与转业
人口之迁出就业而自然解决";同时,"因人口之减少,拆掉已失
健康年龄与无保留价值的房屋,改建行政房屋自无问题,并且有
足够的面积"。[①]

朱兆雪、赵冬日的方案基本上延续了苏联专家的规划思路和
市建设局负责人提出的关于北京市将来发展计划的意见精神,并
在此基础上作了进一步的解读和补充。

(三)陷入边缘化

继致信周恩来总理之后,梁思成仍在努力呼吁早日解决首都
行政中心区位置问题,并努力推动对旧城的适度改造,以弥补
"梁陈方案"的不足。4 月,梁思成参与制定的《都市计划委员会

---

① 朱兆雪、赵冬日:《对首都建设计划的意见(1950 年 4 月 20 日)》,《建国以来的北京城市建设资料 第一卷 城市规划》,第 162、164 页。

1950 年工作计划草案》提出都市规划的前提是全面的调查研究工作,计划开展东单广场、东西长安街、天安门、正阳门大街至永定门等旧城局部地区改善的规划设计工作。①

对于朱兆雪、赵冬日的方案,中央和北京市未予明确表态。对"梁陈方案"的批评却接踵而来,批评者将其"视为与苏联专家'分庭抗礼',与'一面倒'方针'背道而驰'",甚至还有人指责"梁陈方案""设计的新行政中心'企图否定'天安门作为全国人民向往的政治中心"。② 1952 年 11 月,市政府秘书长薛子正曾私下表达了自己对"梁陈方案"的一些不同看法,他提出:"这么重要的一个方案,为什么在设计时连一条道路都不画出来,如果一条路也没有,到时新城与旧城如何来连通呢?"③

对于这些批评意见,梁思成颇为冷静,尤其注意吸收其合理成分。据陈占祥回忆,梁思成认识到了"梁陈方案"忽视了对旧城区改造的必要性,为此,积极着手研究以天安门为中心的皇城周围规划,作为方案的补充。补充方案"以城内'三海'为重点(这是世界各国首都中少有的宽阔水面和大片庭园绿地),其南面与长安街和天安门广场的中轴线相连接,使历代帝王的离宫与城市环境更紧密地结合起来"。④ 很遗憾,由于"梁陈方案"未被

---

①　《北京市都委会1950 年工作计划》,北京:北京市档案馆,档号:150 - 001 - 00014。

②　陈占祥:《忆梁思成教授》,《建筑师不是描图机器——一个不该被遗忘的城市规划师陈占祥》,第 59 页。

③　陶宗震口述、胡元整理:《一场持续三十年的争论与"新北京"规划 陶宗震:〈梁陈方案〉救不了"新北京"》,《文史参考》,2012 年第 4 期。

④　陈占祥:《忆梁思成教授》,《建筑师不是描图机器——一个不该被遗忘的城市规划师陈占祥》,第 59—60 页。

采纳,补充方案亦未被提交有关部门和领导。

　　虽然北京城市规划方案迟迟未出台,市领导也未就有关问题明确表态,但实际上北京市的建设已经按照苏联专家的建议开展起来。最晚到1951年初,北京即已明确了将行政中心区设置于旧城区的规划思路,并以苏联专家的意见作为制定总图计划的基础。① "梁陈方案"的核心内容未被采纳。这一时期,以天安门为中心,周围地区掀起了无序建设的高潮,"东长安街部委楼的建设开始,纺织部、煤炭部、外贸部、公安部都开始在这里建设",②东长安街南侧原本应作为公共绿地予以保留,但"因为近来北京极度房荒,而城内极少空地,两年中许多机关都争取这处地皮为自己单位增建办公房屋"。③ 面对东长安街大兴土木的情景,梁思成虽为都市计划委员会的副主任,但毫无办法阻止。无奈之下,梁思成决定作最后的争取。1951年8月15日,梁再次致信周恩来总理,希望总理能够关注此事:"在百忙中分出一点时间给我们或中央有关部门作一个特殊的指示,以便适当地修正挽救这还没有成为事实的错误。"④总理是否回信,答复意见如何,不得而知,东长安街的建设事实证明:梁思成的努力未见成效。周恩来总理并不认可"梁陈方案",表示应充分利用和积极改造旧城区,反对铺张的"新城"建设。1957年5月31日,在主持国务院

① 《北京市都委会工作汇报》,北京:北京市档案馆,档号:150-001-00027。
② 王军整理:《陈占祥晚年口述》,《建筑师不是描图机器——一个不该被遗忘的城市规划师陈占祥》,第35页。
③ 梁思成:《致周恩来信》,《梁思成全集》(第五卷),第122页。
④ 同上。

第50次全体会议时,总理明确指出:"北京城市不规划,后代子孙不会骂我们。世界上很多大城市都是在旧的基础上建设起来的,这样对后一代子孙还有教育作用,他们可以比较一下,不要平地起家。"①

随着大规模城市建设的开展,编制北京市城市规划工作日渐急迫。"由于整个城市建设缺乏一个统一的总体规划指导,出现了建设过于分散;城市用地过多、过大;城市的基础设施和商业等公共服务设施跟不上住宅和工作用房的建设;住宅建筑的增加跟不上人口的增加;'天上'(线路)和'地下'(管道)也没有统一管理等问题"。② 1952年,北京市政府要求都市计划委员会加快编制北京城市建设总体规划的步伐。由于都市计划委员会内部在是否拆除城墙、道路格局等问题上分歧严重,遂决定由华揽洪和陈占祥二人分别牵头编制方案。1953年初,甲、乙两个方案先后出台。虽然这两份方案均以苏联专家的意见为基础编制而成,但北京市委并不太满意,批评说:"由于都市计划委员会的某些技术干部,有些受了资本主义思想或封建思想的影响,在有些问题上和我们改建与扩建首都的意见不一致,尤其是在对待城墙与古建筑的问题上,各方面议论纷纷,分歧很大。"③为避免规划编制过程中再度出现大的意见分歧和争论,使其更能体现中央和北京市委的意图,北京市委决定直接抓规划编制工作,于1953年

① 中共中央文献研究室编:《周恩来年谱(1949—1976)》(中卷),第48页。
② 北京建设史书编辑委员会编:《建国以来的北京城市建设》,第29页。
③ 《中共北京市委关于改建与扩建北京市规划草案向中央的报告(1953年11月26日)》,《北京市重要文献选编.1953》,第581页。

6月下旬成立了一个规划小组,在动物园内的畅观楼办公。该小组由市委领导同志负责,工作人员包括市委指定的几位老干部和从各单位抽调的少数党员青年技术干部组成,并聘请苏联专家巴拉金指导工作。市委规划小组在甲、乙两方案的基础上进行修改,提出了《中共北京市委关于改建与扩建北京市规划草案的要点》,即"畅观楼方案",并于11月报送中央。1954年10月,北京市委根据国家计委提出的审议意见,对"畅观楼方案"进行了局部修改,并制定了第一期(1954—1957年)城市建设计划和1954年建设用地计划。10月24日,北京市委将《中共北京市委关于改建与扩建北京市规划草案问题向中央的请示报告》上报中央,《中共北京市委关于改建与扩建北京市规划草案中几项修改和补充的说明》、《中共北京市委关于改建与扩建北京市规划草案的要点》、《中共北京市委关于改建与扩建北京市规划草案的说明》等3份文件作为附件一并予以报送。①

　　市委规划小组主持开展北京市城市规划工作之后,北京市都市计划委员会基本上不再参与规划编制工作。1955年2月,北京市正式成立都市规划委员会,原北京市都市计划委员会撤销。4月,经中共中央批准,北京市委邀请苏联城市规划专家组来京指导工作。梁思成虽然被任命为新成立的北京市都市规划委员会副主任,但再也没有参加有关规划方案的编制和修订,在北京市城市规划工作领域,梁思成基本上被边缘化了。

---

① 《中共北京市委关于改建与扩建北京市规划草案问题向中央的请示报告(1954年10月24日)》,《北京市重要文献选编.1954》,第698—728页。

二、关于"梁陈方案"的争论

"梁陈方案"提出时,梁思成迫切希望这一建议能引起各方的关注及规划建筑学界的争鸣,以不断修改完善。1950 年代初期特殊的政治语境及规划建筑工作难以避免的政治色彩,使得正常的学术争论迟迟未出现。"梁陈方案"再次进入人们的视野是在改革开放以后,在逐渐宽松的学术语境下,围绕建国之后北京城市建设的成败得失的争论,社会各界开始反思当年的规划思想与实践,对"梁陈方案"的争论亦由此开始。关于"梁陈方案",学术界(主要是规划建筑学界)评述众多,但至今众说纷纭,观点林立。归纳起来,主要有 3 种评述。通过这些评述,或许能帮助后人较直观、清晰地认识"梁陈方案"。

(一)"梁陈方案"是一个不具备可行性的方案

改革开放之后,北京市对以往的城市规划方案进行了全面的调整,城市性质、城市定位、发展规模等核心问题均有了原则性转变,但对"梁陈方案",始终未正面予以肯定,而是强调在建都初期,不利用旧城,另辟新址建设行政中心,在当时国家财政十分困难的情况下是不可能的,如果抛开旧城另建新的中心,就不会有今天天安门广场的改建和长安街的展宽、打通和延长。①

当年参与北京城市规划工作的部分专家、学者到晚年仍坚持认为"梁陈方案"不可取,态度十分坚决。梁思成的老同事陈干

---

① 《建国初期对首都建设的构想》,《建国以来的北京城市建设资料 第一卷 城市规划》,第 14 页。

即是其中之一。1952 年至 1953 年初,陈干曾在华揽洪领导下参与甲方案的编制,后来进入北京市委规划小组,参与了"畅观楼方案"及《北京城市建设总体规划初步方案的要点》(1958 年)等重要规划方案的编制。陈干指出:"梁陈方案"提出将中央行政中心设在西郊月坛与公主坟之间,当时是一片农田,就当时国家和北京市的经济实力而言,不可能在一片农田上去建设首都的行政中心,这建议提出的本身就是一个大错误。他认为,北京旧城拥有大量的房屋和相对完备的基础设施,内城也有一些空地,因此"中央和北京市委关于行政中心设在城内的决策是完全正确的,除此别无其他选择"。① 此外,对于"梁陈方案"提出的"建筑艺术陈列馆"的构想,陈干则称之为"空中楼阁"。② 陈干的弟弟高汉在整理编辑《陈干文集 京华待思录》时特意将陈干对待"梁陈方案"的态度予以强调,他指出:陈干坚持利用和改造旧城建都,并按这个观点编写规划方案,从没有动摇过。③

和朱兆雪一起提出《对首都建设计划的意见》的赵冬日在晚年时提及"梁陈方案",态度仍一如当年。他指出:"就今天我国的经济发展情况来看,北京的法定保留文物建筑还无力维修,甚至有的听其自然损坏。北京解放当时约有 1700 万平方米传统建筑,若全部保留下来,另起炉灶,在西郊大兴土木建新首都,按当

---

① 陈干:《以最高标准实事求是地规划和建设首都》,《陈干文集 京华待思录》,第 104—105 页。

② 侯震:《千年遗产和一纸规划——55 年北京城建是与非》,《中国作家》,2013 年第 11 期。

③ 高汉:《编后记》,《陈干文集 京华待思录》,第 253 页。

时的实际情况,是人的意志所不能做到的,是不现实的。"①

梁思成、陈占祥的另一位老同事华揽洪亦不认可"梁陈方案",他指出:"梁陈方案""尽管本身很吸引人,却没有被采纳,因为实施起来代价太大"。②

(二)"梁陈方案"的理念是正确的,且具有可行性

1980年代之后,对"梁陈方案"的赞誉之言越来越多,甚至有中央高层领导断言:悔不听当年梁先生"新北京"的意见,现在把北京搞乱了。③

原北京市规划局局长、总建筑师刘小石曾对"梁陈方案"进行过深入的研究,发表过多篇著述。他充分肯定了"梁陈方案"在规划思想方面体现出的先进性和合理性,认为"梁陈方案"所"规划的北京,实际上是三个中心,这种'多中心'的规划思想,显然是大大减轻了以往单个市中心的过分集中的负担,这也是一种'疏散'的规划思想"。至于体现在实践层面的优越性,刘小石着重强调了两点:一是如方案得以实施,"多中心"的总体布局在北京旧城的有效保护与妥善整治方面可以发挥重要作用,是实现旧城保护目标的必要条件;二是"梁陈方案""为中央政府各个机关单位的建设提供了适宜的位置和充足的用地,为'成立'一个有现代效率的政治中心创造了条件"。此外,对于"梁陈方案"中倡导的"邻里单位"及中国坊制的街型和建筑群的布置,刘小石也

---

① 赵冬日:《论古都风貌与现代化发展》,《建筑学报》,1990年第12期。
② 华揽洪著,李颖译:《重建中国——城市规划三十年(1949—1979)》,第34页。
③ 陶宗震口述、胡元整理:《一场持续三十年的争论与"新北京"规划 陶宗震:〈梁陈方案〉救不了"新北京"》,《文史参考》,2012年第4期。

给予了充分的肯定,对于批评"梁陈方案"在经济上不可行的意见予以明确否定。① 刘小石坦言:"以今天北京市的规划实践情况来看,如果当时采纳了这一方案,今天北京旧城的保护会容易得多,北京市规划建设中所遇到的困难也不会这样多。"②

新华社记者王军曾长期关注、研究北京城市保护与规划问题,对"梁陈方案"有系统的考察和思考,其研究成果亦为学界所关注。针对当年对"梁陈方案"的批评意见,王军运用大量的历史资料和数据逐一予以剖析,最终,充分肯定了"梁陈方案"的价值。③

(三)对"梁陈方案"的部分观点予以肯定或否定

多数著述持此类观点,即部分肯定"梁陈方案",同时指出其缺陷和不足。评述意见千差万别,但亦大大深化了对"梁陈方案"的研究及对北京城市规划问题的认识。

综合这些论述,可简单概括为两类:第一类持基本肯定态度,认可"梁陈方案"的理念和思路,但对方案的细节不满意,认为需要进一步修订和完善;第二类观点认为"梁陈方案"有可取之处,但问题很多,即便有机会付诸实践,亦非理想方案。这两类意见普遍认为后来的北京城市建设部分地实现了"梁陈方案"关于在西郊近城地点建立行政中心区的设想,重要的实例便是大量军事

---

① 刘小石:《城市规划杰出的先驱——纪念梁思成先生诞辰一百周年》,《城市规划》,2001年第5期。
② 娄舰整理:《梁思成关于北京历史文化名城保护的杰出思想及其贡献——纪念梁思成先生八十五周年诞辰》,《城市规划》,1986年第6期。
③ 王军:《梁陈方案的历史考察:谨以此文纪念梁思成诞辰100周年并悼念陈占祥逝世》,《城市规划》,2001年第6期。

机关落户于此以及在三里河兴建"四部一会"①办公楼。

著名规划学家吴良镛从现代规划学理论的角度肯定了"梁陈方案"的重要价值,他指出:"'梁陈方案'所遵循的本是历史名城规划的普遍原则,其价值在于符合'保护历史城市另辟新区扩建'这样一个规划建设的基本方式",实践证明,这一原则既省钱又具有相对较大的自由度,恰恰是新中国成立初期迫切需要的效果。② 对于"梁陈方案"的不足,吴认为主要体现在规划设计层面,"新区的规划也不尽理想,偏于旧城一隅,过于从而属之,缺乏一个动人的雄伟布局"。③

有学者从"梁陈方案"体现出的文物建筑和古城保护思想入手,充分肯定了"梁陈方案"在旧城保护上所遵循的"古今兼顾,旧新两利"的原则,以及所做的规划设计,但亦指出其存在"古城保护中的理想主义倾向",认为梁思成"更注重文物建筑和古城的保存与保护,更注重城市空间构图的设计和城市景观环境的改善,而对城市新的发展认识不足"。④

梁思成的学生陶宗震曾在梁的指导下参与"梁陈方案"的修改工作,并向梁提出了"梁陈方案"的缺陷,他告诉梁思成:"梁陈方案"规划的西郊行政中心区"比旧北京的皇城规模还大,建成后使得新旧两个城区截然分开,造成一个城市有两个'核心'",

---

① 即国家计划委员会和地质部、重工业部、第一机械工业部、第二机械工业部联合修建的办公大楼,位于北京三里河,1952 年开始设计,1955 年竣工。
② 吴良镛:《北京旧城保护研究(上篇)》,《北京规划建设》,2005 年第 1 期。
③ 吴良镛:《历史文化名城的规划结构、旧城更新与城市设计》,《城市规划》,1983 年第 6 期。
④ 王蒙徽:《梁思成的文物建筑和古城保护思想初探》,《华中建筑》,1992 年第 2 期。

这样的话,很容易造成"新旧城之间的贫富差距更加严重"。对于这一意见,梁思成表示同意,此外,还采纳了陶宗震关于中央机关和北京市机关两组建筑群规划布局的设计意见。关于"梁陈方案"历史命运和是非功过,陶宗震的结论非常值得关注,概括起来有 3 个方面:一是"梁陈方案"确实存在很多不足,梁思成亦认识到这一点,并根据各方面意见作了修改,也就是说,"不可取之处已经做了修改";二是"梁陈方案"并非遭到抛弃,而是最终演变为张开济所主持的"四部一会"规划设计和范家胡同北京市机关大楼的规划设计,"可取之处已经实现";三是不可一味迷信"梁陈方案","总起来说并不存在大家所误解的'由于没有听取梁先生的意见,把北京搞乱了'的情况。"①

三、政治决定规划:关于"梁陈方案"命运的反思

规划好北京城,既是建国初期中央和北京市极为关注的大事,也是梁思成、陈占祥等规划建筑界专家、学者渴望为之奉献才华的大事。如果说和平解放初期,北平市在城市规划工作中的民主作风和包容精神有效地调动了专家、学者们的热情和积极性的话,建国之后,北京市对于城市规划工作理念和态度的转变,则让梁思成、陈占祥等人顿感寒意和压力,其对于古都规划建设的忧虑感和危机感也随之加重。前文列举了各方对于"梁陈方案"的评价及对其最终结局的看法,观点千差万别,但"梁陈方案"及其

---

① 陶宗震口述、胡元整理:《一场持续三十年的争论与"新北京"规划 陶宗震:〈梁陈方案〉救不了"新北京"》,《文史参考》,2012 年第 4 期。

后来的命运值得人们进一步总结和反思,"悟以往之不谏",以此对 1950 年代初期特殊的政治、学术语境作生动具体的个案剖析。

(一)决定"梁陈方案"命运的关键因素

1950 年代,虽然未形成关于"梁陈方案"的学术争论,但各方还是发表了一些意见,包括经济上不可行、旧城保护思想有问题,等等,成为北京市否定"梁陈方案"的主要依据。对于技术层面的不足,梁、陈二人都有很好的表态,并着手进行了修改。陈占祥在 1951 年 9 月 22 日都委会总图起草小组第二次专题报告会上所做的报告中专门提及这一问题,他表示:"在去年我们在部分土地审核工作经验中知道申请单位都不愿到新北京去发展,理由是离城太远什么基础都没有(包括市政建设同一般都市生活基础),因之今年城关厢的发展计划就针对着那个问题而做的,事实证明,这种决定是正确的。"①可见,规划设计存在的缺点和不足不是决定"梁陈方案"命运的关键因素。

决定"梁陈方案"命运的最重要的因素来自中央领导的个人决策,以及与之相吻合的政治语境。在推介"梁陈方案"的过程中,梁思成曾先后致信中央和北京市有关领导,但都没有回复,各级领导的沉默和事实上的拒绝让梁思成感到困惑。现在看来,这种"困惑"恰恰是解读"梁陈方案"命运的关键。中央及北京市有关领导以沉默的方式拒绝"梁陈方案",其决定性因素在于毛泽东主席已经就北京市城市规划的原则和方向表明了态度,梁思成

---

① 《北京市都委会总图起草小组专题报告》,北京:北京市档案馆,档号 150 – 001 – 00041。

的设想与之不符。基于这一最高决策意见,北京市实际上所需要做的就是以天安门为中心认真组织设计具体的规划方案了。明确了这一点,就很容易理解建国前后北京市在首都规划问题上表现出的截然不同的态度和意见,因为他们已经准确地了解了中央的决策意见,余下的任务就是贯彻落实好领导意图。正如英国学者迪耶·萨迪奇(Deyan Sudjic)所指出的,"在任何文化中,建筑师要获得工作机会就必须在自己和权贵之间架起一道桥梁,除了他们没有人会提供建筑的资源","不管在什么体制下,建筑师都别无选择,只能与当权者虚与委蛇或妥协"。① 城市保护与规划是重要的学术性工作,但又被各式各样的权力因素所制约,这一问题的解决过程从某种意义上讲同步于一个国家和民族政治文明、社会文明走向现代化的进程。刘小石后来在分析"梁陈方案"命运时指出:"梁陈方案""之不被采用,并非《建议》本身有问题,而在于决策的失误,在于决策者主观上的问题。"②朱涛在其著述中亦明确提出:"梁陈方案"未被完全采纳和实施的"最直接、决定性的因素是毛泽东个人的决策和苏联专家的意见"。③其实,苏联专家的作用也是有限度的,他们的意见只是中央最高领导个人意图的间接体现和技术细化而已。

　　决定"梁陈方案"命运的另一个关键因素在于梁思成自身。建国前后,梁思成积极参与新政权建设,并先后担任了多项领导

---

① ［英］迪耶·萨迪奇著,王晓刚、张秀芳译:《权力与建筑》,第11页。
② 刘小石:《城市规划杰出的先驱——纪念梁思成先生诞辰一百周年》,《城市规划》,2001年第5期。
③ 朱涛:《梁思成与他的时代》,第319页。

职务,以书生身份从政,其作为自由知识分子的身份亦随之消失。虽然梁对从政充满了热情和真诚,且主要在自己熟悉的专业领域担任领导职务,但后来的经历表明,梁在仕途上举步维艰,力不从心,其本人在学术上和政治上的悲剧性命运亦由此开始。薛子正对梁思成在编制"梁陈方案"时缺乏政治头脑的评价颇有分量,他指出:"梁先生的方案涉及中央机关的组织机构问题,很不切实际,关于中央组织都有哪些机构,都还没定。北京市是为中央机关服务的,怎么能对中央机关的规模与位置指手画脚。虽然梁先生的本意并不是想对中央指手画脚,但是对中央机关的内容与规模只能是设想,不经中央同意,什么样的方案都无法实施。"①梁思成最大的问题在于始终没有弄清楚学术和政治的关系,他希望并积极地寻找平衡点,但没能成功。因为,就个人的本性而言,梁还是一名学者。

(二)学术争鸣的异化

考察"梁陈方案",还有一点值得深省,即不正常的政治语境对学术语境的冲击和制约,并直接导致学术争鸣的异化。在建国之前北平市召开的城市规划报告会上,梁思成、陈占祥等人还能够当面与苏联专家就规划问题展开争论,等"梁陈方案"提出时,自由的学术争鸣始终未能出现,最初的批评意见还是朱兆雪、赵冬日二人以提出新的方案的方式予以表达。即便是正常的工作争论,学者们的宽容度似乎也越来越小,不仅直接影响其私人间

---

① 陶宗震口述、胡元整理:《一场持续三十年的争论与"新北京"规划 陶宗震:〈梁陈方案〉救不了"新北京"》,《文史参考》,2012 年第 4 期。

的关系，而且动辄上纲上线，扣上反党、反苏、反社会主义等大帽子，以非学术的方式来延续学术上的争论。或许正是亲身感受到了这一点，陈占祥才更加珍惜与梁思成的友谊，他回忆说："在'反右'斗争中，梁先生多次主持中国建筑学会召开的批判'陈华联盟'大会。但每次会后，梁先生对我总是鼓励多于批判。我记得非常清楚，当我被指为'右派'后，梁先生见我说的第一句话是：'占祥，你为什么这样糊涂啊？'"①

小　结

关于"梁陈方案"提出的历史背景、主要内容及其历史命运等基本问题，本章结合相关文献资料作了较为全面的梳理和评述。毫无疑问，"梁陈方案"是梁思成在 1950 年代学术实践活动中完成的最具代表性的作品。虽然只是一份关于首都行政中心区位置问题的建议书，但其实际涵盖的学术领域非常广泛，体现出了丰富的古都保护与现代城市规划建设思想。可以说，梁思成较准确地把握住了建国初期决定北京城市规划与建设方向的核心问题，并试图以点带面，有序地构建起北京旧城保护与未来城市发展融为一体的理想模式。这是认识和评价"梁陈方案"的出发点和关键点，也是研究建国初期梁思成城市规划思想及相关学术实践的基本环节。

---

① 　陈占祥：《忆梁思成教授》，《建筑师不是描图机器——一个不该被遗忘的城市规划师陈占祥》，第 61 页。

梁思成在北京城市规划工作中的经历及被边缘化的结局亦表明建国初期启动城市规划的艰难,决策者和管理者缺乏足够的科学发展意识和民主作风,以及受其影响而形成的专断、保守的行政决策机制,在很大程度上干扰、制约了现代城市规划方案的研究和论证。跳出规划方案本身的是非得失,从体制机制层面再次审视"梁陈方案"的最终命运,将有助于深化对这一问题的思考和研究,这也是研究"梁陈方案"的现实意义之所在。

第七章　无力的争取:梁思成 与北京文物建筑保护

从北平和平解放到 1950 年代中期,梁思成在北京城墙、城门、牌楼、团城等重要文物建筑保护方面做了大量的工作,他通过多种途径阐述其文物建筑保护思想,提出具体的整理保护方案,在努力保存文物建筑原貌的过程中,亦在为其古都保护理想的实现做最后的争取。基于此,有学者将梁思成保护北京文物建筑的活动称之为"北京城保卫战"。① 关于建国初期北京市文物建筑保护问题,近些年,学术界较为关注,亦取得不少的成果。就现有的研究成果而言,基本上分为两类:一类是纪实风格的史实记述,依据文献记载对相关的问题进行整理和回顾;另一类则主要集中在对城墙、牌楼等具体的文物建筑的拆除过程以及政府的决策过

---

① 韩石山:《五十年代的"北京城保卫战"》,《兰台内外》,2009 年第 5 期;窦忠如:《梁思成与"北京保卫战"》,《纵横》,2007 年第 1 期。

程的研究。本章以梁思成保护文物建筑的两个典型案例为载体，梳理其在建国后的文物建筑保护思想及实践活动，并对梁在这一时期学术实践活动的风格和特点作进一步剖析。

第一节　保护北京城墙:梁思成的文化情怀与失落

新中国成立之后,北京市开始了大规模的城市改造和建设,清除垃圾、改善市容,整修道路、畅通出行,修缮危房、建造新楼,等等,城市面貌日新月异。面对政府和广大民众日益高涨的建设热情和干劲,梁思成感到前所未有的压力,多年从事古建筑研究与保护工作的经验使他产生强烈的危机感,对于古都北京和遍布全城的文物建筑的命运的危机感。事实证明:梁思成的预感是符合实际的,建国之后,"建设性破坏"问题几乎伴随着北京旧城改造与建设的全过程,规模空前的城市建设与文物建筑保护之间的矛盾日益尖锐和复杂,各级官员、学者、普通民众等不同的社会群体和阶层围绕解决这一问题形成了复杂的博弈关系。北京城墙的存废问题,既是当时各方关注和博弈的热点之一,也是建国初期北京文物建筑保护遇到的颇具代表性的问题之一。

一、城墙的危机:从民国到新中国

北京旧城始建于元朝,其营建过程严格按照《周礼·考工记》,1553 年,明世祖增筑外城后,形成紫禁城、皇城、内城、外城四重城墙环绕的格局,城墙呈凸字型的轮廓,实际总长度为23.55公里。满清入关后,基本上沿袭了明代北京的城市格局。至清末民初,北京城的轮廓基本上完整保留,其城门依旧是"内九外七皇城四","内九"指内城有 9 座城门,分别是崇文门、正阳门、宣武门、阜成门、西直门、德胜门、安定门、东直门、朝阳门;"外七"指外城有 7 座城门,分别是广渠门、广安门、东便门、西便门、左安门、右安门、永定门;皇城有 4 座门,分别是天安门、地安门、东安门、西安门。北京城墙的危机从清末开始显现,自然损坏加上人为拆除,对城墙保护造成了极大的威胁,北平和平解放之后,由于城市发展及建设的需要,加上在城墙价值认知问题上的巨大分歧,城墙的存废问题又被提出,并引起广泛的争论。

(一)清末及民国时期的城墙危机

清朝末年,由于政局动荡、财政枯竭,清政府对北京城墙的维护日益松懈,自然破损现象较为普遍,崇文门箭楼和内城西北角楼等遭到八国联军炮火轰击之处更是破毁严重。随着近代军事技术及武器装备的发展,城墙传统意义上的城市保护与防御功能逐步消失,无论官方抑或民众对于城墙的重视程度亦越来越低,甚至将其视作腐朽没落的封建王权的象征。可以说,相比较自然的损毁,对城墙保护威胁更大的是人们对城墙价值的无视和无知,民众普遍未将城墙视为文物建筑,一些专家、学者也积极推动拆除城墙以利于建设现代都市。民国时期,政府虽意识到城墙的历史价值和文化价值,对其损毁情况予以勘察,并拨付一定的经费进行维护修缮,但总的来看,北京城墙自然损毁和人为破坏的情况日益严重。为便于疏导交通、改善市政基础设施,正阳门瓮城城垣、宣武门箭楼、皇城城墙等陆续被拆除,在正阳门和宣武门之间还增辟了和平门,城墙的完整性遭到极大的破坏。日伪统治

时期,在长安街东西两端开辟城门,命名为长安门、启明门,抗战胜利后,国民政府将其改名为复兴门、建国门。(见表7.1)

表 7.1　民国时期北京城墙拆除及维修情况统计表①

时　间	拆除情况	改建情况	维修情况
1912 年 (民国元年)	1. 拍卖德胜门木料 2. 左安门城楼颓毁 3. 拆除左安、右安、东便、西便四门瓮城	无	无
1914 年 (民国三年)	拆除正阳门瓮城	1. 正阳门左右各辟二门 2. 改造前门箭楼	无
1915 年 (民国四年)	修环城铁路,拆除德胜、安定、东直、朝阳四门瓮城	无	无
1920 年 (民国九年)	拆除东北角楼	无	无
1921 年 (民国十年)	拆除德胜门城楼	无	无
1926 年 (民国十五年)	开辟和平门(1927 年更名兴华门,1928 年复名和平门)	无	无
1927 年 (民国十六年)	拆除宣武、朝阳二门城楼	无	无
1933 年 (民国二十二年)	拆除宣武门瓮城	无	无

① 参考王国华:《北京城墙存废记——一个老地方志工作者的资料辑存》,第204—205 页。

（续表）

时　　间	拆除情况	改建情况	维修情况
1936 年 （民国二十五年）	无	无	修复东南角楼
1939 年 （民国二十八年）	辟长安街东西两端城门，初名长安、启明，抗战胜利后改为复兴门、建国门	无	无

（二）建国前后的城墙危机

北平和平解放,对于城墙保护至关重要,可以说使城墙躲过了一劫。近代以来,北京城墙首次遭到严重损毁即是来自 1901 年八国联军轰炸北京的炮火。在战争中,城墙往往成为首先打击和重点打击的对象。然而,北京城墙的危机并未因北平的和平解放而结束。

1. 华南圭提议拆除城墙

北平和平解放之后,随着城市改造与建设工作的展开,关于城墙存废的争议之声再起。1949 年 5 月 8 日,市建设局召开了"北平市都市计划座谈会"。根据会议主办方的安排,与会人员着重围绕如何把北平变成生产城、西郊新市区建设、城门交通、城区分区制等 4 个问题进行讨论。关于城门交通问题,市建设局提出了 5 种解决方案供与会人员讨论,拆除城墙修筑环城道路即是其中一种方案,但建设局也明确表示:"此种办法,有关古都城墙之存废问题,须在原则上加以考虑。"华南圭在就第一个议题发言时,提出刺激经济发展生产最根本的举措即是大兴土木,至于开展何种工程项目,他建议可先拆除城墙以修下水道、在西郊建造房屋等。在谈到交通问题时,华南圭再次提到城墙问题,他强调:"拆去城墙,各国都有先例,杨永泰拆除武昌城墙,当时议论纷纷,现在人人称善。如若一定坚持保守主义,也至少应实行二事:①所有瓮城,一律拆除。②多开门洞。"①在1949年8月召开的北平市各界代表会议上,华南圭在其提交的代表提案中再次提到了拆除城墙问题,华明确建议:"添开城门,拆除瓮城",并提出"此事宜与下水道之工事相配合,利用其旧砖以作暗沟"。②

2. 城墙自然损毁情况严重

建国前后,北京城墙的另一个强大敌人来自大自然。1930年代之后,虽然国民政府和日伪政府对城墙均持保护态度,较少拆除城墙,解决交通问题时基本上采取开辟新城门的方式,但由于经费欠缺、认识不足及时局不稳定等原因,在城墙的保护及修缮方面基本上无太大作为,加上民众保护城墙意识的匮乏,导致城墙年久失修,损坏情况严重。抗战胜利北平光复之后,北平市警察局对全市城墙破损情况作了一次全面的调查,发现多段城墙存在坍塌、脱落、墙基空陷、内外壁破坏、垛口破坏等情况。此外,复兴门以南、国会街南沟沿以西、宣武门以东、和平门以西等多段城墙被日军挖掘城墙洞百余个,亦对城墙造成较大破坏。③

① 《北平市都市计划座谈会记录》,北京:北京市档案馆,档号:150-001-00003。
② 华南圭:《刷新北平旧城市之建筑(条陈几宗切近易行之事)》,《北平市各界代表会议专辑》,第41页。
③ 《北平市警察局呈文(民国三十五年四月十八日行治字1038号)》,《北京城墙存废记——一个老地方志工作者的资料辑存》,第128—129页。

北平和平解放之后，城墙的自然损毁情况进一步加剧。虽然总体轮廓还保持，除前三门一段城墙外，其他各段墙冠的宇墙和箭垛大多残缺，内外墙面腐蚀严重，城墙顶部杂草丛生，多处地段有裂缝或坍塌现象。1957 年初，北京市城市规划管理局对城墙现状作了全面调查，发现损毁情况非常严重，在该局上报市人民委员会的请示中这样记录调查的情况："内城，全长约 47 华里，解放后，为畅达城内外交通，拆豁口 20 余处，崇文门及阜成门的瓮城、朝阳门及德胜门的城门楼，也已拆除。外城，极为破烂，坍塌之处很多，解放后，拆豁口八处，1955 年前华北防司及市体委拆除了广渠门以南、陶然亭豁口迤西两段共约 7 华里，以后，又有仓储公司、上下水道公司、道工局养工所、中央体委、房管局等单位陆续剥取城砖；据调查，外城已有百分之八十拆除，目前仅残留着东便门、铁路豁口附近、西南城角三处，共约 8 华里。"[①]1958 年 2 月初，北京市上下水道工程局会同北京市规划局对前三门城墙进行了检查，并对损毁情况进行了统计，发现的问题主要有：墙皮凸闪，凸闪处达 5850 平方公尺；射击孔很多，共约 158 处，孔周围的城砖大多单摆浮搁，摇摇欲坠；城砖碱化，多处城墙因城砖被碱蚀而塌陷或外闪；野树丛生，墙皮上约有 466 棵野生小树，致使城砖被挤凸出；城顶有 119 处洞穴，最深者甚至与城下所挖防空洞连通；有 119 处防空洞，有的处于无人管理状态；前门车站一段，工

---

① 《北京市城市规划管理局关于城墙管理问题的请示》，《北京城墙存废记——一个老地方志工作者的资料辑存》，第 138 页。

棚砌砖及女儿墙垛存在凸闪。①

二、从宏观到具体：梁思成的城墙保护思想

（一）梁思成的城墙情结

　　著名文物建筑保护专家 B・M・费尔顿提出文物建筑的价值包括 3 个方面：一是情感价值，包括新奇感，认同作用，历史延续感，象征性，宗教崇拜；二是文化价值，包括文献的，历史的，考古的，审美的，建筑的，人类学的，景观与生态的，科学的和技术的；三是使用价值，包括功能的，经济的，社会的，政治的。② 可以说，对于北京城墙及其厚载的价值，梁思成不仅有着深刻的理解和全面的把握，而且充满深厚的个人感情。1957 年 6 月 8 日，梁思成在《人民日报》发表《整风一个月的体会》，谈到对北京城市建设工作的意见时，他明确表示："拆掉一座城楼像挖去我一块肉；剥了外城的城砖像剥去我一层皮。"③据说，1950 年代，梁思成曾经在很多场合讲过这段话。曾昭奋回忆说，1959 年冬，自己在华南工学院建筑学系上学时聆听了梁思成的一场学术讲座，梁坦言自己对北京城墙充满感情，并再次讲出了这段话。④

　　在梁思成看来，北京是都市计划的无比杰作，而城墙则是

①　《北京市上下水道工程局关于整修前三门城墙的请示》，《北京城墙存废记——一个老地方志工作者的资料辑存》，第 154 页。
②　[英]B・M・费尔顿：《欧洲关于文物建筑保护的观念》，《世界建筑》，1986 年第 3 期。
③　梁思成：《整风一个月的体会》，《人民日报》，1957 年 6 月 8 日第 2 版。
④　曾昭奋：《北园酒家、梁启超纪念馆和梁思成先生的一次演讲——纪念梁思成先生诞辰一百周年》，《清华园里可读书？》，第 308 页。

"一件极重要而珍贵的文物",是伟大的北京城墙,是"一串光彩耀目的中华人民的璎珞"。对于北京城墙蕴涵的丰富的文化价值,梁思成予以形象的描述,他指出:城墙"朴实雄厚的壁垒,宏丽嶙峋的城门楼、箭楼、角楼,也正是北京体形环境中不可分离的艺术构成部分","在城的四周,在宫城的四角上,在内外城的四角和各城门上,立着十几个环卫的突出点。这些城门上的门楼,箭楼及角楼又增强了全城三度空间的抑扬顿挫和起伏高下。"①瑞典学者奥斯伍尔德·喜仁龙的描述则更具文学色彩,他说:"纵观北京城内规模巨大的建筑,无一比得上内城城墙那样雄伟壮观。初看起来,它们也许不象宫殿、寺庙和店铺牌楼那样赏心悦目,当你渐渐熟悉这座大城市以后,就会觉得这些城墙是最动人心魄的古迹——幅员广阔,沉稳雄劲,有一种高屋建瓴、睥睨四邻的气派。它那分外古朴和绵延不绝的外观,粗看可能使游人感到单调、乏味,但仔细观察后就会发现,这些城墙无论是在建筑用材还是营造工艺方面,都富于变化,具有历史文献般的价值。"②

对于北京城墙的情感价值,梁思成亦有深刻的感受,他指出:"北京的城墙也正是几十万劳动人民辛苦事迹所遗留下的纪念物","虽然曾经为帝王服务,被统治者所专有,今天已属于人民

---

① 以上见梁思成:《北京——都市计划的无比杰作》,《梁思成全集(第五卷)》,第107、110页。
② [瑞典]奥斯伍尔德·喜仁龙著,许永全译,宋惕冰校订:《北京的城墙和城门》,第28页。

大众，是我们大家的民族纪念文物了。"①1932 年 6 月，梁思成赴
宝坻县开展古建筑调查，回北平的旅途颇为艰辛。他这样描述看
到前门的心情："七点过车到北平前门，那更是超过希望的幸
运。"②这样的描述还出现在张先得的回忆中，他说：自己少小离
家，每次回北京，"当火车经过永定门、东便门、东南角箭楼、崇文
门时，虽然只是一闪而过，但总是心里阵阵发热，那些城门楼如同
翘盼着游子归来的家人。走出北京站，正对正阳门箭楼、城楼，就
觉得自己已经到家了。在我心目中这些城楼代表着北京，也代表
着家。"③对于张先得的记述，著名地理学家侯仁之颇有同感，他
这样记述自己的感受，"当我在暮色苍茫中随着拥挤的人群走出
车站时，巍峨的正阳门城楼和浑厚的城墙蓦然出现在我眼前。一
瞬之间，我好像忽然感觉到一种历史的真实。从这时起，一粒饱
含生机的种子就埋在了我的心田之中。"④而常年生活在北京的
普通百姓，胡同、四合院、城墙几乎就是他们生活的一部分，是
他们从儿时到老年的记忆。1957 年，社会各界围绕城墙存废问
题再次展开了争论，有不少市民致信《北京日报》、北京市都市
计划委员会等单位，反对拆除，表示很多老北京居民都是爱护
北京城全部古代建筑而痛心以任何借口加以破坏的，也有居民
表示自幼就喜欢城门楼、雄伟的城墙和两岸垂柳的护城，现在

① 梁思成：《关于北京城墙存废问题的讨论》，《梁思成全集（第五卷）》，第 86 页。
② 梁思成：《宝坻县广济寺三大士殿》，《梁思成全集（第一卷）》，第 258 页。
③ 张先得编著：《明清北京城垣和城门》，第 307 页。
④ 侯仁之：《序一》，《明清北京城垣和城门》，第 2 页。

仍然喜爱。①

对于北京城墙的使用价值,梁思成亦赋予其崭新的功能。一是娱乐功能,封建社会,由于城墙承载的军事防御功能以及其所作为皇权的象征,普通百姓是没有机会登临的,而进入新社会之后,人民当家作主,城墙的军事防御功能亦基本消失,让城墙为民众服务也就顺理成章了。在北京市各界人民代表会议上,有代表建议用崇文门、宣武门两个城楼作陈列馆,对此建议,梁思成给予了肯定,并指出"应该把城墙上面的全部面积整理出来","城墙上面面积宽敞,可以布置花池,栽种花草,安设公园椅,每隔若干距离的敌台上可建凉亭,供人游息"。梁断言,如果这样利用城墙的话,"它将是世界上最特殊公园之一———一个全长达三九.七五公里的立体环城公园",他还绘制了一张市民在这个"立体环城公园"上游憩的效果图以说明自己的观点。② 二是城市防御功能的再利用,梁思成提出:可以让古代防御的工事在现代再完成一次历史任务,"假使国防上有必需时,城墙上面即可利用为良好的高射炮阵地"。③ 考虑到 1950 年代初期国土防空装备仍以高射炮为主的现状,梁的这一建议并非完全不具备可行性。

(二) 从保护北京旧城到保护北京城墙

考察梁思成在建国前后关于北京旧城保护和城墙保护的言

---

① 《宣振庸、费弘扬、王洪铸等人关于对北京城墙废留问题的人民来信》,北京:北京市档案馆,档号:151-001-00060。
② 梁思成:《北京——都市计划的无比杰作》,《梁思成全集(第五卷)》,第111—112页。
③ 梁思成:《关于北京城墙存废问题的讨论》,《梁思成全集(第五卷)》,第86页。

论,可以看出,他在城墙保护问题上是煞费苦心的,既提出了颇具理想化色彩的应对方案,又在现实的重压下拿出了具有较强针对性的解决办法。

1."梁陈方案":以保护北京旧城实现对城墙的全面保护

在北京市文物建筑保护问题上,梁思成有一个很明确的观点,即强调整体价值与整体保护。他认为,北京城内的文物建筑是"世界绝无仅有的建筑杰作的一个整体",[1]其能够较完整地保存下来是极其宝贵的,"它的整体的城市格式和散布在全城大量的文物建筑群就是北京的历史艺术价值的本身",[2]这即是北京城整体价值的体现。对于北京市的文物建筑保护不可能也不应该是孤立的保护,而只能是将整体性保护和个案保护融为一体,特别是保护好北京旧城中心的文物环境。[3] 正是基于此种认识,在讨论北京市城市规划问题时,梁思成、陈占祥在"梁陈方案"中为北京市的文物建筑保护精心设计了一个路线图,即:展拓新区域,建设西郊新市区→将中央人民政府行政中心区设置于西郊月坛以西,公主坟以东的地区→疏散旧城人口,保持城市风貌,定位为文物保护区、文化娱乐区,实现整体的保护。梁思成相信,如果整个北京旧城得以很好的保护的话,作为其重要组成部分的城墙自然可以得到妥善的保存和维护,并在有效保护的基础上开发其新的功能,服务人民大众。

① 梁思成:《我国伟大的建筑传统与遗产》,《梁思成全集(第五卷)》,第100页。
② 梁思成、陈占祥:《关于中央人民政府行政中心区位置的建议》,《梁思成全集(第五卷)》,第80页。
③ 同上书,第71页。

2.《关于北京城墙存废问题的讨论》：基于城墙现状的保护措施

"梁陈方案"提出后，各方反应较为冷淡，北京市政府虽未立即表态，但其实际的政策导向显然是以旧城为中心建设行政中心区。鉴于对旧城实行整体性保护的建议很难得以实现，加之拆除城墙的意见不时被提及，梁思成意识到城墙保护迫在眉睫。1950 年 7 月，梁思成发表了《关于北京城墙存废问题的讨论》一文，全面阐述其关于城墙保护的思想，驳斥了拆除城墙的意见，并就城墙保护的相关技术问题提出对策和建议，进行可行性论证。

其一，关于拆除城墙言论的剖析。对于主张拆除城墙的理由，梁思成将其归纳为 4 个方面：一是"城墙是古代防御的工事，现在已失去了功用，它已尽了它的历史任务了"；二是"城墙是封建帝王的遗迹"；三是"城墙阻碍交通，限制或阻碍城市的发展"；四是"拆了城墙可以取得许多砖，可以取得地皮，利用为公路"。梁思成认为，这些言论的核心问题是没有认识到城墙的文物价值，城墙的存在和城市的发展并不矛盾，关键是要合理的利用，发展其现代功能。

其二，反驳主张拆除城墙者的质疑。关于阻碍交通的问题，梁思成明确提出"选择适当地点，多开几个城门，便可解决"。其实，这一问题民国时期已经采用并获得好评。关于城墙是否是封建帝王的遗迹的质疑，梁思成认为，关键看它为谁所有、为谁所用，城墙是古代劳动人民创造的，"今天已属于人民大众，是我们大家的民族纪念文物了"。关于将拆下的城砖用于市区建设的意见,梁思成就拆除城墙的工作量作了一个粗略的估算,指出除去耗费巨大的人力外,仅拆除的土方量即会达到一千一百万吨左右,"用由二十节十八吨的车皮组成的列车每日运送一次,要八十三年才能运完"。基于上述理由,梁思成得出了自己的结论:"城墙的确不但不应拆除,且应保护整理。"

其三,提出开发城墙的新建议。梁思成明确否定了认为城墙已失去了功用的说法,他指出:只要合理开发使用,可以使城墙在现代社会发挥重要的作用。除了建议将城墙建设成环城立体公园外,梁还结合北京市规划中正在着手推动的分区管理,提出将城墙作为城市分区的自然隔离物,既起到物理隔离的效果,又显得古朴自然,使城墙与现代生活融为一体。①

3. 传承与发展:梁思成与白敦庸城墙保护思想之比较

建国前后,梁思成是就北京城墙保护问题发表意见最多的专家。值得注意的是,民国时期,由于城市的发展,拆除北京城墙的言论一度也很盛行,并在社会上引发了争论。留美归国的市政管理专家白敦庸在其著作《市政述要》一书中,专门有一篇论述北京城墙保护问题,名曰《北京城墙改善计划》,②这也是目前已知的近代中国第一份关于北京城墙的保护与开发计划。

《北京城墙改善计划》回答了当时人们对于城墙的种种质疑,同时就城墙的开发使用提出了明确的意见。关于城墙保护的指导思想,白敦庸提出:"权其利弊,去之不可,置之亦不可,故惟

---

① 以上见梁思成:《关于北京城墙存废问题的讨论》,《梁思成全集(第五卷)》,第85—89页。

② 白敦庸:《北京城墙改善计划》,《市政述要》,第112—135页。

有改善之一法。去其害而用其利,以适合社会之要需与经济之状
况为原则。"针对社会上有人将城墙批评得一无是处的观点,白
敦庸一方面承认城墙已失去传统的军事防御功能,在一定程度上
造成了交通的不便,且城墙附近的卫生环境较差;另一方面则明
确肯定了城墙的价值,指出:在抽象价值方面,城墙是"天然之古
物陈列品也。其规模,建筑,年代,事迹,堪作考古之资",在实用
价值方面,既可防范小的变乱,有效控制进出城的人员及疾病传
播,又能实现城内城外的物理隔离,在防灾减灾方面发挥作用。
白敦庸还专门强调了城墙在稳定人心方面的作用,他指出:"若
遇兵戎,虽非安乐窝之可比,而人民恃此得减其恐怖之心,稍持
镇静之态,心理上之平安,其功用固非浅鲜已。"白敦庸认为,必
须赋予城墙新的使用功能,才能实现保护与开发并举的目的,
为此,他提出:"宜将城墙开放,作为公众游观之所,则对于教育
上与经济上有莫大之利焉。"在教育上,可将城墙建设成市民读
书、看报、听讲座的公众教育场所,以及休闲娱乐放松身心的文
化活动场所;在经济上,可将城墙改造成公园,供市民观光
旅游。①

　　对于社会各界争论较多的两个焦点问题,白敦庸均表明了自
己的观点。其一,关于拆除城墙修建马路问题,白敦庸认为这个
意见不可行,一是无社会的需要;二是费用过高,经济上不合算;
三是未发挥出城墙所具有的"天然之空中游道"的功能。其二,
关于城墙阻碍交通的质疑,白敦庸认为:应该勘察实际情况,"多

---

① 　白敦庸:《北京城墙改善计划》,《市政述要》,第117—119页。

辟城门,以利车马行旅,则交通上无丝毫之阻力",城墙与现代交通的矛盾自然迎刃而解。白敦庸还建议,新开辟的城门连门也不要装,让公众自由通行,"纵有小乱,各门洞置一机关枪,即足以横扫五千人,弹压既易,检查易不难"。①

此外,白敦庸还从施工和经济成本核算等方面论述了城墙保护的具体举措及其可行性。在"结论"中,白敦庸颇为自信地指出:"今日北京城墙,一废物也。若照此篇计划改善之,则是朽木回春,枯骨生肌也。于居民增一福利,于世界放一异彩,既一劳而永逸,复暂费而久宁,是不可举,孰可举哉?"②

不难看出,梁思成关于北京城墙保护的思想与白敦庸的观点颇有相似之处,特别是在将城墙开发成环城市民公园、多开城门以缓解交通压力、拆城砖用于市政设施建设不可行等问题上,思路几乎完全一致。在对城墙的文化价值和情感价值的认知上,梁思成则远远超越了白敦庸,白的理论是基于北京城墙作为历史遗存,在考古研究、治安、卫生、抵御自然灾害等方面还有保留价值,合理保护开发可以变废为宝;梁的理论则是基于北京城墙所承载的无与伦比的文化价值和情感价值,是北京旧城不可分割的组成部分,是重要的文物建筑,合理保护开发可以更好地展示和提升其价值。

三、各方的博弈:关于城墙存与废的争论及城墙的拆除

建国之后,社会各界围绕北京城墙的存废展开了激烈的争

---

① 白敦庸:《北京城墙改善计划》,《市政述要》,第121—122页。
② 同上书,第134页。

论,由于反对意见较多,拆除城墙工作一度被暂停。遗憾的是,关
于城墙问题的争论并未能改变城墙的命运,文革期间,城墙最终
被拆除殆尽。

(一) 中央及北京市的态度

在城墙的存废问题上,中央的态度至关重要。建国之后,毛
泽东曾多次就城墙问题发表意见。显然,毛泽东对于学者们关于
城墙存废问题的讨论颇不以为然。1953 年 8 月 12 日,毛泽东在
全国财经工作会议上谈到了城墙问题,并明确表明了态度,他指
出:"集中与分散是经常矛盾的。进城以来,分散主义有发展。
为了解决这个矛盾,一切主要的和重要的问题,都要先由党委讨
论决定,再由政府执行。比如,在天安门建立人民英雄纪念碑,拆
除北京城墙这些大问题,就是经中央决定,由政府执行的。"[1]
1958 年 1 月的南宁会议上,毛泽东说:"古董不可不好,也不可太
好。北京拆牌楼,城门打洞,也哭鼻子。这是政治问题。"[2]毛泽
东是否读了梁思成的《整风一个月的体会》无从考证,但这番讲
话毫无疑问是针对梁思成及其代表的一批学者的。在之后召开
的几次中央会议上,毛泽东亦对各地拆除城墙的做法给予了肯
定。毛泽东的讲话精神很快便在北京市有关领导的讲话和具体
举措中得以贯彻落实。

对于城墙的存废,北京市的态度略显纠结,采取的措施也比
较谨慎。事实上,来自中央领导的指示,学者们的意见,以及普通

---

[1]　毛泽东:《反对党内的资产阶级思想》,《毛泽东选集》(第五卷),第 95—96 页。
[2]　李锐:《大跃进亲历记》(上卷),第 70 页。

民众的要求，最终都集中于北京市委、市政府。一方面，他们要贯彻好中央的指示，在拆除城墙上不能保守落后；另一方面，他们直接接触那些关注城墙命运的专家学者，对于他们的观点并不是完全排斥，因此，很难迅速作出决策。这一点，在市委书记、市长彭真身上体现得就很明显。1958 年之前，彭对拆除城墙问题基本上没有太明确的表态，而是主张慎重处理，能缓则缓。1953 年 8 月，在北京市第四届第二次各界人民代表会议上，彭真指出："大会上争论比较尖锐的是城墙拆不拆的问题。这是一个很复杂的问题。应该在制定首都建设总规划中，从长计议。"[1]同一年，北京市委接管全市整体规划工作之后，亦未将城墙存废问题纳入当年完成编制的《中共北京市委关于改建与扩建北京市规划草案》，在呈送中央的报告中亦表明了这一态度。[2] 1958 年 3 月 5 日，面对毛泽东要求拆除城墙的指示，彭不得不表态说："我是坚决主张拆除北京的城墙的。只要把长城的若干段保存下来，即可以代表这方面的文物。但在这个问题上，各方面朋友们以至在群众中的意见是很不一致的。因此，需要经过酝酿，慢慢来。至于已成为危险建筑物的部分，现不再修，便只好先部分拆除了。"[3]1958 年 6 月 23 日，北京市委在上报中央的《北京城市建设总体规划初步方案的要点》中提出"把城墙拆

[1] 彭真：《在北京市第四届第二次各界人民代表会议上的总结报告（1953 年 8 月 26 日）》，《北京市重要文献选编.1953》，第 349 页。

[2] 《中共北京市委关于改建与扩建北京市规划草案向中央的报告（1953 年 11 月 26 日）》，《北京市重要文献选编.1953》，第 585 页。

[3] 《关于城墙拆除问题的意见》，北京：北京市档案馆，档号：151 - 001 - 00073。

掉,改建成为第二环路"。① 9 月,北京市编制完成的《北京市总体规划说明(草稿)》亦明确提出"城墙、坛墙一律拆掉","把城墙拆掉,滨河修筑第二环路"。② 1959 年 3 月 19 日,北京市委常委会议专门讨论了城墙拆除问题,决定外城和内城的城墙全部拆除。③

(二)学者和民众的意见

在城墙存废问题上,各界专家、学者亦发表了很多意见,或要求全部拆除,或希望全部保留,或建议保留一部分。一些普通民众也通过给规划建设部门、报社等单位写信的方式谈了自己的主张和感受。

华南圭、华揽洪父子是知名专家中拆除城墙的坚决倡导者和支持者。前文曾提及,北平和平解放不久,华南圭即在多次重要会议上提议拆除城墙。建国初期,在编制北京市整体规划方案过程中,同在都市计划委员会负责此项工作的陈占祥和华揽洪发生了激烈的争论,以致于无法合作共事,两人争论的焦点之一即是城墙的存废问题,华主张拆除城墙,陈则主张保留。陈占祥回忆说:"在总图上,华揽洪主张把城墙拆了,我坚决反对。城墙拆不拆是关系到总图怎么做的事,我说绝对不能拆,争吵得不得了,很

① 《北京城市建设总体规划初步方案的要点》,《北京市重要文献选编. 1958》,第 456 页。
② 《北京市总体规划说明(草稿)(1958 年 9 月)》,《建国以来的北京城市建设资料 第一卷 城市规划》,第 209—211 页。
③ 《中共北京市委关于拆除城墙的决定》,《北京城墙存废记——一个老地方志工作者的资料辑存》,第 168 页。

厉害。"①华揽洪则回忆说:"我父亲华南圭主张全拆,梁思成主张全保,我主张拆一半。我认为,要使城内外打成一片,只从交通上看,开几个豁口就够了;但从体形上看,整个城墙的存在,等于把旧城与发展的部分隔开了;而从城墙总的形状看,又不能全拆掉。"②由于陈占祥与华揽洪分歧严重,最后北京市不得不决定由其二人分别带领一组人编制规划方案,华做甲方案,陈做乙方案。

1957年5月,华南圭在以市人大代表身份视察北京城市总体规划后,向采访的记者谈及城墙存废问题,并特意给记者提供了自己的两篇旧作,系统阐述其主张拆除城墙的理由。华南圭强调城墙不是古建筑,亦无保留价值。对于梁思成提出的将城墙开辟为环城公园的建议,华亦表示不可行。记者将华的观点作了公开报道,其中包括:可以使内外城打成一片,消除城乡隔阂;从城市整体规划看,城内外的建筑风格容易达到配合和调和;可以在城墙基础上建环城路,同时便于展宽护城河;可以获取大量土方和墙砖,经济价值大。③

对于华南圭的言论,学术界反应平淡,既无太多附和之声,亦无太多反驳之论,倒是普通民众对此反响强烈,仅北京市规划委员会即收到51封关于城墙存废问题的人民来信,其中主张完全保留城墙的来信34件,占总数的67%;主张改造利用城墙的来

① 王军整理:《陈占祥晚年口述》,《建筑师不是描图机器——一个不该被遗忘的城市规划师陈占祥》,第35页。
② 《华揽洪接受笔者采访时的回忆(1999年6月22日)》,王军:《城记》,第115页。
③ 《以市人民代表身份视察北京城市总体规划 华南圭认为北京城墙应该拆除 并主张保持天安门的固有性格》,《北京日报》,1957年6月3日第2版。

信 12 件,占总数的 23% ;主张拆除城墙的来信 5 件,占总数的
10% 。从来信情况看,反对拆除城墙的意见占大多数。主张完全
保留的信件认为"城墙是古代建筑,是民族遗产,并标志着劳动
人民历史的成就。有了城墙可保持首都的幽静、整齐及古色古香
的优点。另外城墙与天安门、三大殿实为整体,虽历经天灾人祸
却幸得保存,况北京的城墙在全国以及全世界都比较完整,因此
应当保留下来作为后代子孙瞻仰"。主张改造利用城墙的意见
则较为分散,有的"主张将城墙拆去上半部改建高架电车道,从
而改善首都的交通";有的"主张建城墙花园供人游览";也有的
"主张栽植树木,以避风沙",等等,其中以主张架高架电车道者
为多。主张拆除城墙的信件则普遍认为城墙已没有什么保留价
值,提出"假若把城墙拆掉改建成一条环形滨河路将比城墙的存
在更为美丽。"①还有一些来信尖锐地批评了华南圭的观点,甚至
有人称华是"异想天开"。②

(三) 梁思成的淡出与城墙的拆除

　　1950 年代中期以后,虽然在一些学术交流和教学活动中,
梁思成还会经常谈及自己对于北京城墙的深厚感情,但在重要
的会议场合,梁再未就北京城墙问题发表意见,亦未再发表专
门的著述,甚至在 1957 年华南圭再次公开倡导拆除城墙时,梁
也未予以反驳。究其原因,应该源自两个方面:其一,随着中央

---

① 《北京市规委会(局)1957 年处理人民来信来访统计表及总结》,北京:北京市档
　　案馆,档号:151 - 001 - 00061。
② 《宣振庸、费弘扬、王洪铸等人关于对北京城墙废留问题的人民来信》,北京:北京
　　市档案馆,档号:151 - 001 - 00060。

和北京市关于城墙存废态度的明朗,特别是始终未停止的拆除活动,使梁思成认识到保护北京城墙已无任何可能,作为一名学者,唯一能做的就是被动的等待,等待城墙的最终拆除。据林洙回忆,1969 年冬春之交,北京掀起了拆除城墙的高潮,梁思成得知消息后简直如坐针毡,连坐着不动也气喘,但即便这样,他还请求林洙能去西直门拍一张新发现的元代小城门的照片。[①] 其二,接踵而至的政治批判和政治运动使梁思成的学术空间越来越狭小,在北京市的规划建设问题上基本失去话语权。1955 年突如其来的关于"大屋顶"的批判运动,矛头直指梁思成,若不是中央领导有意保了一下梁,梁本人亦公开作了检讨,得以侥幸过关,其学术生命可能会就此终结。1957 年的整风运动更是惊心动魄,在北京市委书记彭真的巧妙保护下,梁思成再次幸免于难,但从此以后,梁的学术活力亦基本上消磨殆尽,只能小心翼翼地从事教学及基础性的研究工作。1959年 2 月 16 日,梁思成在《光明日报》发表文章,对于建筑学界反对拆除城墙的观点进行了批判,批评这种错误的思想是"要同党的领导同志进行斗争"。[②]

虽然 1950 年代中前期社会各界关于北京城墙存废问题的争论不断,但事实上,小规模的城墙拆除活动一直没有停止。(见表 7.2)

---

① 林洙:《梁思成、林徽因与我》,第 266 页。
② 梁思成:《党领导我们在正确道路上前进》,《光明日报》,1959 年 2 月 16 日第 3 版。

表 7.2　建国之后北京城墙拆除及维修情况统计表①

时　　间	拆除情况	维修情况
1949 年		市建设局维修破损城墙
1950 年	拆除崇文门瓮城,两侧开豁口	维修安定门城楼和箭楼、德胜门箭楼、东直门城楼、阜成门城楼、东便门城楼
1952 年	安定门城楼东侧开豁口	无
1953 年	拆除外城城墙,拆除朝阳门、阜成门的城楼和瓮城	无
1956 年	一些单位在外城拆除城砖、取土	无
1965 年	地铁工程开工建设,一期工程拆除了内城南墙,宣武门、崇文门城楼;二期工程自北京火车站起,经建国门、东直门、安定门、西直门、阜成门、复兴门沿环线城墙全部拆除	无
1966 年	拆除宣武、朝阳二门城楼	无
1969 年及以后	全面拆除剩余的城墙及城楼、箭楼,仅剩下正阳门及其箭楼,德胜门箭楼及内城东南角楼	无

1958 年之后,城墙拆除规模进一步扩大。1965 年 1 月 15 日,杨勇、万里、武竞天②就北京修建地铁问题向中央报告,提出拟在合适的城墙位置修建地铁,中央表示同意,毛泽东专门作出批示:"希望你精心设计、精心施工。在建设过程中,一定会有不

---

① 参考王国华:《北京城墙存废记——一个老地方志工作者的资料辑存》,第 205—207 页。

② 杨勇,时任中国人民解放军副总参谋长兼北京军区司令员,北京地下铁道领导小组组长;万里,时任北京市委书记处书记,北京市副市长,北京地下铁道领导小组副组长;武竞天,时任铁道部副部长,北京地下铁道领导小组副组长。

少错误、失败,随时注意改正。"①同年 7 月 1 日,地铁工程开工建设,一期工程拆除了内城南墙,宣武门、崇文门城楼;二期工程自北京火车站起,经建国门、东直门、安定门、西直门、阜成门、复兴门沿环线城墙全部拆除。1969 年起,在"要准备打仗"的号召下,北京市掀起了全民挖防空洞的热潮,每天动员 30 万人参加义务战备建设,拆城墙、取城砖、修建防空工事。至此,北京城墙全部消失。

第二节 无力的争取:梁思成与北京牌楼的保护

1950 年代初期,北京市关于牌楼拆留问题的争论一度非常激烈,市政府多次组织召开座谈会,征询意见,统一思想。以梁思成为代表的部分专家、学者坚决主张保留牌楼并予以妥善保护,这一主张与市领导的意图存在严重分歧,亦很难通过交流、协商的方式达成一致,最终在市政府的强势推动下,争论逐步平息,绝大部分牌楼陆续被拆除。拆除牌楼对建国初期北京市文物建筑保护产生了消极的影响,考察牌楼的拆除过程,两个问题最为关键,值得学界进一步研究和讨论,一是如何认识北京市的整体发展规划与文物建筑保护的内在矛盾性,具体到牌楼拆留问题上,即北京市执意拆除牌楼的深层次原因是什么? 二是北京市政府就牌楼拆留问题与专家、学者的博弈关系及最终处理办法。

① 毛泽东:《对杨勇等关于北京修建地下铁道问题的报告的批语(一九六五年二月四日)》,《建国以来毛泽东文稿》(第 11 册),第 327 页。

一、北京的城市发展与牌楼危机

建国前后,大量的机关单位和工作人员进入北京,使得旧城承载着日益繁重的市政、交通、餐饮、住宿等方面的压力,其原本就不宽裕的城市空间更显狭小和局促,牌楼问题即是在这一大背景下提出来的。

(一)建国之初的北京牌楼

北京的牌楼始建于元代,明、清两代陆续增建,至清末民初,北京尚有牌楼60多座,多坐落于皇家园林、寺庙和城区的一些街道。建国之初,北京市区街道上的牌楼基本上得以保留,成为北京城独特而别具韵味的重要景观建筑。当时跨街的牌楼主要有前门外五牌楼,东、西交民巷牌楼(各1座),东、西四牌楼(各4座),东公安街牌楼,司法部街牌楼,东、西长安街牌楼(各1座),帝王庙牌楼(2座),大高玄殿牌楼(2座),北海桥牌楼(2座),成贤街牌楼(2座),国子监牌楼(2座),此外,还有两座临街的牌楼,分别是大高玄殿对面的牌楼和鼓楼前火神庙牌楼。这些牌楼以木结构为主,多建于明清,只有两座建于民国初年,即东公安街牌楼和司法部街牌楼。对于老北京城而言,风格各异、林立于市区的牌楼不仅是重要的文物建筑,具有很高的历史价值,而且是北京市容市貌的重要衬托和组成部分,朝夕陪伴民众生活,具有浓郁的文化价值和情感价值。北京的东单、西单、东四、西四等地名,即是因该地建有东单牌楼、西单牌楼、东四牌楼、西四牌楼,略去"牌楼"二字而得名。在梁思成看来,这些古老的牌楼"是个别的建筑类型,也是个别的艺术杰作",其艺术价值不言而喻,同时,它们又是构成整个北京壮丽景观的有机组成部分,与北京城密不可分。①

(二)从拆除东西三座门到拆除牌楼

在文物建筑的拆除问题上,最早引发争议的是拆除天安门前的东西两幢三座门,即位于长安街上的长安左门和长安右门。这两座门建于明代,和天安门城楼、中华门组成了一个"T"字形的广场,是北京旧城建筑中轴线的重要组成部分。开国大典之后,天安门成为新中国的象征,也是举行重大集会、检阅部队、群众游行的主要场所。中央提出要改造天安门广场,拓宽东西长安街,而三座门横亘于东西长安街上,客观上对日益繁忙的交通造成了一些影响,阅兵部队和游行的群众从此穿过也确有不便。基于上述理由,建国之初,北京市便决定拆除这两幢三座门。拆除意见遭到梁思成、林徽因等人的强烈反对,虽然北京市出于对专家们的尊重,未急于作出决定,并给予梁、林等人以充分发表意见的机会,但拆除三座门的决心是非常坚决的,甚至于连梁思成恳请迁移重建、异地再建的建议都没有采纳。最终,北京市在 1952 年 8 月 11 日—15 日召开的第四届第一次各界人民代表会议上,以党员代表带头、会议表决的方式通过了拆除三座门的决议。② 三座门的拆除,对于北京市文物建筑保护产生了很不好的影响,在处理过程中,虽然征求了专家意见,但并未积极论证吸纳其合理成分,而是简单地以行政命令的方式作出关系文物建筑命运的

---

① 梁思成:《北京——都市计划的无比杰作》,《梁思成全集(第五卷)》,第 101 页。
② 杨正彦:《最大的一件蠢事》,《北京纪事》,2000 年第 5 期。

决策。

　　就在三座门即将拆除之际,牌楼的命运也岌岌可危了。1952
年 5 月,北京市公安局首先提议拆除牌楼,理由很简单:由于牌楼
横跨街道,影响交通,导致经过该处的车辆经常发生事故。后来
北京市还提出一个理由,即有些牌楼长年失修,存在倒塌危险,如
景德坊(帝王庙牌楼)。[①] 鉴于拆除三座门时来自专家、学者们的
强大反对之声,在拆除牌楼问题上,北京市采取了先决策后做工
作的策略。1953 年 5 月 4 日,北京市委就改善阜成门、朝阳门交
通事宜向中央请示,在请示报告中,北京市委指出:"朝阳门、阜
成门及东四、西四和帝王庙前牌楼均当交通要道,对来往车辆行
人,特别是建筑器材工业器材的运输,障碍极大",因此,亟需改
善。对于牌楼的问题,北京市委引用了一组交通统计数字,称这
些地方"平均每小时有机动车 200 辆,非机动车 3000 辆,行人
5000 通过,因牌楼障碍视线,常出车祸"。北京市委还专门提及
劳动群众对拆除牌楼的态度是"坚决拥护的",但也表示"可能遇
到一些阻力"。显然,北京市委所谓的"阻力"指向性很明确,应
该是梁思成、林徽因等主张保护文物建筑的专家、学者,因为后面
的行文旋即表示:"和去年拆三座门一样,经过解释,某些阻力是
可以克服的。"基于上述情况,北京市委提出:东四、西四、帝王庙
等处牌楼,拟一并拆除。[②] 中央很快便予以批示,同意北京市委

[①] 《关于首都古文物建筑处理问题座谈会的情况报告(1953 年 12 月 28 日)》,《北
　　京市重要文献选编.1953》,第 658 页。
[②] 《中共北京市委关于改善阜成门、朝阳门交通办法向中央的请示报告(1953 年 5
　　月 4 日)》,《北京市重要文献选编.1953》,第 139—141 页。

的方案,同时提醒北京市委:"必须进行一些必要的解释,取得人民的拥护,以克服某些阻力。"[1]在对"阻力"的解读上,中央和北京市委显得非常默契。

二、从讨论到交锋:政府与学者的不同见解

根据中央的批示和市委的意见,拆除牌楼工作蓄势待发,而正式动工之前唯一需要做的事情就是设法清除"阻力",深谙内情的北京市委将这个实为"鸡肋"的难题交给了副市长吴晗。吴晗当时分管文化、教育、卫生工作,并不分管城建工作,北京市委之所以选中他出面做工作,应该是有所考虑的。一方面,吴系著名明史专家,与学术文化界知名人士交往较多,其学者身份容易获得大家的认可;另一方面,则是出于对吴晗的信任,在北京城市改造与建设问题上,吴晗是激进的拆除派,坚决主张拆旧建新,对于一些文物建筑的价值颇不以为然。在吴晗主持下,北京市开始做梁思成等人的工作,以达到统一思想、清除阻力的目的。

(一)8月20日的座谈会

1953年7月4日,北京市建设局即牵头组织召开了关于东西交民巷牌楼和女三中门前牌楼拆除问题的座谈会,做了一些统一思想的工作,并就两个问题初步形成了共识,一是与会人员认可"牌楼对于目前交通,是有妨碍"的观点;二是同意拆除东西交民

---

① 《中央批示(一九五三年五月九日)》,《中共北京市委关于改善阜成门、朝阳门交通办法向中央的请示报告(1953年5月4日)》,《北京市重要文献选编.1953》,第139页。

巷牌楼。① 8 月 20 日,吴晗主持召开"关于首都古文物建筑保护问题座谈会",应邀出席的领导和专家有薛子正、梁思成、华南圭、郑振铎、罗哲文、马衡、俞同奎、叶恭绰、林徽因、朱兆雪、李续纲、朱欣陶、林是镇、任晖。会上,郑振铎、叶恭绰、林徽因、梁思成、华南圭、薛子正等人先后作了发言。梁思成、林徽因二人对于北京市在文物建筑保护方面的思路和做法予以严厉的批评。梁思成强调一定要保存历史形成的美丽城市的风格,批评有些单位"只从片面考虑,采取粗暴的态度","对文物建筑认为是毫无价值地严重妨碍城市发展,对文物没有给以适当的重视"。林徽因指出:古文物建筑既包括庙宇、宫殿、王府等,也包括民间建筑物,要做好古文物建筑的调查研究,才能做好保护。她批评北京市不注意对民间建筑的保护,没有就全市文物建筑情况做深入的调查,因此难以开展工作。对于文物建筑保护与城市发展的关系,林徽因强调:"新建设和旧文物的保护是一件事,没有旧文物就不知道怎样创造。"对于与会专家的批评意见,吴晗丝毫没有退让,他表示:"人民政府重视、爱惜文物,可以征求专家的意见,但不是所有专家的意见都是可以依据的,还需要从各方面考虑。"郑振铎、叶恭绰、薛子正等人在发言中均表示赞同加强对北京市文物建筑的调查。② 这次座谈会没能在一些关键问题上形成一致性意见,仅决定由文化部社会文化事业管理局、文物整理委员

① 《东西交民巷牌楼及女三中门前牌楼拆除问题座谈会记录》,北京:北京市档案馆,档号:011－001－00215。
② 以上见《关于首都古文物建筑保护问题座谈会记录》,《北京档案史料(2004.4)》,第31—39 页。

会、文物组、都市计划委员会等单位联合组成古文物建筑调查办公室,立即着手对北京城区的古建筑开展调查,文教委员会秘书长李续纲兼任该办公室主任,郑振铎的秘书罗哲文、吴晗的秘书闻立鹤分别代表郑、吴二位领导参加调查。在牌楼调查方面,该办公室调阅了北京市牌楼的历史资料,拍摄了大量照片,还专门绘制了建筑图,调查获取的资料最终交闻立鹤保存于北京市政府。①

　　在这次座谈会之前,梁思成林徽因夫妇已多次就牌楼问题发表意见,反对拆除。梁思成曾在 8 月 12 日致信中央领导,指出以纯交通观点作为拆除牌楼的依据是片面的,梁建议从城市整体规划的角度考虑文物建筑保护以及交通等问题,可根据每个牌楼所处地段的实际情况采取不同的交通管理办法。梁特意以帝王庙前的牌楼为例,指出其"所在的一段大街,既不拐弯也不抹角,中间一间净宽 6.20m,足够两辆大卡车相对以市区内一般的每小时 20km 的速度通过,不必互相躲闪,绝对不需减低速度;若在路面中线上画一条白线,则更保绝对安全。两旁的两间各净宽 5.15m,给慢行车通过是没有问题的。"②林徽因则在 1953 年夏天郑振铎组织的一次聚餐上,指着在座的吴晗的鼻子,大声谴责。据当时在场的陈从周回忆,林当时"肺病已重,喉音失嗓,然而在

① 罗哲文:《难忘的记忆 深切的怀念》,《梁思成先生诞辰八十五周年纪念文集》,第 141 页。

② 梁思成:《关于拆除东四、西四牌楼给领导的信》(1953 年 8 月 12 日),转引自高亦兰、王蒙徽:《梁思成的古城保护及城市规划思想研究》,《梁思成学术思想研究论文集》,第 43 页。

她的神情与气氛中,真是句句是深情"。① 对于梁思成的坚持,吴晗也颇为不满,以至于在争论中指责梁是"老保守",并质疑随着北京的现代化建设,牌楼何谈文物鉴赏价值。②

(二)12 月 28 日的座谈会

12 月 28 日,吴晗再次在市政府主持召开"关于首都古文物建筑处理问题座谈会",与会的领导、专家比 8 月 20 日的座谈会略有增加,包括薛子正、梁思成、郑振铎、王明之、林是镇、叶恭绰、朱欣陶、罗哲文、马衡、侯仁之、朱兆雪、李续纲、俞同奎、华南圭、萧军、侯堮、曾权等 17 人,林徽因因病请假,张奚若声明不参加。这一次座谈会至关重要,因为此次会议后,中央及北京市下决心立即拆除景德坊(帝王庙牌楼)和东西交民巷牌楼。

座谈会伊始,吴晗首先代表市政府作了一个简要的报告,介绍了 8 月 20 日座谈会之后,应专家们要求组织开展古建筑调查的情况及取得的成果,并要求与会人员着重就景德坊(帝王庙牌楼)、东西交民巷牌楼、东、西四牌楼等牌楼的拆留问题发表意见。叶恭绰、马衡、李续纲、俞同奎、华南圭、梁思成、郑振铎、萧军、罗哲文、薛子正等人先后发言,其间,吴晗多次插话发言,或回答专家提出的质疑,或发表自己的见解。与会人员的发言和争论主要集中在两个问题上。

其一,关于北京市委拟拆除的几座牌楼的拆留问题。从会议记录看,发言的 11 人均谈及牌楼的拆留问题,但意见并不一致,

① 陈从周:《怀念林徽因》,《窗子内外忆徽因》,第 214 页。
② 方骥:《致中国历史文化名城保护委员会的信》(2000 年 1 月),转引自王军:《城记》,第 173 页。

简单归纳,可分为 3 派。一派是同意拆除景德坊,但反对拆除另外几座牌楼或未予表态。持这类意见的有梁思成、华南圭、叶恭绰、俞同奎等人。此次座谈会召开之前的 12 月 24 日,张友渔、吴晗、薛子正、李续纲等人代表北京市政府已经约谈过梁思成,经过反复协商,梁思成有所妥协,表示可以先将景德坊拆下来,将来在原地改建。[①] 第二派则未明确表态,只是谈了对文物建筑保护的想法,就一些原则性问题发表了意见,郑振铎、罗哲文等人的发言即是如此。在如何处理北京市的文物建筑问题上,时任文化部社会文化事业管理局局长的郑振铎一直持积极态度,主张妥善保护,并对北京市的一些做法颇有意见,但可能是顾虑中央的态度及自己的政治身份,郑未谈及具体的问题,只是就文物建筑保护的原则性问题发表了看法,强调"专家认为应该保存是必要的,现在也没有人说完全不保存,并不是可拆可不拆的一定要拆,而应该是决定要拆的就坚决拆,可拆可不拆的就暂时保留,应保存的不但要保存好,还要发扬广大"。[②] 罗哲文当时已经离开了清华大学建筑系,在文物局担任郑振铎的秘书,在座谈会上是"敬陪末座"的晚辈,面对众多师长和领导,其发言自然是慎之又慎的。罗虽然没有就几座牌楼的拆留明确表态,但他从文物建筑保护的实际需要出发,提出了 3 点颇有价值且具操作性的建议:"第一,将北京市所有古文物建筑加以清理,评定价值并登记下来;第

---

① 吴晗:《关于首都古文物建筑处理问题座谈会的情况报告》(1953 年 12 月 28 日),《北京市重要文献选编.1953》,第 657 页。
② 《关于首都古文物建筑处理问题座谈会记录》(1953 年 12 月 28 日),同上书,第 666 页。

二,对古文物建筑进行研究,评定价值,然后再考虑保留、迁移或拆除,但应先明确评定的标准;第三,把古建筑物作些模型,保存下来"。梁思成、郑振铎、林徽因等人均提到过对现存的文物建筑进行价值评估,并采取不同的方式处置,罗哲文的建议既是对他们的想法的延续,又进行了整理和发展,目标明确,易于各方接受和执行。第三派则主张拆除景德坊、东西交民巷牌楼,其他牌楼是否拆除可再作讨论。李续纲明确表示景德坊因安全原因应立即拆除,"东、西交民巷牌楼既无历史价值和艺术价值,似可考虑拆除"。其他的一些牌楼,则"可以从长考虑"。萧军的意见表述比较委婉,但有一点很明确,即"不管是什么建筑,一切要为了人,就要设法使建筑物不威胁人的生命。如东、西四牌楼,帝王庙牌楼应该服从都市规划"。薛子正虽然发言比较短,且只提出拆除景德坊问题,但就其身份和承担的政治责任而言,他虽未明确谈及其他几座牌楼的拆除,但其态度应该是明确的,即按照市委的决策一并予以拆除。吴晗对座谈会的总结亦表明了其观点,他提出:景德坊先行拆卸,东、西交民巷的牌楼无历史、艺术价值,可以拆除。[①]

其二,关于都市风格问题,这个话题是由吴晗引发的。座谈会上,俞同奎提出牌楼是有保存价值的,其对于都市美观也有关系。吴晗对俞的说法表示质疑,继而提出如果都市需要标帜美化,"可以用其他形式代替或搞些铜像、喷水池、街心公园等代

---

① 以上见《关于首都古文物建筑处理问题座谈会记录》(1953 年 12 月 28 日),《北京市重要文献选编.1953》,第 661、668、670 页。

替"。吴的意见立即遭到梁思成的批评。梁指出,用铜像、喷水池来美化城市的做法在希腊罗马时代就出现了,我们不拒绝中国原有的传统,同时也不拒绝外来的东西,外来的东西我们看着很新鲜,可是在外国已经是二千多年前的老东西了,毫无新意,亦不可取。梁思成强调:"关于建筑美的判断上,我觉得专家还是对的"。对于梁思成的发言,吴晗的态度颇为强硬,他针锋相对地指出:"关于牌楼问题,许多市民提出意见,都认为不需要,我们究竟应根据绝大多数人民的意见,还是根据个别专家的意见,应该考虑。"李续纲则将会议的争论上升到政治路线上,表示:"对美的欣赏是有阶级性的","有些带原则性的问题要联系到总路线来认识才可能得到解决"。[1]

座谈会当天,吴晗向中央和北京市委呈送了有关会议情况的报告,称与会人员一致同意立即拆除羊市大街女三中前景德坊和东、西交民巷两牌楼,对于会上与梁思成、俞同奎等人的分歧,报告亦予以简要表述。[2] 市委书记兼市长彭真、副市长张友渔在接到报告的当天即作出批示,同意吴晗的报告,决定立即拆除景德坊和东、西交民巷两牌楼。12 月 30 日,周恩来总理批复同意。

(三)周恩来的意见

虽然北京市积极推动拆除牌楼的程序性工作,但梁思成等人

---

① 以上见《关于首都古文物建筑处理问题座谈会记录》(1953 年 12 月 28 日),《北京市重要文献选编.1953》,第 664—667 页。

② 吴晗:《关于首都古文物建筑处理问题座谈会的情况报告》(1953 年 12 月 28 日),《北京市重要文献选编.1953》,第 657—659 页。

的态度并未有大的转变，只是在景德坊的拆除上略有妥协，市委清除"阻力"的目标没有完全实现。考虑到牌楼拆除问题在学术文化界引发的强烈反响，以及梁思成等人的社会影响和执着态度，周恩来总理亲自出面做专家、学者们的工作。

12 月 24 日，政务院召开第 199 次政务会议，在讨论《文化部一九五三年工作的报告》时，周恩来专门谈及北京城区的古建筑保护问题。他指出，要认识古老的不一定是好的，不加分析地保存文物，不仅不应该，而且也不可能。保存古代文物一定要为人民服务，不仅为今天的人民服务，而且要对后代子孙有利，如妨碍人民利益又一定要保存，就对人民不利了。周恩来强调，保存古建筑一定要服从于北京的都市计划和市政建设。对于专家、学者中存在的"只留念古老的"，"不加分析地保存古物"的思想，周恩来引用了李商隐的"夕阳无限好，只是近黄昏"的诗句婉转地表明了自己的态度。①

据罗哲文回忆，周恩来总理还就牌楼等文物建筑的拆留问题与梁思成交换了意见。周恩来明确表示，今后牌楼的处置采取"保、迁、拆"三种办法予以解决，即公园、坛庙内的牌楼可以保留，街道上的牌楼仅保留国子监街的两座，其余的陆续迁移或拆除。②

---

① 中共中央文献研究室编：《周恩来年谱（一九四九——一九七六）》（上卷），第 340 页。
② 罗哲文：《难忘的记忆　深切的怀念》，《梁思成先生诞辰八十五周年纪念文集》，第 142 页。

三、幕后的决定因素:拆除牌楼的原因及政府的决策风格

1954 年 1 月,景德坊被拆除。从此开始,两年多时间内,东西交民巷牌楼、长安街牌楼、大井砖牌楼、东西四牌楼、大高玄殿两座跨街牌楼、正阳桥牌楼、金鳌玉蛛牌楼、大高玄殿对面牌楼等先后被拆除,到 1956 年 6 月,北京城内跨街牌楼仅剩 4 座,即成贤街两座和国子监两座,其余都被拆除或迁移。至此,关于北京牌楼拆留问题的争论逐渐停息。

(一)规划的失误:拆除牌楼的根本原因

关于拆除牌楼的原因,北京市的理由很明确,主要是阻碍交通和牌楼自身存在安全隐患。在一些路段,由于跨街牌楼的存在,确实在一定程度上不太方便市民出行,尤其是汽车和三轮车,这个理由似乎很合情理。在座谈会上,反对拆除牌楼的专家、学者们似乎也找不到太好的解决办法。前文提到的萧军的发言可能就代表了他们的这一困惑,萧表示"一切要为了人,就要设法使建筑物不威胁人的生命"。[①] 梁思成虽然就解决交通安全问题提了很多想法,但也很难做到立竿见影,保证不出问题。可以说,北京市找到了一个几乎无法破解的问题来清除牌楼。交通问题是不是决定牌楼命运的根本原因呢?

在讨论这个问题之前,先看两个基本史实。一是北京市政府1950 年代初关于交通安全问题的原因分析。1951 年 2 月,北京

① 《关于首都古文物建筑处理问题座谈会记录》(1953 年 12 月 28 日),《北京市重要文献选编.1953》,第 668 页。

市公安局在总结建国之后的公安工作时提到交通管理及安全问题,指出"交通肇事以军车、公用车为最多",因此市公安局建议"今后必须加强对机关部队汽车司机的教育"。① 北京市政府在总结 1952 年的交通管理及安全存在的问题时,指出:"由于首都各项建设的发展,人口逐渐增多,车祸、火警等灾害,仍未见减少。"②1953 年之后,北京市在总结交通安全管理及安全存在的问题时,才明确提到古建筑的原因,称"因有些街道过于狭窄,不少古老建筑妨碍交通,全市人口和车辆日益增多,加上少数单位对司机人员教育不严,交通管理工作上也还存在着一些缺点"。③ 二是北京市建设规划中对人口和新建、改造道路宽度的计划。1953 年 11 月 26 日,北京市委提出了建国之后北京市第一份正式的整体规划方案——《中共北京市委关于改建与扩建北京市规划草案的要点》,该规划草案明确了以天安门广场为中心建设行政中心区,提出"在 20 年左右,首都人口估计可能发展到 500 万人左右","原有道路必须适当的展宽、打通、取直,并增设环状路和放射路",南北、东西两中轴线宽度不少于 100米,第一环路(内环)宽度不少于 90 米,4 条放射干路宽度不少于70 米,中心区内部东西南北至少各 6 条干道,宽度不少于 40

---

① 冯基平:《继续改进首都的社会秩序》,《北京市重要文献选编.1951》,第 58 页。
② 《北京市人民政府关于 1952 年度政法工作的报告》,《北京市重要文献选编.1953》,第 287 页。
③ 《北京市人民政府关于 1953 年度政法工作的报告》,《北京市重要文献选编.1954》,第 486 页。

米。① 按照这一规划,20 年内,北京市的人口将比建国时的 130 万增加近 4 倍,而道路红线宽度大大增加,必将占用更多的城市用地。

从上述两个史实不难看出,建国之后,北京市坚持将行政中心区设置在旧城,导致大量机关和人员入驻,由于工作、生活的需要,道路交通运输日益繁忙,从而导致问题频发,交通安全与原有古建筑之间的矛盾开始出现。一味扩大城市规模,必然要建更多的房屋,修更多的马路,而旧城面积是固定的有限的,建设用地从哪里来?只能靠拆除旧房屋,其中即有大量的古建筑。据统计,北京市 1949 年新建房屋 26259 平方米,1950 年增至 324569 平方米,1951 年前 9 个月即激增至 1599946 平方米,其中绝大部分是公家建房。② 可以说,建国初期北京城市定位及行政中心区的选择,最终给旧城保护提出了无法破解的难题,牌楼即是这个难题下的牺牲品,这才是决定牌楼命运的根本原因。

对这一问题,梁思成认识得非常透彻,正是基于这一认识,建国前后,梁在北京城市规划的编制上花了极大的精力,并且明确地将"中央人民政府行政中心区"问题作为规划的总前提,其良苦用心即在于此。罗哲文后来曾谈到这一问题,他指出:"由于政府没有采纳北京古城整体保持、另建新区的建议,古城内的文

---

① 《中共北京市委关于改建与扩建北京市规划草案的要点》,《北京市重要文献选编.1953》,第 586—595 页。
② 《本市解放后历年新建房屋面积及折合间数》,《北京城郊区土地面积建筑及使用情况、市政建设情况及肖秉钧对城墙存废的意见》,北京:北京市档案馆,档号:002-020-00970。

物古建与道路交通和新建筑产生了矛盾。"①

后来发生的拆除团城的争论也是基于上述原因而发生的。所不同的是,由于分歧严重,周恩来总理亲自过问此事,并亲自到现场调研,综合各方意见,决定道路拐弯,留住团城。留住团城是1950年代北京市文物建筑保护工作中难得的一次成功案例,各方对此评价很高,对于成功的原因,亦归结于周恩来总理的关心和梁思成等人的坚持。孤立地看这一事件,这个结论是符合实际的,而将其放在建国初期北京城市发展的大环境下,不难看出,决定团城命运的重要因素还有一个,那就是团城只有一处,而不是像牌楼、城墙那样,分布坐落于全城各处,在中央领导的直接过问下,北京市可以为一处古建筑的存留开绿灯,但绝不可能为一批同类的古建筑存留放行。

(二)先决策再民主:牌楼问题的决策风格

由前面的分析可知,在牌楼问题提出时,其被拆除或迁移的命运基本上已经确定,但如果能在这一问题上真正地集思广益,在发展和保护之间寻找一个平衡点,或许能够起到亡羊补牢的效果。遗憾的是,从政府的决策过程看,并没有给牌楼提供这样的机会。在处理牌楼问题上,北京市采取了先决策再民主后执行的工作程序。事实证明,这样做,既无民主的诚意,也起不到民主的效果。市政府多次召开座谈会,但深究其意图,恐怕主要是为了统一专家、学者们的思想,平息他们的意见,消除决策不民主造成的不良影响。这样做,不仅不利于赢得广泛的支持和调动各方面

① 罗哲文:《难忘的记忆,深刻的怀念》,《建筑师林徽因》,第148—149页。

的积极因素,而且为之后类似问题的决策提供了一个很不好的范式,对建国前后中共在高层知识分子中努力营造的民主协商格局和氛围产生了较大的冲击。

小 结

"二战"之后文物建筑保护的经验和教训使欧洲文物建筑保护专家们普遍认识到一个严重的问题,即"随着城市发展而来的旧区的改建所破坏的文物建筑比第二次世界大战的炸弹破坏得还多"。① 同样的问题也出现在新中国的城市建设进程之中,北京市的经历即极具代表性,解放战争的炮火未对这座古都造成严重的破坏,而和平时期的改造与建设却使得遍布全城的文物建筑遭受无法估量的损失。"建设性破坏"成为现代北京发展之痛,陆续被拆除的牌楼、城墙则成为北京发展之痛的承载者和见证者。

围绕北京市文物建筑保护工作,梁思成发表了大量的言论,他非常希望完整地保留城墙、牌楼等文物建筑,进而维护好北京城的传统城市风貌。如果说梁思成在 1930 年代的学术实践是其学术生涯在原有社会语境下的典型代表的话,建国前后至 1950 年代中期的学术实践则是其学术生涯在新社会语境下的典型代表。总体而言,这一时期是建国之后梁思成学术实践

① [英]B·M·费尔顿:《欧洲关于文物建筑保护的观念》,《世界建筑》,1986 年第 3 期。

最活跃的一个时期,也是备受争议、屡遭碰壁的一个时期。文物建筑保护意识的缺失使得中央及北京市在决策城墙、牌楼存废问题时,更看重城市改造及建设的需要,以牺牲这些文物建筑为代价推动城市发展;将行政中心区设置于北京旧城的规划指导思想使得众多的文物建筑与城市改建、扩建的矛盾迅速显现和激化,甚至成为无解的难题;民主决策机制的缺失使得各级政府在研究决定文物建筑存废问题时不重视、甚至无视专家、学者们的意见建议,简单的行政命令逐渐取代了民主协商和科学论证。城墙、牌楼等文物建筑的悲剧性命运由此而产生,梁思成的学术命运亦由此而转变。

第八章　从积极到无奈：
梁思成与"大屋顶"建筑

　　1950 年代初期的建筑民族形式问题曾经在建筑学界乃至中国社会产生过广泛的影响,"大屋顶"式中国建筑一度成为这一时期体现建筑的民族形式的典型。在探索设计建造具有"社会主义内容,民族形式"的新建筑的过程中,梁思成一改以往对"大屋顶"式中国建筑的严厉批评态度,转而重新审视其价值并予以肯定。遗憾的是,随着政治形势的突变,梁思成建筑理念的这一转变不仅没能使其获得更宽广、自由的学术平台,反而被拖进政治、学术双重批判的漩涡,成为"大屋顶"的代名词,并因此失去在民族形式问题上学术争鸣的话语权,成为建筑学界形式主义、复古主义错误的原罪承担者。面对重压,梁思成亦再次转变其对"大屋顶"建筑的态度,公开批判了自己在"大屋顶"建筑研究和推广上的观点和做法。

　　围绕这一问题,建筑学界在 1950 年代中期和 1980 年代初期集中发表了一批学术论文,形成了两次讨论的高潮。第一次主要为配合批判建筑设计中以"大屋顶"为代表的形式主义、复古主义思潮需要,带有浓厚的政治色彩。第二次则突出了学术争鸣的特点,比较客观地论述了建筑设计中的民族形式问题,并对梁思成的观点进行了较为公允的评价。史学界对梁思成与建国初期建筑民族形式问题的研究尚处于起步阶段,专题性研究成果比较少,而将其置于文化史的视野中,系统探讨这一问题产生的社会文化根源以及梁思成的学术思想转变过程,则尚未见到相关的研究成果。

第一节 政治的需要:关于建筑民族形式的探索

建国之初,新生的人民政权基于建设独立的民族国家的需要,在文化教育领域延续了 20 世纪初以来中国社会对于民族形式与风格的诉求。1949 年 9 月 29 日中国人民政治协商会议第一届全体会议通过的《中国人民政治协商会议共同纲领》明确提出:"中华人民共和国的文化教育为新民主主义的,即民族的、科学的、大众的文化教育。"①随着国家政治局面的稳定和经济形势的好转,从政治领袖到普通公民的民族自信心和认同感显著增强,对于民族形式和民族风格的强调和追求也与日俱增,并逐渐从文化艺术领域延伸到科学与技术领域。

---

① 《中国人民政治协商会议共同纲领(一九四九年九月二十九日中国人民政治协商会议第一届全体会议通过)》,《建国以来重要文献选编》(第 1 册),第 10—11 页。

建筑作为技术和艺术的融合体,"本身可以承载大量的特殊信息,既是一种实用的工具,又是一种有表现力的语言";人们"修造建筑物有着情感上和心理上的目的,同样也有意识形态的和实用的原因"。① 随着国家建设事业的全面展开,"大家一同努力寻找一条途径,寻找一条创造我们建筑的民族形式的途径",②很快便成为新中国建筑学界面临的重要任务和挑战。与西方资本主义国家建筑设计思想划清界限,用中国风格和形式设计新建筑,不仅成为考验建筑师学识的技术问题,更成为体现建筑师思想觉悟和阶级立场的政治问题。正如《人民日报》的一篇社论所强调的,"设计的正确与否,是一个立场、观点、方法问题。技术本身是没有阶级性的,但如何对待、使用技术,则有鲜明的阶级性"。③

此外,这一时期,援华的苏联专家对于民族形式的积极倡导亦不可忽视。大批援华的苏联专家不仅带来了先进的技术和经验,更为重要的是,在当时特殊的政治语境下,他们基本上主导了学术界的话语权,其理论和实践对当时乃至之后很长一个时期的中国社会产生了深远的影响。体现在建筑学界,一个典型的表现即是当时在苏联国内占主导地位的倡导"社会主义内容,民族形式"的社会主义现实主义建筑设计思想被苏联专家带到了中国,他们要求中国的新建筑的内容必须是社会主义的,而在外形上则要充分展现中国的民族形式,对欧美各国盛行的"世界主义"风

---

① [英]迪耶·萨迪奇著,王晓刚、张秀芳译:《权力与建筑》,第9页。
② 梁思成:《建筑的民族形式(1950年1月22日在营建学研究会讲)》,《梁思成全集》(第五卷),第55页。
③ 《为确立正确的设计思想而斗争》,《人民日报》,1953年10月14日第1版。

格建筑,则视为抹杀民族特色的垃圾之作,坚决予以排斥。在苏联专家看来,"艺术本身的发展和美学的观点与见解的发展是由残酷的阶级斗争中产生出来的,并且还正在由残酷的阶级斗争中产生着。在艺术中的各种学派的斗争中,不能看不见党派的斗争,先进的阶级与反动阶级的斗争"。[1] 1949 年 9 月,以阿布拉莫夫为组长的苏联市政专家组来华指导北京的城市规划和建设,阿布拉莫夫第一次与中方专家见面就提出要搞"民族形式",并说要像西直门那样,还画了箭楼的样子来说明他的意思。[2] 苏联专家巴兰尼克夫在其所作的关于北京市发展计划的问题的报告中专门强调了新中国建筑设计,尤其是行政机关房屋设计中的民族形式问题。[3] 1950 年代初期来华工作的穆欣、巴拉金、阿谢普柯夫等苏联建筑专家,都在大力宣传以追求建筑民族形式为主要内容的社会主义现实主义的建筑设计理念,而对所谓的现代主义、构成主义、形式主义建筑大加批判。[4]

---

[1] 梁思成:《建筑艺术中社会主义现实主义和民族遗产的学习与运用的问题》,《梁思成全集》(第五卷),第 186 页。

[2] 关于这次会见,至今仍未见到正式的文献记载,但在学界广为流传,相关的论文和著作亦大多采纳此说。目前见到的最有说服力的资料应是梁思成在 1967 年 12 月 3 日所撰写的"文革交代材料"中对这次会见所做的回忆,《城记》《梁思成、林徽因与我》《困惑的大匠·梁思成》等著作均以此文为依据介绍了会见的情景。

[3] 《苏联专家巴兰尼克夫关于北京市将来发展计划的问题的报告》,《建国以来的北京城市建设资料 第一卷 城市规划》,第 109—118 页。

[4] 二十世纪初,德国表现主义、法国立体主义、意大利未来派以及荷兰风格派相继出现,经过近十余年的发展,苏联建筑学界综合各方探索成果,提出"构成主义"概念,并一度成为苏联建筑创作的主题,在西方国家亦产生较大影响。1950 年代苏联建筑理论输入中国时,将"构成主义"误译为"结构主义",直到 1970 年代,经建筑学家童寯考证之后,才予以更正。(童寯:《苏联建筑——兼述东欧现代建筑》,《童寯文集》(第二卷),第 241 页。)

对于向苏联学习,当时的中央政府态度鲜明,明确要求建筑学界"必须批判和克服资本主义的设计思想,学习社会主义的设计思想,特别是向苏联专家学习"。① 梁思成曾专门撰文谈及此事,他说:"在苏联专家耐心的、友好的帮助下,新中国的建筑师已开始端正了自己的建筑设计思想,我们在今后要将基本建设引导上正确的方向。"②

第二节　彰显民族性:"大屋顶"建筑的兴起

早在 20 世纪初,中国社会便开始兴起建造民族形式建筑之风,而率先采用民族形式进行现代建筑设计的建筑师大多来自西方国家,其设计作品主要是具有西方教会背景的学校、医院甚至教堂建筑,四、五层高的楼房。下面是西式结构和外形,顶部设计成凹型弯曲的宫殿式大屋顶和外伸的屋檐,以此来区别西式建筑,体现中国传统风格,北京、成都、济南等地陆续建造了一批这样的建筑。梁思成在 1935 年曾专门评述这一现象,他指出:"前二十年左右,中国文化曾在西方出健旺的风头,于是在中国的外国建筑师,也随了那时髦的潮流,将中国建筑固有的许多样式,加到他们新盖的房子上去。其中尤以教会建筑多取此式,如北平协和医院,燕京大学,济南齐鲁大学,南京金陵大学,四川华西大学

---

① 《为确立正确的设计思想而斗争》,《人民日报》,1953 年 10 月 14 日第 1 版。
② 梁思成:《苏联专家帮助我们端正了建筑设计的思想》,《梁思成全集》(第五卷),第 153 页。

等。"①来华的西方建筑师试图以建筑外观上的中国化减少西方文化进入中国社会的阻力,可谓用心良苦。到了 1930 年代前后,由于南京国民政府大力实施文化本位主义,以中国建筑师为主,建造中国固有之形式的新建筑之风日益兴盛,其建筑实例主要以政府机关及公共事业建筑为主,充分反映了这一时期民族国家意识的增强和对传承中国传统文化的主动探索。抗战爆发,经济萧条,建筑活动锐减,建筑学界对民族形式的探索与实践亦进入低谷。

回顾抗战之前建造的民族形式建筑,不难发现,"大屋顶"风格的建筑占了主体,这一点,在西方建筑师设计的中国式建筑中表现得尤为突出。所谓"大屋顶",其实就是对于中国传统建筑中常见的高高耸起的宫殿式的屋顶的统称。与其他体系建筑不同的是,"屋顶在中国建筑中素来占着极其重要的位置",被视为"中国建筑中最主要的特征之一",②"中国古代的匠师很早就发现了利用屋顶以取得艺术效果的可能性。《诗经》里就有'作庙翼翼'之句"。③ 汉朝,后世的 5 种屋顶——庑殿顶、攒尖顶、硬山顶、悬山顶和歇山顶,都已出现了。南北朝以后,翘起的檐角,流光溢彩的琉璃瓦等陆续出现。

虽然"大屋顶"风格突出的"中国式"建筑在抗战之前颇具影响,但在建筑学界,很多建筑师并不认同这种设计风格,梁思成就是其中之一。对于这种"中国式"建筑,梁思成直言其理论和设

---

① 梁思成:《建筑设计参考图集序》,《梁思成全集》(第六卷),第 234—235 页。

② 梁思成:《中国建筑的特征》,《梁思成全集》(第五卷),第 181 页。

③ 梁思成:《中国古代建筑史(六稿)绪论》,《梁思成全集》(第五卷),第 458 页。

计建造方面均存在明显缺陷,既曲解了中国建筑的精髓,又忽略
了现代建筑的长项,其通病"全在对于中国建筑权衡结构缺乏基
本的认识的一点上。他们均注重外形的摹仿,而不顾中外结构之
异同处,所采用的四角翘起的中国式屋顶,勉强生硬的加在一座
洋楼上;其上下结构划然不同旨趣,除却琉璃瓦本身显然代表中
国艺术的特征外,其他可以说是仍为西洋建筑"。① 除去技术上
的问题外,梁思成还指出"大屋顶"建筑"糜费侈大","不常适用
于中国一般经济情形"。② 建筑学家童寯也曾表达过类似的观
点,他这样评价当时流行的"中国式"建筑:"近三十年来中国出
来一种协和医院式的建筑,以宫殿的瓦顶,罩一座几层钢骨水泥
铁窗的墙壁,无异穿西装戴红顶花翎,后垂发辫,其不伦不类,殊
可发噱。"③虽然梁思成并未就"中国式"建筑提出成熟的设计范
式,但一直到新中国成立之初,他对于"大屋顶"建筑的看法依旧
没有大的改变。1950 年 1 月 22 日,梁思成在营建学研究会发表
讲话,全面阐述了自己对于"建筑的民族形式"的看法,他指出,
"大屋顶"建筑"不伦不类,犹如一个穿西装的洋人,头戴红缨帽,
胸前挂一块缙子,脚上穿一双朝靴,自己以为是一个中国人!"④

　　新中国成立之后,设计建造民族形式新建筑之风迅速升温,
但在短时间内要弄清楚什么才是体现民族形式的新建筑,实在是

---

① 梁思成:《建筑设计参考图集序》,《梁思成全集》(第六卷),第 235 页。
② 梁思成:《为什么研究中国建筑》,《梁思成全集》(第三卷),第 379 页。
③ 童寯:《中国建筑的特点》,《童寯文集》(第一卷),第 111 页。
④ 梁思成:《建筑的民族形式(1950 年 1 月 22 日在营建学研究会讲)》,《梁思成全
　　集》(第五卷),第 57 页。

一个太大的命题。事实上,对于建筑的民族形式这个表述非常抽象的概念,虽然建筑学界争论很热烈,但始终未能形成统一的认识。基于此,1950 年代初期,一度沉寂的"大屋顶"建筑重新回到人们的视野。毫无疑问,这类建筑具有较为显著的民族特色和风格。在没有成功范例可遵循的情况下,以备受争议的"大屋顶"来体现新中国建筑的民族性,显示出了建筑学界对于"社会主义内容,民族形式"这一命题解读的力不从心和无可奈何。事实上,置身于建国初期政治色彩浓厚的学术语境下,建筑学界是很难在短时间内在这个问题上形成科学、全面的认识的。即便是在改革开放、政治环境比较宽松的 1980 年代,建筑学界对于建筑的民族形式的内涵及实现路径的认识仍存在严重分歧,有些学者甚至提出:"理论口号中的'民族形式'一词,时空界面不清,含义不明;即使明了,也过于偏狭,用于建筑创作的理论口号则极为不妥。"①更多的学者则倾向于继续保留这个提法,但要丰富其内容,避免以偏概全式的认知,他们认为:所谓"建筑的民族形式,是指按照这个民族人民大众的要求和喜爱,以这个民族建筑文化的历史传统为出发点,这样发展出来的一种建筑形式"。②"'民族形式'不是狭义的,而是广义的……不是凝固的,而是流变的……不是单一的,而是多样的。"③对此,梁思成曾坦言:"创造

---

① 曹庆涵:《再论"中国式社会主义现代建筑"理论口号的提出》,《华中建筑》,1985 年第 1 期。
② 戴念慈:《论建筑的风格、形式、内容及其他——在繁荣建筑创作学术座谈会上的讲话》,《建筑学报》,1986 年第 2 期。
③ 李敏泉:《传统——一个永恒的"现在时"(对建筑"民族形式"的再认识)》,《新建筑》,1987 年第 1 期。

我们的新建筑。这是一个极难的问题。老实说，我们全国的营建工作者恐怕没有一个人知道怎样去做。"[1]形势迫人，就在建筑学界积极思考探索较为成熟的体现民族形式的建筑设计方案的同时，各地开始陆续兴建一批以"大屋顶"为主要标志的仿古色彩浓淡不一的新建筑。这其中，不仅有展览馆、大会堂、剧场，还有大量的宾馆、办公楼、教学楼，甚至还有很多宿舍楼，斗栱飞檐，雕梁画栋，形成了建国之后第一次兴建民族形式建筑的高潮。比较有代表性的建筑包括长春地质宫、重庆宾馆、山东剧院、北京新侨饭店、友谊宾馆、北京"四部一会"办公楼、哈尔滨市委办公楼、南京大学东南楼、地安门机关宿舍大楼等。

第三节 从反感到接纳：梁思成的转变

前文已经提及梁思成在建国之前对"大屋顶"建筑的态度，不难看出，他是持反对意见的，甚至是颇为反感的。梁思成在建筑设计方面所做的工作较少，但从为数不多的设计实例来看，虽然或多或少融入了一些传统的元素，但总体上，功能、结构、形式统一，符合现代主义建筑的原则，其中尤以 1930 年代设计建造的原北京大学女生宿舍和地质馆为代表。建筑学界对原北京大学女生宿舍的设计思想和风格予以较高的评价，认为"它所体现的是 20 年代刚刚得以充分发展的现代主义建筑的基本原则，这在

---

[1] 梁思成：《建筑的民族形式（1950 年 1 月 22 日在营建学研究会讲）》，《梁思成全集》（第五卷），第 55 页。

当时的中国是不多见的。因此,它是研究国际现代主义建筑理论对中国近代建筑发展之影响的重要实例,在中国近代建筑历史上应占有重要地位"。①

在批评"大屋顶"建筑的同时,梁思成对于建筑师们为中国创造带有民族特色的新建筑的努力也给予了一定的鼓励,称这种尝试虽然总体而言是不可取的,但也在一定程度上体现了"中国精神的抬头",有其积极意义。②梁表示:"希望他们认清目标,共同努力的为中国创造新建筑,不宜再走外国人摹仿中国式样的路;应该认真的研究了解中国建筑的构架,组织,及各部做法权衡等,始不至落抄袭外表皮毛之讥。"③如何推陈出新,设计具有民族形式的建筑,建国之前,梁思成并未作深入的研究,亦未提出明确意见,但在推陈出新的路径选择上,梁思成明确指出:"创造新的既须要对于旧的有认识;他们需要参考资料,犹如航海人需要地图一样",④"建筑师们必须认识和掌握旧建筑的特征和规律,然后才能进行自由创造。"⑤基于这一思想,从1930年代开始,梁思成领导中国营造学社的同事对之前调查搜集到的古建筑照片"分门别类——如台基,栏杆,斗栱……等——辑为图集,每集冠以简略的说明,并加以必要的插图,专供国式建筑图案设计参考之助"。⑥值得注意的是,收集整理参考资料,开展专门研究,是

① 王世仁、张复合、村松伸等主编:《中国近代建筑总览·北京篇》,第66页。
② 梁思成:《为什么研究中国建筑》,《梁思成全集》(第三卷),第379页。
③ 梁思成:《建筑设计参考图集序》,《梁思成全集》(第六卷),第236页。
④ 同上。
⑤ 梁思成:《古建序论》,《梁思成全集》(第五卷),第167页。
⑥ 梁思成:《建筑设计参考图集序》,《梁思成全集》(第六卷),第236页。

梁思成对待这一问题的一贯主张。即便到了 1950 年代初期，梁思成对"大屋顶"建筑的态度发生重大转变之际，他还在号召建筑学界同仁开展关于民族形式建筑的研究，尽量搜集、整理值得参考的资料。在一些论及建筑的民族形式的讲话和文章中，梁思成也更多地从理论上强调建筑的民族形式的重要性。

梁思成对于"大屋顶"式建筑态度的转变始于 1950 年代初期。如果说建国之初的一段时间，梁思成还在理论层面领悟、宣传苏联专家所谓的"社会主义的内容，民族形式"的理念，到了 1954 年，梁思成则完成了基本的理论建构和初步的实践示范，实现了思想观念和学术观点的转变。其标志有两个方面：一是摈弃坚持多年的西方现代建筑设计理念，全面接受苏联的设计思想；二是系统阐述了以"屋顶"和"斗栱"为主要特色的中国建筑的九大基本特征，称之为中国建筑的"文法"，[1]并公开发表了两张想象中的体现民族形式的建筑图。[2]

从 1951 年 7、8 月开始，梁思成多次批判自己一贯认可的"国际式"建筑及其所体现的现代建筑设计风格，将其视作反动的、代表资产阶级的、世界主义的具体体现。1951 年 7 月，梁思成和林徽因在合作撰写的一篇序言中表示："解放以来，经过不断的学习，尤其是经过近一年来爱国主义国际主义教育，我们诚恳地批判了以往的错误。我们肯定地认识到所谓'国际式'建筑本质上就是世界主义的具体表现；认识到它的资产阶级性；认识到它

---

[1]　梁思成：《中国建筑的特征》，《梁思成全集》（第五卷），第 179—184 页。
[2]　梁思成：《祖国的建筑》，《梁思成全集》（第五卷），第 197—234 页。

基本上是与坠落的、唯心的资产阶级技术分不开的;是机械唯物的;是反动的;是与中华人民共和国的'民族的,科学的,大众的'文教政策基本上不能相容的。"①一个月之后,在写给周恩来总理的信中,梁思成又对自己的思想转变作了详细的汇报,表示"痛悔过去误信了割断历史的建筑理论"。②

对于民族形式建筑的实现方式,梁思成希望能从传统建筑元素中找到突破口。他认为:"'斗栱'和它们所承托的庄严的屋顶,都是中国建筑上独有的特征。"③不过,作为木结构建筑的重要部分,斗栱显然已不适合现代建筑,中国传统特征浓厚的屋顶是否可以与现代建筑结合呢?带着这个问题,梁思成开始重新反思自己对于"大屋顶"的批评。他说:"我们过去曾把一种中国式新建筑的尝试称作'宫殿式',忽视了我国建筑的高度艺术成就,在民间建筑中的和在宫殿建筑中的,是同样有发展的可能性的。"④在他看来,以往自己对"大屋顶"的批判是因为其设计上未抓住中国传统建筑的精髓,只是单纯的形式上的捏合,就像是穿西装戴顶戴花翎一样,那么,如果能把握好传统屋顶与现代建筑结合的"度",实现二者的有机融合,或许可以走出一条探索、实践民族形式的新路子。基于这种想法,1950 年,梁思成主持设计了中南海新宿舍,开始尝试用传统风味十足的大屋顶来表现中国

---

① 梁思成、林徽因:《〈城市计划大纲〉序》,《梁思成全集》(第五卷),第 117 页。
② 梁思成:《致周恩来信》,《梁思成全集》(第五卷),第 123 页。
③ 梁思成、林徽因:《祖国的建筑传统与当前的建设问题》,《梁思成全集》(第五卷),第 137 页。
④ 梁思成:《建筑艺术中社会主义现实主义和民族遗产的学习与运用的问题》,《梁思成全集》(第五卷),第 193 页。

风格。由于新建宿舍造型优美,既方便实用,又与所处的中南海这样一个特定环境巧妙地融合在一起,因此受到广泛的赞誉。1954 年,在中央科学讲座上,梁思成特意设计了两张想象中的建筑图,作为学习运用中国古典遗产与民族传统的一种方式的建议。一张是一个较小的十字路口小广场,另一张是一座高约 35 层的高楼。他希望用这两张图说明两个问题,一是"无论房屋大小,层数高低,都可以用我们传统的形式和'文法'处理";二是"民族形式的取得首先在建筑群和建筑物的总轮廓,其次在墙面和门窗等部分的比例和韵律,花纹装饰只是其中次要的因素"。①

第四节　学人的悲剧:梁思成的再次转变

在"大屋顶"问题上,梁思成打破了多年形成的观念,由批评转变为接纳,但接踵而来的问题很快使其陷入自相矛盾的漩涡,加之突如其来的大批判,其对"大屋顶"的态度也随之再次发生了变化。

首先是"大屋顶"式建筑的应用范围。梁思成主张用传统的形式和"文法"来体现建筑的民族形式,并非想为全国树立一个整齐划一的标准。在中南海这样特定的环境中,新建筑可以带有浓厚的仿古风格,一般的建筑物,如宿舍、办公楼等,最主要的还是为了满足人们物质生活的基本要求,至于满足人们艺术和美观的要求只能是比较次要的。梁思成希望"大屋顶"建筑能在建筑

---

① 梁思成:《祖国的建筑》,《梁思成全集》(第五卷),第 233—234 页。

学界引起广泛的争鸣,继而不断推陈出新,涌现出更多、也更成熟的民族形式的建筑设计方案。毕竟仿古风格的"大屋顶"建筑在费用上远远超出了简单的平顶建筑,而这对于在"一穷二白"基础上搞建设的新中国来讲无疑是难堪重负的。梁思成的学生回忆说:"梁先生曾高兴地指出在北京的两座建筑是他认为设计得很好的。一是林乐义设计的电报大楼,一是捷克建筑师设计的电影洗印厂。这两座建筑并无大屋顶,也谈不到'民族形式',只是构图严谨、细部简洁耐看而已。"[1]但出乎梁思成的意料,正苦于缺少成功范例可遵循的建筑学界很快就将"大屋顶"无节制地推行开来,一时间,带有浓厚仿古色彩的新建筑大量出现。

其次是"大屋顶"式建筑的推广问题。对于推广"大屋顶"式建筑,梁思成的内心是十分矛盾的,其实践举措也是如此。梁坦言,自己"从事多年的古建筑研究,对古老的建筑形式有很深的偏爱,认为人们反对大屋顶,是因为他们缺少文化历史修养,有'崇洋'思想"。[2]事实上,他对于"大屋顶"的态度转变以及对于传统建筑形式的偏爱,势必会对建筑学界产生一定程度的影响。虽然梁曾多次提及在现有技术条件下,"大屋顶"式建筑建造维护费用高、设计水平参差不齐等问题难以有效解决,还需要更加深入细致的研究,但显然未引起社会各界足够的重视。新中国成立后,梁思成曾担任北京市都市计划委员会副主任,并一度主持该委员会审批图纸的工作,"设计符不符合'三段'特色,难免有

[1] 关肇邺:《梁思成先生与建筑设计》,《梁思成学术思想研究论文集》,第79页。
[2] 林洙:《梁思成、林徽因与我》,第271页。

时就成为批不批准的原因"。① 对于北京市旧城区的建设,尤其是长安街两侧的新建建筑,梁思成在写给周恩来总理的信中也曾经明确建议要按照民族形式设计。② 后来举国批判"大屋顶"之际,这一段时间的工作经历,便成为揭批梁思成的重要依据。彭真在1955年5月18日召开的建筑师座谈会上即不点名地批评道:"都委会某些干部存在着无组织无纪律的现象,他们在建筑审图时有滥用职权强要业主增加大屋顶、增加表面装饰的错误现象。"③

　　相比较普通平顶建筑而言,仿古建筑的建设成本无疑会高出很多,这与当时中国的国力是不相符合的。中央民族学院校舍是较早采用民族形式建造的建筑,由于施工工艺复杂,建造和维护费用都较普通的平顶建筑高出很多,其中1951年开工的13000平方公尺建筑的建设成本高了18%,每年的维修费用超过1000元。④ 周恩来在全国人大一届一次会议上所作的《政府工作报告》中不无忧虑地指出:"不少的基本建设工程还没有规定适当的建设标准,而不少城市、机关、学校、企业又常常进行一些不急需的或者过于豪华的建筑,任意耗费国家有限的资金。"⑤这一时期,苏联建筑界也随着政治领导人的更迭而转变了风向。1954年11月底至12月初召开的全苏建筑工作者大会上,赫鲁晓夫发

① 　汪季琦:《回忆上海建筑艺术座谈会》,《建筑学报》,1980年第4期。
② 　梁思成:《致周恩来信》,《梁思成全集》(第五卷),第122—124页。
③ 　彭真:《建筑的原则是适用、经济并在可能条件下注意美观(1955年5月18日)》,《北京市重要文献选编.1955》,第362页。
④ 　顾雷:《中央民族学院建筑中的浪费》,《人民日报》,1955年3月29日第2版。
⑤ 　周恩来:《政府工作报告》,第10页。

表讲话,严厉批评了建筑设计中的复古主义、浪费和虚假装饰问题,号召苏联建筑界"要和这种建筑艺术脱离建筑中重要问题的现象进行斗争"。① 以这次会议为标志,在斯大林时代被奉为正统,且对新中国建筑产生重大影响的所谓社会主义现实主义的建筑设计理念遭到苏联官方的抛弃。苏联老大哥的态度转变极大地刺激了中国建筑界。1955 年 2 月,建筑工程部召开设计及施工工作会议,开始集中批判建筑设计中的"资产阶级形式主义和复古主义思想"。② 批判就要有靶子,尤其是这种政治批判。作为建筑学界的权威,又是建国初期探索、研究建筑的民族风格的积极响应者和实践者,梁思成无疑是首选。批判的矛头很快集中到梁思成身上,从不点名到点名,批判急剧升级。据于光远回忆,在中宣部召开的一次部长办公会上,部长陆定一传达了中央政治局的会议精神,决定对梁思成建筑思想进行批判。③

　　1955 年 3 月 28 日,《人民日报》发表社论指出:"建筑中浪费的一个来源是我们某些建筑师中间的形式主义和复古主义的建筑思想。……他们往往在反对'结构主义'和'继承古典建筑遗产'的借口下,发展了'复古主义'、'唯美主义'的倾向。他们拿封建时代的'宫殿'、'庙宇'、'牌坊'、'佛塔'当蓝本,在建筑中大量采用成本昂贵的亭台楼阁、雕梁画栋、沥粉贴金、大屋顶、石

---

① ［苏］赫鲁晓夫:《论在建筑中广泛采用工业化方法,改善质量和降低造价》,《全苏建筑工作人员会议重要文集》,第 10—51 页。

② 《建筑工程部召开设计及施工工作会议 揭发浪费和质量低劣现象》,《人民日报》,1955 年 3 月 3 日第 1 版。

③ 于光远:《忆彭真二三事》,《百年潮》,1997 年第 5 期。

狮子的形式,用大量人工描绘各种古老的彩画,制作各种虚夸的装饰。"①以此为开端,批判全面展开。在之后的近三个月时间内,《人民日报》专门开辟"厉行节约,反对基本建设中的浪费"专栏,先后刊发近60篇文章和报道,其中绝大部分是在揭批各地建造的"大屋顶"建筑及基本建设中出现的浪费现象,②还有一部分则是一些曾经设计过仿古建筑或领导过仿古建筑设计的专家、领导所作的检讨。(见表8.1)

表8.1　《人民日报》刊发的建筑界专家、领导的检讨书

检讨人(职务)	题　目	刊发时间
张镈(北京设计院设计师)	检查我忽视经济原则的建筑思想	1955 年 4 月 20 日
张开济(北京设计院设计师)	做一个真正的人民的建筑师	1955 年 4 月 27 日
沈勃(北京设计院副院长)	关于北京市设计院在建筑设计中的形式主义和复古主义错误的检讨	1955 年 5 月 5 日
汪季琦(建筑工程部北京工业建筑设计院副院长)	我在领导设计工作中的错误	1955 年 5 月 8 日

---

① 《反对建筑中的浪费现象》,《人民日报》,1958 年 3 月 28 日第 1 版。
② 主要包括:朱波:《两幢豪华的宿舍大楼》(1955 年 3 月 28 日);聂眉初:《新北京饭店建筑中的浪费》(1955 年 3 月 28 日);顾雷:《中央民族学院建筑中的浪费》(1955 年 3 月 29 日);顾雷:《一座浪费的不适用的学校建筑》(1955 年 3 月 30 日);顾雷:《接受鞍山设计大楼工程浪费的教训》(1955 年 3 月 31 日);重达:《从节约观点看"四部一会"的办公大楼》(1955 年 4 月 5 日);曹葆铭:《在大屋顶盛行的时候》(1955 年 4 月 5 日);纪希晨:《豪华的大礼堂,花钱的无底洞》(1955 年 4 月 9 日);季音:《一座严重浪费的建筑》(1955 年 4 月 12 日);范荣康:《华而不实的西郊招待所》(1955 年 4 月 28 日)等。

（续表）

检讨人（职务）	题　目	刊发时间
陈登鳌（原中央设计院建筑师）	检查和纠正我的错误设计思想	1955 年 5 月 14 日

　　中央政治局指定彭真负责,在颐和园畅观堂组织了专门批梁思成的写作班子,并很快写出了二三十篇批判文章,准备随时向"反动权威"梁思成发动进攻。[①]《人民日报》和《北京日报》也收集了近百篇批判梁思成的文章。所幸中央有关领导考虑到梁思成的问题终归主要是学术思想问题,一旦集中发文批判,很容易将梁思成与当时正在受到批判的胡适、胡风、梁漱溟等人等同起来,就如梁思成自己所言:"若是两个姓胡的、两个姓梁的相提并论,就可以一棍子把我打死。"[②]最终,中央决定不公开发表这批文章。[③] 尽管《人民日报》、《北京日报》等党的报刊没有刊发点名批判梁思成的文章,但《建筑学报》、《学习》、《新建设》、《文艺报》等刊物还是陆续发表了一批批梁的文章(见表8.2)。建筑学界的很多专家、学者或迫于强大的政治压力,或出于明哲保身的无奈想法,也加入到批梁的队伍中来,他们所发表的文章大多从学术讨论的角度对梁思成所谓的唯心主义建筑思想加以批判,虽不乏政治批判话语,但总的来看,自我检讨和学术

---

① 于光远:《忆彭真二三事》,《百年潮》,1997 年第 5 期。
② 梁思成:《我为什么这样爱我们的党?》,《人民日报》,1957 年 7 月 14 日第 2 版。
③ 由于中央及北京市委最初并未明确畅观堂写作班子完成的批梁作品不许发表,何祚庥(写作班子成员之一)遂将其撰写的《论梁思成对建筑问题的若干错误见解》一文送到中宣部办的《学习》杂志上发表了。彭真后来专门作出指示,畅观堂写作班子写成的文章一律不许发表,由组织统一处理。

争论色彩更浓一些。

表 8.2　1950 年代中期部分公开发表的批判
梁思成建筑思想的文章

题　目	作　者	刊物名称	刊发时间
《建筑艺术中社会主义现实主义和民族遗产的学习与运用的问题》的商榷	陈干、高汉	文艺报	1954 年第 16 号
论梁思成关于祖国建筑的基本认识	陈干、高汉	建筑学报	1955 年第 1 期
论"法式"的本质和梁思成对"法式"的错误认识	高汉、陈干	新建设	1955 年 12 月号
论梁思成对建筑问题的若干错误见解	何祚麻	学习	1955 年第 10 期
批判梁思成先生的唯心主义建筑思想	刘敦桢	建筑学报	1955 年第 1 期
对于形式主义复古主义建筑理论的几点批判	卢绳	建筑学报	1955 年第 3 期
梁思成先生是如何歪曲建筑艺术和民族形式的	牛明	建筑学报	1955 年第 2 期
关于形式主义复古主义建筑思想的检查——对梁思成先生建筑思想的批判与自我批判	王鹰	建筑学报	1955 年第 2 期
形式主义、复古主义给我们的毒害	刘恢先	建筑学报	1955 年第 2 期
梁思成在民族形式问题上的错误	顾明	文艺报	1955 年第 21 号

　　面对政治和学术的双重批判,梁思成选择了"认罪",对自己关于"大屋顶"建筑的想法和做法进行了全面批判和深刻剖析,与"大屋顶"彻底划清界限。1956 年 2 月 3 日,在全国政协二届二次会议上,梁思成作了公开检讨,转天的《人民日报》专门刊登

了检讨的全文。梁思成这样总结自己所犯的错误:"我所提出的创作理论是形式主义、复古主义的……在都市规划和建筑设计上,我却一贯地与党对抗,积极传播我的错误理论,并把它贯彻到北京市的都市规划、建筑审查和教学中去,由首都影响到全国,使得建筑界中刮起了一阵乌烟瘴气的形式主义、复古主义的歪风,浪费了大量工人农民以血汗积累起来的建设资金。"究其原因,梁思成概括为"思古幽情"作怪,缺乏经济观点、群众观点、革命观点和学习欠缺等 3 个方面。①

小　结

对于"大屋顶"建筑,梁思成态度的一变再变,显然是政治因素和学术探索双重作用的结果。早在 1957 年,建筑学界同行张开济即指出:"在解放后有一段相当长的时期,凡是有人对于某些苏联经验表示怀疑,或者认为某些资本主义国家的学术也不无可取,那么'立场观点有问题'、'思想落后'甚至于'思想反动'等等一堆大帽子都会扣到他头上去的。于是有些人明知有问题也不敢说,有些人只好将错就错,建筑界也不例外。"②在探索建筑的民族形式过程中,梁思成的主要问题还在学术认知上,由于对"民族形式"的狭义理解,因而过于强调"民族形式的取得首先在

---

① 梁思成:《梁思成的发言》,《人民日报》,1956 年 2 月 4 日第 6 版。
② 《北京城市建设工作有哪些问题 市设计院建筑师在市委座谈会上各抒己见》,《北京日报》,1957 年 5 月 20 日第 1 版。

建筑群和建筑物的总轮廓"。① 如果当时的学者们能够在宽松和自由的政治和学术语境下探讨建筑的民族形式问题,或许梁思成能跳出"大屋顶"、"三段式"、"五大块"等古代建筑的范式,在更宽广的视域中找到民族形式与现代建筑完美结合的路径。

关于"大屋顶"式建筑的盛行和梁思成的关系,清华大学教授关肇邺的观点很有代表性,他指出:梁思成提倡"民族形式",更多的"是学者式的而非行政式的,主要通过做报告、写文章和参加评图讨论。是讲道理、学术性的,而非如以后某些人的硬性规定、行政命令式的做法"。② 对于一哄而上的大量仿古建筑,梁思成尽管肯定了其中包含的对于建筑的民族形式的探索精神,但也表现出强烈的忧虑,对于其设计水平更是不满意。梁坦言:"50年代初所盖的'大屋顶'建筑,却很少能达到我所想象的'美'的标准",以至于自己对"大屋顶"越来越灰心,甚至于后来"对'大屋顶'这一古代的建筑造型,是否适用于现代新建筑发生了疑问"。③ 为此,他一再提醒全国的建筑学界同仁:"设计民族形式的建筑时,不是找几张古建筑的照片摹仿一下,加一些民族形式的花纹就可以成功的。在设计工作中应用民族形式,需要经过深入和刻苦的钻研。"④

梁思成不是政治领袖,他不可能具有一呼百应的权威,1950年代初期特定的政治语境和盲目地学习苏联的风气才是导致

---

①　梁思成:《祖国的建筑》,《梁思成全集》(第五卷),第233页。
②　关肇邺:《梁思成先生与建筑设计》,《梁思成学术思想研究论文集》,第80页。
③　林洙:《梁思成、林徽因与我》,第271页。
④　梁思成:《祖国的建筑》,《梁思成全集》(第五卷),第197页。

"大屋顶"建筑盛行的主要原因。虽然梁思成一再表示"要和那个资产阶级唯心主义的故我进行坚决无情的斗争",[①]显然,他的自我批判并非在建筑理论上的悔过,而是在强大的政治压力和对于仿古建筑造成的浪费现实面前的自我反省。"大屋顶"问题始终是一个令梁思成纠结的问题,其观点也显得模棱两可。在1961年发表的一篇文章中,梁思成再次提及这一问题,认为"琉璃瓦'大屋顶',用得恰当,可以取得很好的艺术效果"。[②] 也正是从这一次批判开始,梁思成在学术创造上的黄金期戛然而止,并在一步步失去自我的过程中迷失了寻求学术梦想的方向,其人生亦随之跌宕起伏。

---

① 梁思成:《梁思成的发言》,《人民日报》,1956年2月4日第6版。
② 梁思成:《建筑创作中的几个重要问题》,《梁思成全集》(第五卷),第355页。

结语　梁思成的学术人生
及其古都保护范式

　　考察梁思成一生的学术实践活动，有 6 个重要的时间节点，分别是 1928 年，1931 年，1937 年，1946 年，1949 年和 1955 年。1928 年，梁思成学成回国，创建东北大学建筑系；1931 年，梁思成任职中国营造学社；1937 年，抗战爆发，梁思成与刘敦桢等人克服重重困难，恢复中国营造学社活动，坚持开展学术研究；1946 年梁思成结束中国营造学社活动，创建清华大学建筑系；1949 年，新中国成立，梁思成书生从政，积极参与新政权建设；1955 年，梁思成遭遇政治、学术双重批判，逐步失去学术话语权。以上述时间节点为基准，通过对梁思成学术成就的梳理，可以更深入地认识和评述梁思成的学术实践活动及其内在的规律、特点。

一、抛物线式的学术人生

　　梁思成一生的学术实践活动有两个高峰期：一是 1930 年代

任职中国营造学社时期;二是新中国成立前后至 1955 年,积极参
与新政权的创建及古都北京的建设。就这两个时期学术实践活
动的内容和特点而言,1930 年代梁思成的主要学术兴趣是古建
筑调查与研究,主要学术目标是寻找古建筑实物证据,解读宋代
李诫的《营造法式》,从而系统地梳理出中国古代建筑风格及建
筑技术的演变过程,在此基础上总结中国建筑历史发展的基本线
索和规律,初步完成对中国建筑史的整理和研究。1950 年代初
期,梁思成的主要学术兴趣是参与北京城市规划与建设,主要学
术目标是建构古都北京保护与未来发展的有效范式,按照"古今
兼顾,新旧两利"的原则,将北京旧城保护与新市区开发建设有
机地结合起来,建设好首都北京。

应该说,对待学术研究,梁思成始终充满热情,但现实的境遇
却是他无法预测的,其学术生涯呈现出截然不同的发展趋势,就
像一条完整的抛物线,前一时期呈现出明显的上升态势,后一时
期则呈现出明显的下降态势。1930 年代,梁思成首次开展野外
古建筑调查,即发现了建于 1000 余年前的辽代建筑——蓟县独
乐寺观音阁,在此基础上撰写的《蓟县独乐寺观音阁山门考》赢
得了学术界的广泛赞誉,"不仅一举超过了当时欧美和日本人研
究中国古代建筑设计的水平,而且就透过形式深入探讨古代建筑
设计规律而言,也超过了日本人当时对日本建筑研究的深度"。①
到 1937 年抗战爆发,梁思成及中国营造学社成员已在华北、华

---

① 傅熹年:《一代宗师 垂范后学——学习梁思成先生文集四卷的体会》,《梁思成学
术思想研究论文集》,第 12 页。

东、西北等地开展了大量的古建筑调查测绘,基本梳理出了中国
古代建筑的发展脉络,还幸运地发现了一座保存完好的唐代木结
构建筑——五台山佛光寺。抗战时期,中国营造学社遭遇严重的
生存危机,但即便如此,梁思成、刘敦桢等学社成员坚持开展学术
研究,并克服困难开展了一些野外古建筑调查,其精神之执着亦
为学界同仁所敬重。可以说,从 1930 年代到 1940 年代,虽然屡
经磨难,但梁思成的学术实践始终处于上升态势,其主要的学术
成就大多完成于这一时期。1948 年,国立中央研究院选举产生
首届 81 名院士,梁思成成为人文组建筑学学科唯一一名当选院
士。国立中央研究院在首届院士候选人名单公告中对其学术资
格的评价是:"主持中国营造学社多年;研究中国古建筑,实地搜
求,发见甚多。"①1949 年,北平和平解放,古城得以完整保留,这
极大地增强了梁思成对中共的好感,他非常希望自己的学识能在
北平的建设中发挥作用,也非常希望自己的学术观点能在北平的
未来规划与建设中得以实现,应该说,这是其作为一名学者的社
会责任感和理想追求。1950 年代初期,梁思成联合规划学家陈
占祥提出了"梁陈方案",勾勒出北京规划与建设的基本框架,同
时在文物建筑保护、探索建筑的民族形式的有效实现路径方面亦
有较多著述和实践,但遗憾的是,其学术主张大多不被认可,在北
京城市规划、文物建筑保护等领域亦逐渐被边缘化,失去了学术
话语权,甚至成为建筑学界形式主义、复古主义错误的原罪承担

---

① 《国立中央研究院公告》(中华民国三十六年十一月十五日),《中央研究院第一
　次院士选举(第一次补选院士选举)》,南京:中国第二历史档案馆,全宗号 393,案
　卷号 494(1)。

者,其建筑理念亦不得不一变再变。可以说,新中国成立前后至
1955 年,梁思成的学术实践处于明显的下降态势。

二、梁思成的古都保护范式

评述梁思成在 1950 年代的学术成就,最突出的应当是提出
"梁陈方案"。尽管至今规划建筑学界及官方对该建议仍褒贬不
一,存有争议,但不可否认,该建议充分体现了梁思成对古都保护
和未来发展的远见和学识,如果将其置于之后一个时期北京城市
发展的大视野中去观察,或许后人才能理解梁思成的真正意图。

事实上,1950 年代初期,梁思成的学术实践活动基本上是围
绕"梁陈方案"展开的。梁思成努力以北京城为载体,建构一个
古都保护与未来发展的理想范式,包括城墙保护、牌楼保护、团城
保护、建筑的民族形式的实现、古都风貌的维护,等等,皆在此范
式之内。实现这一范式的总前提是北京整体城市规划放弃以旧
城为中心,在合适的地点建设新市区,并将首都行政中心区设置
于新市区。这个范式的提出,既是梁思成对欧美国家古都保护经
验的积极借鉴,也是其对于北京城市规划设计的创造,前提如未
实现,之后的一切努力都难以如愿。后来的北京城市发展历史很
快便验证了梁思成在"梁陈方案"中的忧虑,以旧城为中心的规
划发展实践以及与之相伴出现的人口激增、房屋无序建造、交通
堵塞等问题与古都风貌维护、文物建筑保护之间构成了无法破解
的矛盾。面对这些无解的难题,虽然梁思成不惜以政治命运为代
价,竭力争取留下北京城墙、跨街牌楼等文物建筑,但他应该很清
楚最终的结局,因为这些文物建筑能够保存的前提已经失去了。

梁思成的可贵也正在于此,即便失败,也要努力争取,因为这是一名学者的良知。如果对梁思成的学术人生作一个概述的话,那就是激情、执着、责任、无奈。

三、中国营造学社的谢幕与大匠的困惑

1930 年代至 1940 年代,是梁思成学术生涯的黄金期,更是其学术成果迭出的时期。无论是梁同时代的学界同仁,还是后辈研究人员,大家都有一个基本共识,那就是,梁思成个人的学术成就和中国营造学社休戚相关。即便是朝不保夕、颠沛流离避难于大西南之际,梁思成依旧可以通过中国营造学社这个学术平台,延续自己的学术辉煌;同样,中国营造学社也因为有了梁思成、刘敦桢等人的加入和卓越领导,完成了从传统到现代的转型,成为那个时代中国研究水平最高、学术成果最丰富、社会影响力最大的古建筑研究机构。客观而言,很难说是中国营造学社成就了梁思成,还是梁思成成就了中国营造学社,双方的合作对彼此而言都是莫大的幸运。

抗战胜利后,随着中国营造学社整体并入清华大学并停止具体运行直至不复存在,梁思成的学术生涯也发生了转变。虽然梁创建清华大学建筑系之初同样取得了很大的成就,1940 年代中后期,其学术生涯的巅峰期延续了相当长一段时间。但和 1930 年代及 1940 年代初期相比,梁思成在这一时期的学术成果并不是很突出,产生较大影响的也仅有建筑教育思想及城市规划理念。究其原因,除了梁思成学术兴趣的转移外,学术平台的缺失,应该是最主要的原因。当年梁思成加盟中国营造学社,很多人不

理解,而抗战胜利后毅然结束中国营造学社的运行,同样令很多人费解,本书第四章对其中原因作了简单的剖析。中国营造学社的谢幕对梁思成的学术生涯而言,影响之大难以估量。也正是失去了中国营造学社这个关键的学术支撑平台,加之其他一些因素,梁思成的学术实践的巅峰期戛然而止,随之而来的则是无尽的困惑,以及学术实践处于下降态势的尴尬现实。

总结梁思成的学术实践,其实有一条简单清晰的线索,那就是恪守学者本位,以专业精神专心致志地从事自己熟悉且专长的学术研究。这是梁启超反思自己人生经历后对子女的教诲,也是梁思成早年始终遵循的处世准则,1950 年代以后梁思成的学术实践乃至人生际遇则从另一个角度对此作了进一步的解读。建筑学家究竟如何处理与政权、政治及政治家的关系,或许,这才是梁思成晚年的困惑所在。相信这一问题也是绝大部分有成就的建筑学家终其一生都要面对和思考的问题。

关于梁思成学术实践的研究,还有很多问题值得进一步探讨。特别是随着有关档案、文献资料的陆续公开和编辑整理,必将促进这一领域学术研究的深化。此外,越来越多非规划建筑专业学者的加入,也必将进一步拓宽这一领域学术研究的视野,综合多个学科的理论和研究方法,形成研究特色,创造出更多的优秀的学术成果。

附　录

一、梁思成著述情况统计表①

序号	作品名称	作　者	首次刊发情况或完成时间
1	谭君广识传略	梁思成	《清华周刊》第 149 期,1918 年 11 月
2	对于新校长条件的疑问	梁思成	《清华周刊》第 238 期,1922 年 3 月

---

① 资料来源:《中国营造学社汇刊》,《梁思成全集》,《人民日报》,《光明日报》,《中国青年》。建国之后,梁思成曾担任多项领导职务,其部分会议讲话或发言也曾被有关报刊整理发表,由于过于分散,本附录仅收录发表于《人民日报》《光明日报》的发言稿。

建国前,梁思成的著述约 60 余部(篇),主要以调查报告、专业论文、专著为主,以及少量的设计方案、译著等;建国后,梁思成的著述内容较为宽泛,共约 60 余部(篇),除了数量不多的专著、专业论文、科普文章、设计方案之外,更多的是讲话、报告、书信、个人体会、书序等。

（续表）

序号	作品名称	作者	首次刊发情况或完成时间
3	A Han Terra – cotta Model of a Three – storey House（一个汉代的三层楼陶制明器）	梁思成	留美学习期间
4	世界史纲	［英］韦尔斯著,梁思成等译	商务印书馆,1927 年
5	天津特别市物质建设方案	梁思成,张锐	完成于 1930 年 9 月
6	中国雕塑史	梁思成	完成于 1930 年
7	我们所知道的唐代佛寺与宫殿	梁思成	《中国营造学社汇刊》第三卷第一期,1932 年
8	蓟县独乐寺观音阁山门考	梁思成	《中国营造学社汇刊》第三卷第二期,1932 年 6 月
9	蓟县观音寺白塔记	梁思成	《中国营造学社汇刊》第三卷第二期,1932 年 6 月
10	大唐五山诸堂图考	田边泰著,梁思成译	《中国营造学社汇刊》第三卷第三期,1932 年 9 月
11	祝东北大学建筑系第一班毕业生	梁思成	《中国建筑》创刊号,1932 年 11 月
12	宝坻县广济寺三大士殿	梁思成	《中国营造学社汇刊》第三卷第四期,1932 年 12 月
13	故宫文渊阁楼面修理计划	蔡方荫、刘敦桢、梁思成	《中国营造学社汇刊》第三卷第四期,1932 年 12 月
14	平郊建筑杂录(上)	梁思成、林徽因	《中国营造学社汇刊》第三卷第四期,1932 年 12 月
15	伯希和先生关于敦煌建筑的一封信	梁思成	《中国营造学社汇刊》第三卷第四期,1932 年 12 月
16	营造算例	梁思成	中国营造学社,1932 年

（续表）

序号	作品名称	作 者	首次刊发情况或完成时间
17	福清二石塔	艾克著，梁思成译	《中国营造学社汇刊》第四卷第一期，1933 年 3 月
18	正定调查纪略	梁思成	《中国营造学社汇刊》第四卷第二期，1933 年 6 月
19	闲谈关于古代建筑的一点消息	林徽因、梁思成	《大公报·文艺副刊》第 5 期，1933 年 10 月 7 日
20	大同古建筑调查报告	梁思成、刘敦桢	《中国营造学社汇刊》第四卷第三、四期，1933 年 12 月
21	云冈石窟中所表现的北魏建筑	林徽因、梁思成、刘敦桢	《中国营造学社汇刊》第四卷第三、四期，1933 年 12 月
22	清式营造则例	梁思成	中国营造学社，1934 年 1 月
23	读乐嘉藻《中国建筑史》辟谬	梁思成	《大公报·文艺副刊》第 64 期，1934 年 3 月 3 日
24	赵县大石桥	梁思成	《中国营造学社汇刊》第五卷第一期，1934 年 3 月
25	修理故宫景山万春亭计划	梁思成、刘敦桢	《中国营造学社汇刊》第五卷第一期，1934 年 3 月
26	汉代建筑式样与装饰	鲍鼎、刘敦桢、梁思成	《中国营造学社汇刊》第五卷第二期，1934 年 6 月
27	杭州六和塔复原状计划	梁思成	《中国营造学社汇刊》第五卷第三期，1935 年 3 月
28	晋汾古建筑预查纪略	林徽因、梁思成	《中国营造学社汇刊》第五卷第三期，1935 年 3 月
29	平郊建筑杂录（续）	林徽因、梁思成	《中国营造学社汇刊》第五卷第四期，1935 年 6 月
30	曲阜孔庙之建筑及其修葺计划	梁思成	《中国营造学社汇刊》第六卷第一期，1935 年 9 月

（续表）

序号	作品名称	作　者	首次刊发情况或完成时间
31	清故宫文渊阁实测图说	刘敦桢、梁思成	《中国营造学社汇刊》第六卷第二期,1935 年 12 月
32	建筑设计参考图集序	梁思成	《中国营造学社汇刊》第六卷第二期,1935 年 12 月
33	建筑设计参考图集简说	梁思成	《中国营造学社汇刊》第六卷第二期,1935 年 12 月
34	建筑设计参考图集（共10 集）	梁思成主编、刘致平编纂	完成于 1935—1937 年
35	书评	梁思成	《中国营造学社汇刊》第六卷第三期,1936 年 9 月
36	浙江杭县闸口白塔及灵隐寺双白塔	梁思成	完成于 1937 年
37	谈中国建筑	梁思成	完成于 1937 年 2 月
38	致童寯信	梁思成	1937 年 5 月 17 日
39	西南建筑图说（一）——四川部分	梁思成	完成于抗战期间
40	西南建筑图说（二）——云南部分	梁思成	完成于抗战期间
41	Insearch Of Ancient Architecture In North China（华北古建调查报告）	梁思成	完成于 1940 年左右
42	China's Oldest Wooden Structure（中国最古老的木构建筑）	梁思成	《亚洲杂志》（Asia Magazine）,1941 年 7 月
43	Five Early Chinese Pagodas（五座中国古塔）	梁思成	《亚洲杂志》（Asia Magazine）,1941 年 8 月
44	中国建筑史	梁思成	完成于 1944 年

（续表）

序号	作品名称	作　者	首次刊发情况或完成时间
45	A Pictorial History of Chinese Architecture：A Study of the Development of Its Structural System and the Evolution of Its Types（图像中国建筑史——关于中国建筑结构体系的发展及其形制演变的研究）	梁思成英文原著，费慰梅编，梁从诫译	完成于 1944 年
46	复刊词	梁思成	《中国营造学社汇刊》第七卷第一期，1944 年 10 月
47	为什么研究中国建筑	梁思成	《中国营造学社汇刊》第七卷第一期，1944 年 10 月
48	记五台山佛光寺建筑	梁思成	《中国营造学社汇刊》第七卷第一、二期，1944 年 10 月、1945 年 10 月
49	致梅贻琦信	梁思成	1945 年 3 月 9 日
50	战区文物保存委员会文物目录	梁思成	完成于 1945 年 5 月
51	市镇的体系秩序	梁思成	重庆《大公报》，1945 年 8 月
52	中国建筑之两部"文法课本"	梁思成	《中国营造学社汇刊》第七卷第二期，1945 年 10 月
53	致 Aelfred Bendiner 的三封信	梁思成	1947 年 4 月 6 日、26 日、30 日
54	Art and Architecture（中国的艺术与建筑）	梁思成	完成于 1947 年
55	设立艺术史研究室计划书	梁思成、邓以蛰、陈梦家	完成于 1947 年
56	北平文物必须整理与保存	梁思成	完成于 1948 年 4 月

（续表）

序号	作品名称	作 者	首次刊发情况或完成时间
57	梁思成致北平文物整理委员会关于保护铁影壁的信函	梁思成	1948 年 4 月 12 日
58	全国重要建筑文物简目	梁思成等编	完成于 1949 年 3 月
59	北平市的行车与行人	梁思成	《人民日报》，1949 年 5 月 8 日
60	城市的体形及其计划	梁思成	《人民日报》，1949 年 6 月 11 日
61	致童寯信	梁思成	1949 年 6 月
62	清华大学营建学系（现称建筑工程学系）学制及学程计划草案	梁思成	《文汇报》，1949 年 7 月 10 日—12 日
63	致聂荣臻信	梁思成	1949 年 9 月 19 日
64	建筑的民族形式	梁思成	完成于 1950 年 1 月
65	关于中央人民政府行政中心区位置的建议	梁思成、陈占祥	完成于 1950 年 2 月
66	致朱德信	梁思成	1950 年 4 月 5 日
67	致周恩来信	梁思成	1950 年 4 月 10 日
68	关于北京城墙存废问题的讨论	梁思成	《新建设》，1950 年 7 月第二卷第六期
69	中国建筑师	梁思成	完成于 1950 年代初期
70	致彭真、聂荣臻、张友渔、吴晗、薛子正信	梁思成	1950 年 10 月 27 日
71	敦煌壁画中所见的中国古代建筑	梁思成	《文物参考资料》，1951 年第 2 卷第 5 期

（续表）

序号	作品名称	作　者	首次刊发情况或完成时间
72	我国伟大的建筑传统与遗产	梁思成	《人民日报》，1951 年 2 月 19 日—20 日
73	北京——都市计划的无比杰作	梁思成	《新观察》，1951 年 4 月第二卷第七、八期
74	致中国科学院负责同志信	梁思成	1951 年 5 月 18 日
75	《城市计划大纲》序	梁思成、林徽因	完成于 1951 年 7 月
76	《苏联卫国战争被毁地区之重建》译者的体会	林徽因、梁思成	完成于 1951 年 8 月
77	致周恩来信	梁思成	1951 年 8 月 15 日
78	致周恩来信	梁思成	1951 年 8 月 28 日
79	致彭真信	梁思成	1951 年 8 月 29 日
80	我为谁服务了二十余年	梁思成	《人民日报》，1951 年 12 月 27 日
81	祖国的建筑传统与当前的建设问题	梁思成、林徽因	《新观察》1952 年，第 16 期
82	人民首都的市政建设	梁思成	中华全国科学技术普及协会，1952 年
83	我认识了我的资产阶级思想对祖国造成的损害	梁思成	《光明日报》，1952 年 4 月 18 日
84	芬奇——具有伟大远见的建筑工程师	梁思成、林徽因	《人民日报》，1952 年 5 月 3 日
85	致彭真信稿	梁思成	1952 年 5 月 22 日
86	苏联专家帮助我们端正了建筑设计的思想	梁思成	《人民日报》，1952 年 12 月 22 日

（续表）

序号	作品名称	作者	首次刊发情况或完成时间
87	古建序论——在考古工作人员训练班讲演记录	梁思成讲、林徽音整理	《文物参考资料》,1953 年第 3 期
88	民族的形式,社会主义的内容		《新观察》,1953 年第 14 期
89	我对苏联建筑艺术的一点认识	梁思成	完成于 1953 年
90	今天学习祖国建筑遗产的意义	梁思成	完成于 1953 年
91	建筑艺术中社会主义现实主义和民族遗产的学习与运用的问题	梁思成	《新建设》,1954 年 2 月号
92	中国建筑的特征	梁思成	《建筑学报》,1954 年第 1 期
93	中国建筑发展的历史阶段	梁思成、林徽因、莫宗江	《建筑学报》,1954 年第 2 期
94	祖国的建筑	梁思成	中华全国科学技术普及协会,1954 年 10 月
95	波兰人民共和国的建筑事业	梁思成	《建筑学报》,1956 年第 7 期
96	梁思成的发言——在中国人民政治协商会议第二届全国委员会第二次全体会议上的发言	梁思成	《人民日报》,1956 年 2 月 4 日
97	整风一个月的体会	梁思成	《人民日报》,1957 年 6 月 8 日
98	我为什么这样爱我们的党?	梁思成	《人民日报》,1957 年 7 月 14 日
99	《青岛》序	梁思成	完成于 1958 年 7 月
100	党领导我们在正确道路上前进	梁思成	《光明日报》,1959 年 2 月 16 日

（续表）

序号	作品名称	作　者	首次刊发情况或完成时间
101	绝不虚度我这第二个青春	梁思成	《光明日报》,1959 年 3 月 10 日
102	立刻行动起来,积极地为实现工学院调整方案而努力	梁思成	《光明日报》,1959 年 4 月 23 日
103	一个知识分子的十年	梁思成	《中国青年》,1959 年第 19 期
104	曲阜孔庙	梁思成	《旅行家》1959 年第 9 期
105	从"适用、经济、在可能条件下注意美观"谈到传统与革新——在住宅建筑标准及建筑艺术问题座谈会上关于建筑艺术部分的发言	梁思成	《建筑学报》,1959 年第 6 期
106	建筑创作中的几个重要问题	梁思成	《建筑学报》,1961 年第 7 期
107	评阿谢普柯夫著《中国建筑》	梁思成	完成于 1961 年 7 月 7 日
108	建筑和建筑的艺术	梁思成	《人民日报》,1961 年 7 月 26 日
109	谈"博"而"精"	梁思成	《新清华》,1961 年 7 月 28 日
110	中国的佛教建筑	梁思成	《清华大学学报》,1961 年 12 月第八卷第二期
111	广西容县真武阁的"杠杆结构"	梁思成	《建筑学报》,1962 年第 7 期
112	拙匠随笔（一）建筑 ⊂（社会科学∪技术科学∪美术）	梁思成	《人民日报》,1962 年 4 月 8 日

（续表）

序号	作品名称	作者	首次刊发情况或完成时间
113	拙匠随笔(二)建筑师是怎样工作的	梁思成	《人民日报》,1962 年 4 月 29 日
114	拙匠随笔(三)千篇一律与千变万化	梁思成	《人民日报》,1962 年 5 月 20 日
115	漫谈佛塔	梁思成	《光明日报》,1962 年 5 月 25 日
116	拙匠随笔(四)从"燕用"——不祥的谶语说起	梁思成	《人民日报》,1962 年 7 月 8 日
117	拙匠随笔(五)从拖泥带水到干净利索	梁思成	《人民日报》,1962 年 9 月 9 日
118	《营造法式》注释序	梁思成	完成于 1963 年 8 月
119	关于敦煌维护工程方案的意见	梁思成	完成于 1963 年 8 月 9 日
120	唐招提寺金堂和中国唐代的建筑	梁思成	《鉴真纪念集》,1963 年 10 月
121	致车金铭信	梁思成	1964 年 3 月 22 日
122	闲话文物建筑的重修与维护	梁思成	《文物》,1964 年第 7 期
123	追忆中的日本	梁思成	《人民中国》(日文版),1964 年 6 月号
124	《中国古代建筑史》(六稿)绪论	梁思成	完成于 1964 年 7 月
125	人民英雄纪念碑设计的经过	梁思成	完成于 1967 年 12 月
126	致周恩来信	梁思成	1971 年 8 月 31 日
127	营造法式注释(卷上)	梁思成	中国建筑工业出版社,1983 年

二、《城市的体形及其计划》①

报载北平市都市计划委员会已经成立,建设工作即将展开。在工作刚刚开始的时候,谨将若干关于城市体形计划的基本原则,先提出来作一次检讨,希望关心本市将来发展的市民尽量发表高见,去领导督促负责计划的人。

(一)城市的四大功能

在一个城市里住的人,他的生活可分为四种活动。第一,他需要一个居住的家,这个家至少须能满足他睡眠,休息,饮食,养育儿女,及其他生理方面的基本要求。第二,他需要工作;无论他的职业是什么,他都有工作的地方。第三,他需要游息;无论何人在睡眠饮食与工作之外,他必有多多少少的空闲时间,这些空闲时间之内,他须有适当的游玩或休息的空间。第四,为达到前三项活动,他需要交通;因为人是一个动物,动物是必须动的。由一个地点动到另一个地点便是交通。

一个城市必须求其可以满足这四种活动的要求。所以城市的四大功能就是:(1)居住,(2)工作,(3)游息,(4)交通。这四个功能是缺一不可的。

---

① 梁思成:《城市的体形及其计划》,《人民日报》,1949 年 6 月 11 日第 4 版。北平和平解放之后,梁思成在《人民日报》发表了《城市的体形及其计划》一文。该文是梁思成研究城市规划与建设问题的一篇重要学术论文,亦体现了建国前后梁思成对现代城市规划及建设问题的理解和认识,是研究梁思成学术实践活动的重要文献。但多年来,该文极少被学术界提及,《梁思成文集》及《梁思成全集》均未予以收录。鉴于《城市的体形及其计划》一文的学术价值及其鲜为人知的现状,本书特将其全文附录于文后。

(二)前车之鉴

欧美的城市自从开始工业化以来,资本阶级只顾自肥,压迫剥削工人阶级,不顾工人福利,形成了人间地狱的"贫民窟"。"贫民窟"成了每一个工厂劳工的来源;工少人多,工人的福利绝不是资本阶级所关心的;因为无论住处如何恶劣,工人总须屈服来工作的。并且资本阶级只顾自己建厂的方便,不顾文物,不顾风景,剥削了人民游息的地方。下面恩格斯的一段叙述,最为逼真。这是一八四四年,他描写从曼彻斯达市都西桥上所望见的伊尔克河景色,他说:

"下面流着的,不如说淤滞着的,是伊尔克河,一带狭小、漆黑、臭不可当的小溪,满是秽土垃圾,被溪流冲积在较浅的右岸边。……除此而外,溪流的本身每隔几步就被很高的埂堰一道一道的拦阻起来,堰后堆积了大堆的黏浆垃圾,在那里腐烂。桥的上游是许多的制革厂,将邻近空气中充满了动物体腐朽的臭味,还有制骨厂和煤气厂,把所有的秽水废料,都冲到伊尔克河里;此外附近所有的下水道和便粪也都流入这小河里来。向桥的下游看见的是陡峻的左岸上无数住户中丢出来的残砖断瓦,垃圾秽物。在这陡峻的山坡上,每一所房屋都紧挤在它的邻舍的背后,每一所都露出一小部分,全是漆黑、烟熏、破烂、陈旧的房子,窗格和玻璃都是破碎的。……后面的背景是营房一般的工厂建筑……围着贫民义地和铁路车站;车站后面就是曼彻斯达监狱,如同一座堡垒,从山顶高耸的危墙和垛堞上,威胁的俯视着下面的工人住宅区。"

四十多年以后,科学、技术、医药卫生等等方面都有了史无前例的大进步，但是恩格斯对于所谓"改善"成绩却如此说：

"排水设备增建了，或是改善了，在我所描写过最恶劣的贫民窟间开出来宏敞的大马路了。……不过，那便何如？有许多整个的地区，在一八四四年还是富有田园诗趣的，因为市区的扩大，现在也沦落到破烂、不舒适、苦恼的境界了。只有猪群和大堆垃圾已不存在。布尔乔亚阶级在藏匿工人苦况的技术上又进了一步。对于工人居住之没有实际改善，在一八八五年的'皇家贫民住宅委员会报告'里就可以充分看出来。"

这还是十九世纪的情况，等到汽车出来，便更加上一重混乱的因素。十八九世纪的街道是按马车和步行人的速度而分划出来的。汽车不惟速度高，而且数量多，所以欧美大城市的街道早已呈现车辆拥挤，车祸频仍的混乱状态。例如伦敦若干部分，工业商业住宅完全混杂在一起。七百余万人口之中，每七人中有一人以运输为业；他全部的工作时间精力就以将其余六人及其产品从一地点输送到另一地点。那是惊人的人力物力的浪费。美国洛杉机市，在百老汇大马路上，从第一街至第十街，当年坐马车只需十分二十一秒的时间，现在的流线型汽车却需十四分十二秒。在英国和美国，每年的车祸死亡数字比同期间战场死亡率还高，而受伤数字则比战场高出几倍！

百余年来无秩序无计划发展的结果，使得四大功能无一能充分发展，只互相妨碍。伦敦、纽约、巴黎，以及许多的大都市已成了不可居住、不宜工作、不能游息、不得行动的地方。为矫正这些弊病，伦敦、纽约都预计需要五十年的时间，计不清的人力物力。它们是我们前车之鉴！

在中国,上海、汉口、广州等大工商都市已呈现了这种状态。上海南京路上的车辆,汽车之外再参杂上无数三轮车、自行车,随时随地都潜伏着死伤的威胁。弄堂房子密密的排列,每家的大门面对着别人的后门和垃圾堆;房子里连亭子间都可搭成两层分租。弄堂里寸草不生;到了夏季夜间大多数的住户都睡在弄堂地上。大城市的居民,是否必须受这种虐待?"以往不谏,来者可追",从今日起,中国的每一个城市,无论新旧,都必须计划和改善,以迎接无尽的明天。

(三)建立城市体形的十五个目标

为求四大功能之得到充分发展,我们应向下列目标迈进:

(1)适宜于身心健康,使人可以安居的简单朴素的住宅,周围有舒爽的园地,充足的阳光和空气,接近户外休息和游戏的地方。

(2)小学的位置,在距离每一所住宅都适当而安全(儿童自己来回的安全)的步程之内。

(3)食品和日常用品的商店距离每一所住宅都在适当步程之内,为的节省购买人的步程和商贩的运送,每一个住宅区单位中的商店应该集中在一个或几个中心,每个中心都应有可以停放摇篮车和可以供幼童游戏的安全地方与设备。

(4)社区性的娱乐与集合设备,也在每一所住宅步程之内。

(5)幼童、儿童、少年、青年、成人都应有适当的游戏地方,不应逼着儿童在马路上跳蹦,打石子,成年也不应逼使在路旁倚着电杆无聊,或在街旁赌博。

(6)公园须可供散步坐息之用,并且不宜太小,至少须有在自然的空间的感觉。

（7）工作地距离住宅不宜太远，以避免时间、精力、金钱的耗费；避免造成街上车辆之拥挤和车内乘客之拥挤。

（8）街道按功用分别设计，并须极力减少。过境车流大道，市内交通街道，以及兼有市际交通和游息性双层功用的林荫大道，都各有不同的用途，须有不同的设计。

（9）街道与房屋的设计关系，应使每日的工作与游息都将横过街道的路线，减至最低度；若用邻里单位（详下文），内部有步行道，可以达此目地。

（10）一切自然的优点——如风景、山冈、湖沼、河海等等——都应保存而利用。

（11）全部建筑式样应和谐。

（12）大规模的商店、博物馆、剧场等等，供多数人的需用，且需多数人维持的，须位置适中，建筑式样和谐，使用方便，且须有充分的停车地。

（13）公共建筑需要建立在方便适中并且观瞻壮美的位置上。

（14）与外界的交通须慎密计划，铁路，飞机场，市际公路，过境公路等等，须在安全而方便的位置上，而且须足供运输量的需求。

（15）尽可能的减少汽车的危险性——对于行路人、自行车、三轮车、汽车司机和乘客的危险性。欧美各国车祸之多是近代社会中一个可耻而不可饶恕的现象。适当的设计是可以减低这类危险性的。

这十五个目标并不是空洞的理想,而是绝对可以实现的。为使每一个城市居民可以安居乐业,为保持每一个城市居民身心双方面的健康,为提高全国的生产工作效率,我们应该向这十五个目标同时全面努力。

(四)四种体形基础

为达到这十五个目标,我们应将四大功能,从体形方面作合理适当的布署。布署的基本原则在使四大功能之间(乃至构成四大功能的次一层不同的功能之间),得到合理的隔离,合理的联系。因功能之不同所以须隔离;但一切功能之间都有联带性,所以须联系。如何取得合理的隔离与联系就是计划。

为求使四大功能得到最合理的隔离与联系,我们吸收近十年来苏联欧美的经验,应当用四种不同的体形基础:(1)分区;(2)邻里单位;(3)环形辐射道路网;(4)人口面积有限度的自给自足市区。

(1)分区是将市内居住、工业、商业、行政、游息等等不同的功能,分划在适当的地区上。

(2)邻里单位是最新的住宅区基本单位,是一个在某种限度之下能自给自足的小单位。邻里之内有一个邻里中心,设置商店、小学校、卫生站、菜市场、娱乐场、运动场、儿童游戏场、公园等等。邻里之内不许过境汽车穿过。邻里的半径不超过儿童可以由家到学校的步程。邻里内的人口与房屋密度有一定的规定,使每家都有充分的空气、阳光、庭园。每个邻里都与工作区有合理的联系。

(3)环形路是拘束车流,尤其是过境或穿过的车流使它不入市区的道路系统。在一个市内,按大小划出三环或四环约略同中心而平行的干道,用辐射形路线将各环衔接而通到最内一环,内环之内以及各环与辐射路之间的地区便是各区或邻里。在各区及邻里之内都只有以本区为目的地车辆的街道。这种街道之设计应使车流不能或不便作穿过本区时的使用,则车辆自然会集在干道上行驶。如此则可减少人烟稠密或住宅地区内车辆数目,免去拥挤,弥防车祸。

(4)有限度的市区是不许蔓延过大的市区。最理想的以五六万人为最大限度。超过此数就应在至少三四公里距离之外,另建一区。两区之间必须绝对禁止建造工商住宅建筑,保留着农田或林地。这种疏散的分布,可使每区居民,不必长途跋涉,即可与大自然接触。若不幸而有空袭的危险,则分散的目标比广大集中的目标的安全性也大得多。

(五)结论

无论计划一个新城市或改善一个旧城市,都应该尽可能的用上述四种体形,向着十五个目标,以求四大功能之充分发展。前车之辙布满了全欧美,新民主主义的新中国在建设开始的时候,可以从第一步就不蹈人家的覆辙,这是后来居上者所应把握住的机会。

最后还有三点应该特别提出:

(1)现代交通工具已将世界缩小了。没有一个城市能再孤立的独善其身。每一个城市与邻近的城市,乃至更远的城市,都是息息相关的。例如计划北平、天津、唐山、张家口、石家庄都与北平有关系。如唐山的煤,天津的进出口贸易等等的问题,都可影响到北平的计划。所以计划一个城市，邻近城市乡村的地理、社会、经济情形，必须使与本城配合。这就是遵从毛主席的四面八方政策推进，不必我在此赘说了。

（2）一座城市是城市一切活动的体形空间，若是体形不适宜于活动方式，则一切必紊乱。所以在计划体形之前，必须对于城市人口，工商业，以及一切社会现象都应有精确的调查统计。这是各方面的专门问题，做体形计划的人必须先得到各专家的资料才能着手的。所以城市的体形虽是做体形计划者的工作，但是体形之型成却是要各方面各专家，全体市民出来领导的。

（3）每个城市计划订定之后，一切建设都必须遵守计划进行，无论任何公私建筑都不得与计划相抵触。政府须督促计划之严格施行。但同时不能不顾到的，就是人类生活方式是永远在转变的，所以每隔三年五年必须按发展情形推测将来，将计划重新检讨，必要时加以修改，以求切合实际，方能收到最大效果。

以上所论只是城市体形计划的基本原则，至于如何应用到我们的北平市上，有机会当再提出来请教。

参考文献

一、档案资料

[1]《北京城郊区土地面积建筑及使用情况、市政建设情况及肖秉钧对城墙存废的意见》,北京:北京市档案馆,档号:002 - 020 - 00970。

[2]《北京市都委会1950年工作计划》,北京:北京市档案馆,档号:150 - 001 - 00014。

[3]《北京市都委会1950年工作计划及概况》,北京:北京市档案馆,档号:150 - 001 - 00025。

[4]《北京市都委会1952年处理人民来信工作检查报告》,北京:北京市档案馆,档号:150 - 001 - 00067。

[5]《北京市都委会1952年工作计划总结》,北京:北京市档案馆,档号:150 - 001 - 00056。

[6]《北京市都委会1953年处理人民来信工作总结》,北京:北京市档案馆,档号:150 - 001 - 00084。

[7]《北京市都委会1953年工作计划》,北京:北京市档案馆,档号:150 - 001 - 00071。

[8]《北京市都委会1953年工作总结》,北京:北京市档案馆,档号:150 - 001 - 00072。

[9]《北京市都委会1954年工作计划纲要》,北京:北京市档案馆,档号:150 - 001 - 00088。

[10]《北京市都委会1954年工作总结汇报》,北京:北京市档案馆,档号:150 - 001 - 00089。

[11]《北京市都委会办公室主任王栋岑关于某些工程用地问题的报告》,北京:北京市档案馆,档号:150 - 001 - 00076。

[12]《北京市都委会筹备会成立大会记录及组织规程》,北京:北京市档案馆,档号:150 - 001 - 00001。

[13]《北京市都委会第2—4次常委会会议记录》,北京:北京市档案馆,档号:150 - 001 - 00030。

[14]《北京市都委会各组室1951年3月份工作总结》,北京:北京市档案馆,档号:150 - 001 - 00026。

[15]《北京市都委会工作汇报》,北京:北京市档案馆,档号:150 - 001 - 00027。

[16]《北京市都委会关于处理群众来信的报告》,北京:北京市档案馆,档号:150 - 001 - 00048。

[17]《北京市都委会联合汇报记录》,北京:北京市档案馆,档号:150 - 001 - 00028。

[18]《北京市都委会聘请委员及顾问名单》,北京:北京市档案馆,档号:150 – 001 – 00004。

[19]《北京市都委会全体委员会会议记录》,北京:北京市档案馆,档号:150 – 001 – 00031。

[20]《北京市都委会总图起草小组专题报告》,北京:北京市档案馆,档号:150 – 001 – 00041。

[21]《北京市都委会总图起草小组资研会常委会联席会记录》,北京:北京市档案馆,档号:150 – 001 – 00042。

[22]《北京市都委会总图专门委员会组织规程草案及会议记录》,北京:北京市档案馆,档号:150 – 001 – 00040。

[23]《北京市规划委员会(规划管理局)1957 年处理人民来信来访统计表及总结》,北京:北京市档案馆,档号:151 – 001 – 00061。

[24]《北京市建委、市人委关于城墙拆除和北京市第一批古建文物保护单位和办法的通知》,北京:北京市档案馆,档号:151 – 001 – 00073。

[25]《北京特别市工务局关于报送北京都市建设计划要案、北京都市计划地域规划等的呈及市公署的指令》,北京:北京市档案馆,档号:J017 – 001 – 03614。

[26]《北平市都市计划座谈会记录》,北京:北京市档案馆,档号:150 – 001 – 00003。

[27]《对目前都市计划工作的意见及关于建设用地情况和意见的报告》,北京:北京市档案馆,档号:004 – 010 – 00690。

[28]《冯基平同志关于交通及拆除城墙问题向市委的报告》,北

京:北京市档案馆,档号:131 - 001 - 00073。

[29]《关于市府邀请苏联专家研究首都建设计划总图情况报告》,北京:北京市档案馆,档号:004 - 010 - 00729。

[30]《规划局党组向市委的工作报告及有关材料》,北京:北京市档案馆,档号:131 - 001 - 00029。

[31]《规划局关于北京城墙问题的请示报告批示及有关文件》,北京:北京市档案馆,档号:131 - 001 - 00271。

[32]《国立中央研究院公告》(中华民国三十六年十一月十五日),《中央研究院第一次院士选举(第一次补选院士选举)》,南京:中国第二历史档案馆,全宗号393,案卷号494(1)。

[33]《胡适、罗宗洛等拟提院士候选人名单案》,南京:中国第二历史档案馆,全宗号393,案卷号1615。

[34]《全国人大代表、政协委员视察意见及本会处理答复》,北京:北京市档案馆,档号:151 - 001 - 00056。

[35]《市府关于任命薛子正等二十八人为市府秘书长、各局局长处长、各区区长、郊区委员会、都市计划委员会名单》,北京:北京市档案馆,档号:002 - 002 - 00005。

[36]《市建设局关于市民白玉莹、刘亦建议拆除女三中门前石桥、帝王庙牌楼、文津街三座门、东西交民巷牌楼给市文委的函及市文委、中央社会文化事业管理局的答复》,北京:北京市档案馆,档号:011 - 001 - 00215。

[37]《市人委市政设计院、城建委关于拆除西便门角楼和拆除城墙豁口的批复》,北京:北京市档案馆,档号:047 - 001 - 00013。

[38]《市文委关于首都古文物建筑处理问题座谈会记录及牌楼资料摘要》,北京:北京市档案馆,档号:002 - 005 - 00154。

[39]《市政府关于首都古文物建筑保护问题座谈会记录摘要》,北京:北京市档案馆,档号:011 - 001 - 00227。

[40]《宣振庸、费弘扬、王洪铸等人关于对北京城墙废留问题的人民来信》,北京:北京市档案馆,档号:151 - 001 - 00060。

[41]《薛子正同志主持召开北京市都委会有关同志座谈会记录》,北京:北京市档案馆,档号:150 - 001 - 00086。

[42]《中央研究院办理第一次院士选举经过情形节略》,南京:中国第二历史档案馆,全宗号393,案卷号1085。

[43]《中央研究院评议会第一次院士选举筹备委员会组织及会议记录》,南京:中国第二历史档案馆,全宗号393,目录号2,案卷号134。

二、文献资料集、领导人文稿

[1]北京建设史书编辑委员会编:《建国以来的北京城市建设》,北京,1986 年。

[2]北京建设史书编辑委员会编辑部:《建国以来的北京城市建设资料 第一卷 城市规划》,北京,1987 年。

[3]北京市档案馆、中共北京市委党史研究室编:《北京市重要文献选编》(1948.12—1965,共 17 册),北京:中国档案出版社,2001—2007 年。

[4]《北平市都市计划设计资料第一集》,北平:北平市工务局,

1947 年 8 月。

[5]北平市各界代表会议秘书处编:《北平市各界代表会议专辑》,北京,1949 年。

[6]《东北大学概览》(民国十七年度),沈阳:东北大学,1929 年 3 月刊行。

[7]《东北大学年鉴》(民国十八年),沈阳:东北大学,1929 年 6 月。

[8]《东北交通大学一览》,锦县:东北交通大学,1929 年 11 月刊行。

[9]四川联合大学经济研究所、中国第二历史档案馆:《中国抗日战争时期物价史料汇编》,成都:四川大学出版社,1998 年。

[10]天津市城市规划志编纂委员会编著:《天津市地方志丛书·天津市城市规划志》,天津:天津科学技术出版社,1994 年。

[11]王国华:《北京城墙存废记——一个老地方志工作者的资料辑存》,北京:北京出版社,2007 年。

[12]文史资料选辑编辑部编:《文史资料精选》(第 14 册),北京:中国文史出版社,1990 年。

[13]星火燎原编辑部:《平津战役专辑》,北京:解放军出版社,1987 年。

[14]杨永生:《1955—1957 建筑百家争鸣史料》,北京:知识产权出版社、中国水利水电出版社,2003 年。

[15]政协第一届全体会议秘书处编:《中国人民政治协商会议第一届全体会议纪念刊》,北京:人民出版社,1999 年。

[16]政协沈阳市委员会文史资料委员会、辽宁省社会科学院历

史研究所合编:《沈阳文史资料》(第一辑),沈阳,1981 年。

[17]中共北京市委党史研究室编:《北京记忆》,北京:中央文献出版社,2007 年。

[18]中共中央文献编辑委员会:《毛泽东选集》(1—4 卷),北京:人民出版社,1991 年。

[19]中共中央文献研究室:《建国以来毛泽东文稿》(1—13 册),北京:中央文献出版社,1987—1999 年。

[20]中共中央文献研究室:《建国以来重要文献选编》(共 20 册),北京:中央文献出版社,1992—2011 年。

[21]中共中央文献研究室:《中华人民共和国开国文选》,北京:中央文献出版社,1999 年。

[22]中共中央文献研究室、中央档案馆《党的文献》编辑部:《共和国走过的路——建国以来重要文献专题选集》(1949—1952),北京:中央文献出版社,1991 年。

[23]中共中央文献研究室、中央档案馆:《建国以来周恩来文稿》(第 1—2 册),北京:中央文献出版社,2008 年。

[24]《中华人民共和国开国文献》,东北新华书店辽东分店,1949 年。

[25]周恩来:《政府工作报告》,北京:人民出版社,1954 年。

[26]中央档案馆:《中共中央文件选集》(共 18 册),北京:中共中央党校出版社,1982—1992 年。

[27]中央档案馆、中共中央文献研究室:《中共中央文件选集》(1949.10—1966.5),北京:人民出版社,2013 年。

三、报刊资料

[1]《北京日报》

[2]《光明日报》

[3]《建筑史论文集》

[4]《建筑学报》

[5]《人民日报》

[6]《文艺报》

[7]《新建设》

[8]《学习时报》

[9]《中国青年》

[10]《中国营造学社汇刊》

四、个人文集、书信、日记、年谱、回忆录等资料

[1]毕万闻编:《张学良文集》(1),北京:新华出版社,1992 年。

[2]陈愉庆:《多少往事烟雨中》,北京:人民文学出版社,2010 年。

[3]陈占祥等著,陈衍庆、王瑞智编:《建筑师不是描图机器——一个不该被遗忘的城市规划师陈占祥》,沈阳:辽宁教育出版社,2005 年。

[4]丁文江、赵丰田编:《梁启超年谱长编》,上海:上海人民出版社,2009 年。

[5]杜垒编:《际遇:梁启超家书》,北京:北京出版社,2008 年。

[6]高汉主编:《陈干文集 京华待思录》,北京:北京市城市规划
　　设计研究院,1995 年。

[7]胡适著,曹伯言整理:《胡适日记全编》(1—8 卷),合肥:安徽
　　教育出版社,2001 年。

[8]华揽洪:《重建中国——城市规划三十年(1949—1979)》,北
　　京:三联书店,2006 年。

[9]梁从诫编:《林徽因文集·文学卷》,天津:百花文艺出版社,
　　1999 年。

[10]梁启超著,林洙编:《梁启超家书》,北京:中国青年出版社,
　　　2009 年。

[11]梁思成著:《梁思成谈建筑》,北京:当代世界出版社,
　　　2006 年。

[12]梁思成、陈占祥等著,王瑞智编:《梁陈方案与北京》,沈阳:
　　　辽宁教育出版社,2005 年。

[13]《梁思成全集》(第 1—9 卷),北京:中国建筑工业出版社,
　　　2001 年。

[14]《梁思成全集》(第 10 卷),北京:中国建筑工业出版社,
　　　2007 年。

[15]《梁思成文集》(第 1—4 卷),北京:中国建筑工业出版社,
　　　1982—1986 年。

[16]林徽因著,陈学勇编:《林徽因文存 建筑》,成都:四川文艺
　　　出版社,2005 年。

[17]林徽因著,陈学勇编:《林徽因文存 诗歌 小说 戏剧》,成都:
　　　四川文艺出版社,2005 年。

[18] 林徽因著,陈学勇编:《林徽因文存 散文 书信 评论 翻译》,成都:四川文艺出版社,2005 年。

[19]《刘敦桢全集》(第 1—10 卷),北京:中国建筑工业出版社,2007 年。

[20]《刘敦桢文集》(第 1—4 卷),北京:中国建筑工业出版社,1982—1992 年。

[21] 刘培育主编:《金岳霖的回忆与回忆金岳霖》(增补本),成都:四川教育出版社,2000 年。

[22] 刘述礼、黄延复编:《梅贻琦教育论著选》,北京:人民教育出版社,1993 年。

[23] 刘小沁编选:《窗子内外忆徽因》,北京:人民文学出版社,2001 年。

[24] 刘叙杰编:《刘敦桢建筑史论著选集》,北京:中国建筑工业出版社,1997 年。

[25] 罗哲文:《罗哲文古建筑文集》,北京:文物出版社,1998 年。

[26] 罗哲文:《罗哲文历史文化名城与古建筑保护文集》,北京:中国建筑工业出版社,2003 年。

[27] 聂荣臻:《聂荣臻回忆录》,北京:解放军出版社,2007 年。

[28] 欧阳哲生主编:《傅斯年全集》(第 1—7 卷),长沙:湖南教育出版社,2003 年。

[29] 逄先知主编:《毛泽东年谱(1893—1949)》,北京:中央文献出版社,1993 年。

[30] 全国政协文史资料委员会《平津战役亲历记》编审组:《平津战役亲历记(原国民党将领的回忆)》,北京:中国文史出版

社,1989年。

[31]《童寯文集》(第一卷),北京:中国建筑工业出版社,
2000年。

[32]《童寯文集》(第二卷),北京:中国建筑工业出版社,
2001年。

[33]杨永生编:《建筑百家书信集》,北京:中国建筑工业出版社,
2000年。

[34]张镈:《我的建筑创作道路》(增订版),天津:天津大学出版
社,2011年。

[35]张郎郎:《大雅宝旧事》,上海:文汇出版社,2004年。

[36]张品兴编:《梁启超家书》,北京:中国文联出版社,2000年。

[37]中共中央文献研究室:《周恩来年谱(1949—1976)》,北京:
中央文献出版社,1997年。

[38]中共中央文献研究室:《周恩来年谱(1898—1949)》,北京:
中央文献出版社,2007年。

[39]周均伦主编:《聂荣臻年谱》,北京:人民出版社,1999年。

五、研究论著、传记及论文集

[1][瑞典]奥斯伍尔德·喜仁龙著,许永全译,宋惕冰校订:《北
京的城墙和城门》,北京:北京燕山出版社,1985年。

[2]白敦庸:《市政述要》,上海:商务印书馆,1928年。

[3]编辑委员会编:《梁思成先生诞辰八十五周年纪念文集》,北
京:清华大学出版社,1986年。

[4]陈徒手:《故国人民有所思:1949 年后知识分子思想改造侧影》,北京:三联书店,2013 年。

[5]陈学勇:《林徽因寻真——林徽因生平创作丛考》,北京:中华书局,2004 年。

[6]崔晓麟:《重塑与思考:1951 年前后高校知识分子思想改造运动研究》,北京:中共党史出版社,2005 年。

[7]崔勇:《中国营造学社研究》,南京:东南大学出版社,2004 年。

[8]崔勇、杨永生选编:《营造论——暨朱启钤纪念文选》,天津:天津大学出版社,2009 年。

[9][英]迪耶·萨迪奇著,王晓刚、张秀芳译:《权力与建筑》,重庆:重庆出版社,2007 年。

[10]东南大学建筑学院:《刘敦桢先生诞辰 110 周年纪念暨中国建筑史学史研讨会论文集》,南京:东南大学出版社,2009 年。

[11]董光器:《北京规划战略思考》,北京:中国建筑工业出版社,1998 年。

[12]窦欣平:《像史学家一样逛北京》,北京:北京燕山出版社,2012 年。

[13]窦忠如:《梁思成传》,天津:百花文艺出版社,2007 年。

[14]费慰梅著,成寒译:《中国建筑之魂:一个外国学者眼中的梁思成林徽因夫妇》,上海:上海文艺出版社,2003 年。

[15]傅熹年:《傅熹年建筑史论文集》,北京:文物出版社,1998 年。

[16]高亦兰编:《梁思成学术思想研究论文集》,北京:中国建筑

工业出版社,1996 年。

[17]郭黛姮、高亦兰、夏路:《一代宗师梁思成》,北京:中国建筑工业出版社,2006 年。

[18]侯仁之:《北京城市历史地理》,北京:北京燕山出版社,2000 年。

[19][美]胡素珊著,王海良等译:《中国的内战:1945—1949 年的政治斗争》,北京:中国青年出版社,1997 年。

[20]黄延复:《清华逸事》,沈阳:辽海出版社,1998 年。

[21]赖德霖:《中国近代建筑史研究》,北京:清华大学出版社,2007 年。

[22]李洪涛:《精神的雕像:西南联大纪实》,昆明:云南人民出版社,2001 年。

[23]李华兴主编:《民国教育史》,上海:上海教育出版社,1997 年。

[24]李锐:《大跃进亲历记》(上卷),海口:南方出版社,1999 年。

[25]李喜所:《近代留学生与中外文化》,天津:天津教育出版社,2006 年。

[26]李喜所:《中国近代社会与文化研究》,北京:人民出版社,2003 年。

[27]李喜所:《中国留学史论稿》,北京:中华书局,2007 年。

[28]李喜所、胡志刚:《百年家族·梁启超》,石家庄:河北教育出版社,2003 年。

[29]李喜所、胡志刚:《梁思成的前世今生》,北京:东方出版社,2010 年。

[30]梁从诫:《不重合的圈》,天津:百花文艺出版社,2003 年。

[31]林洙:《建筑师梁思成》,天津:天津科学技术出版社,
1996 年。

[32]林洙:《叩开鲁班的大门——中国营造学社史略》,北京:中
国建筑工业出版社,1995 年。

[33]林洙:《梁思成、林徽因与我》,北京:清华大学出版社,
2004 年。

[34]林洙:《困惑的大匠·梁思成》,济南:山东画报出版社,
2001 年。

[35]曹洪涛、刘金声:《中国近现代城市的发展》,北京:中国城市
出版社,1998 年。

[36]刘武生:《周恩来在建设年代(1949—1965 年)》,北京:人民
出版社,2008 年。

[37]刘勇、高化民:《大论争:建国以来重要论争实录》(上、中、下
册),珠海:珠海出版社,2001 年。

[38]娄承浩、陶祎珺:《陈植》,北京:中国建筑工业出版社,
2012 年。

[39]卢绳:《卢绳与中国古建筑研究》,北京:知识产权出版社,
2007 年。

[40]罗检秋:《新会梁氏·梁启超家族的文化史》,北京:中国人
民大学出版社,1999 年。

[41]罗哲文等:《北京历史文化》,北京:北京大学出版社,
2004 年。

[42]罗哲文、杨永生主编:《失去的建筑》(增订版),北京:中国建

筑工业出版社,2002 年。

[43][美]迈克尔·麦尔著,何雨珈译:《再会,老北京:一座转型的城,一段正在消逝的老街生活》,上海:上海译文出版社,2013 年。

[44]潘谷西:《中国建筑史》(第 6 版),北京:中国建筑工业出版社,2009 年。

[45]钱锋、伍江:《中国现代建筑教育史(1920—1980)》,北京:中国建筑工业出版社,2008 年。

[46]钱理群:《1948:天地玄黄》,济南:山东教育出版社,1998 年。

[47]清华大学建筑学院:《建筑师林徽因》,北京:清华大学出版社,2004 年。

[48]清华大学建筑学院:《梁思成先生百岁诞辰纪念文集》,北京:清华大学出版社,2001 年。

[49]清华大学校史编写组编著:《清华大学校史稿》,北京:中华书局,1981 年。

[50]汤德良:《屋名顶实:中国建筑·屋顶》,沈阳:辽宁人民出版社,2006 年。

[51]童明、杨永生编:《关于童寯》,北京:知识产权出版社、中国水利水电出版社,2002 年。

[52][美]托马斯·库恩著,金吾伦、胡新和译:《科学革命的结构》,北京:北京大学出版社,2003 年。

[53]王军:《城记》,北京:三联书店,2003 年。

[54]王军:《拾年》,北京:三联书店,2012 年。

[55]王奇生:《中国留学生的历史轨迹:1872—1949》,武汉:湖北

教育出版社,1992 年。

[56] 王世仁、张复合、村松伸等:《中国近代建筑总览·北京篇》,北京:中国建筑工业出版社,1993 年。

[57] 王亚男:《1900—1949 年北京的城市规划与建设研究》,南京:东南大学出版社,2008 年。

[58] 吴洪成:《生斯长斯 吾爱吾庐——清华大学校长梅贻琦》,济南:山东教育出版社,2003 年。

[59] 吴景平、徐思彦主编:《1950 年代的中国》,上海:复旦大学出版社,2006 年。

[60] 吴荔明:《梁启超和他的儿女们》,北京:北京大学出版社,2009 年。

[61] 萧乾:《北京城杂忆》,北京:三联书店,1999 年。

[62] 徐苏斌:《近代中国建筑学的诞生》,天津:天津大学出版社,2010 年。

[63] 许纪霖编:《20 世纪中国知识分子史论》,北京:新星出版社,2005 年。

[64] 许纪霖主编:《近代中国知识分子的公共交往(1895—1949)》,上海:上海人民出版社,2008 年。

[65] [加]许美德著,许洁英等译:《中国大学(1895—1995):一个文化冲突的世纪》,北京:教育科学出版社,2000 年。

[66] 杨佩祯、王国钧、张五昌主编:《东北大学八十年》,沈阳:东北大学出版社,2003 年。

[67] 杨永生:《建筑百家言》,北京:中国建筑工业出版社,1998 年。

[68]杨永生:《建筑百家轶事》,北京:中国建筑工业出版社, 2000 年。

[69]杨永生:《建筑圈里的人与事》,北京:中国建筑工业出版社, 2012 年。

[70]杨永生、刘叙杰、林洙:《建筑五宗师》,天津:百花文艺出版 社,2005 年。

[71][日]伊东忠太著,陈清泉译补:《中国建筑史》,上海:上海书 店,1984 年。

[72]岳南:《1937—1984:梁思成、林徽因和他们那一代文化名 人》,海口:海南出版社,2007 年。

[73]岳南:《从蔡元培到胡适——中研院那些人和事》,北京:中 华书局,2010 年。

[74]岳南:《李庄往事——抗战时期中国文化中心纪实》,杭州: 浙江人民出版社,2005 年。

[75]岳南:《南渡北归·离别》,长沙:湖南文艺出版社,2011 年。

[76]曾昭奋:《清华园里可读书?》,北京:三联书店,2013 年。

[77]张复合:《北京近代建筑史》,北京:清华大学出版社, 2004 年。

[78]张敬淦:《北京规划建设五十年》,北京:中国书店,2001 年。

[79]张先得编著:《明清北京城垣和城门》,石家庄:河北教育出 版社,2003 年。

[80]赵炳时、陈衍庆编:《清华大学建筑学院(系)成立 50 周年纪 念文集》,北京:中国建筑工业出版社,1996 年。

[81]郑世兴:《中国现代教育史》,台北:三民书局,1981 年。

［82］中共中央文献研究室:《毛泽东传（1949—1976）》,北京:中央文献出版社,2003年。

［83］朱涛:《梁思成与他的时代》,桂林:广西师范大学出版社,2014年。

［84］朱祖希:《营国匠意——古都北京的规划建设及其文化渊源》,北京:中华书局,2007年。

［85］庄林德、张京祥:《中国城市发展与建设史》,南京:东南大学出版社,2002年。

［86］邹德侬、戴路、张向炜:《中国现代建筑史》,北京:中国建筑工业出版社,2010年。

六、期刊论文

［1］艾英旭:《北京五大古建筑保护背后的周恩来身影》,《党史博览》,2010年第3期。

［2］［英］B·M·费尔顿:《欧洲关于文物建筑保护的观念》,《世界建筑》,1986年第3期。

［3］蔡志昶:《评"学院派"在中国近代建筑教育中的主导地位》,《新建筑》,2010年第4期。

［4］曹庆涵:《建筑创作理论中不宜用"民族形式"一词》,《建筑学报》,1980年第5期。

［5］陈重庆:《为"大屋顶"辩》,《建筑学报》,1980年第4期。

［6］陈干、高汉:《〈建筑艺术中社会主义现实主义和民族遗产的学习与运用的问题〉的商榷》,《文艺报》,1954年第16号。

[7]陈干、高汉:《论梁思成关于祖国建筑的基本认识》,《建筑学报》,1955 年第 1 期。

[8]陈世民:《"民族形式"与建筑风格》,《建筑学报》,1980 年第 2 期。

[9]陈薇:《〈中国营造学社汇刊〉的学术轨迹与图景》,《建筑学报》,2010 年第 1 期。

[10]陈鲛:《评建筑的民族形式——兼论社会主义建筑》,《建筑学报》,1981 年第 1 期。

[11]陈志华:《文物建筑保护的方法论原则》,《中华遗产》,2005 年第 3 期。

[12]陈志华:《文物建筑保护中的价值观原则》,《世界建筑》,2003 年第 7 期。

[13]陈志华:《我国文物建筑和历史地段保护的先驱》,《建筑学报》,1986 年第 9 期。

[14]崔勇:《中国营造学社的学术精神及历史地位》,《建筑师》,2003 年第 1 期。

[15]崔勇:《中国营造学社在国际学术界的影响》,《古建园林技术》,2006 年第 1 期。

[16]戴念慈:《论建筑的风格、形式、内容及其他——在繁荣建筑创作学术座谈会上的讲话》,《建筑学报》,1986 年第 2 期。

[17]段智钧、赵娜冬:《梁思成先生建筑学术的家庭教育基础初析》,《建筑创作》,2010 年第 9 期。

[18]窦忠如:《梁思成与"北京保卫战"》,《纵横》,2007 年第 1 期。

[19]范弘:《梁思成与东北建筑》,《社会科学战线》,2009 年第
　　12 期。

[20]高汉、陈干:《论"法式"的本质和梁思成对"法式"的错误认
　　识》,《新建设》,1955 年 12 月号。

[21]高峻、朱勉:《林徽因在国徽和人民英雄纪念碑设计中对民
　　族形式的探索与追求》,《当代中国史研究》,2009 年第
　　1 期。

[22]高亦兰:《梁思成的办学思想》,《世界建筑》,2006 年第
　　11 期。

[23]高亦兰、王蒙徽:《梁思成的古城保护及城市规划思想研
　　究》,《世界建筑》,1991 年第 1—5 期。

[24]郭黛姮:《中国营造学社的历史贡献》,《建筑学报》,2010 年
　　第 1 期。

[25]郭金海:《1948 年中央研究院第一届院士的选举》,《自然科
　　学史研究》,2006 年第 1 期。

[26]何祚庥:《论梁思成对建筑问题的若干错误见解》,《学习》,
　　1955 年第 10 期。

[27]侯仁之:《论北京旧城的改造》,《城市规划》,1983 年第
　　1 期。

[28]赖德霖:《关于中国近代建筑教育史的若干史料》,《南方建
　　筑》,1994 年第 3 期。

[29]赖德霖:《梁思成建筑教育思想的形成及特色》,《建筑学
　　报》,1996 年第 6 期。

[30]李庆刚:《论周恩来对北京城市建设的贡献》,《北京社会科

学》,2004 年第 2 期。

[31] 李庆刚:《周恩来与新中国城市建设》,《苏州科技学院学报
　　（社会科学）》,2003 年第 3 期。

[32] 李少兵:《1912—1937 年北京城墙的变迁:城市角色、市民认
　　知与文化存废》,《历史档案》,2006 年第 3 期。

[33] 李少兵:《1912—1937 年官方市政规划与北京城墙的变迁》,
　　"近代中国的城市·乡村·民间文化"学术研讨会会议论
　　文,2005 年。

[34] 李忻、郭盛裕、潘宜:《原真性视角下的"梁陈方案"评述》,
　　《城市时代,协同规划——2013 中国城市规划年会论文集
　　（08 – 城市规划历史与理论）》,2013 年 12 月。

[35] 李永乐:《"梁陈方案"对当前城市规划建设的启示》,《城
　　市》,2011 年第 3 期。

[36] 李智瑛、郭秀荣:《"中国营造学社"与 20 世纪前期中国建筑
　　的新思潮》,《重庆建筑大学学报》,2003 年第 5 期。

[37] 林洙:《梁思成与〈全国重要建筑文物简目〉》,《建筑史论文
　　集》（第 12 辑）,北京:清华大学出版社,2000 年。

[38] 刘敦桢:《批判梁思成先生的唯心主义建筑思想》,《建筑学
　　报》,1955 年第 1 期。

[39] 刘小石:《城市规划杰出的先驱——纪念梁思成先生诞辰一
　　百周年》,《城市规划》,2001 年第 5 期。

[40] 刘小石:《一个历史性的建议——梁思成的规划思想及古都
　　文化保护》,《北京城市学院学报（城市科学论集）》,2006 年
　　S1 期。

[41]娄舰整理:《梁思成关于北京历史文化名城保护的杰出思想及其贡献——纪念梁思成先生八十五周年诞辰》,《城市规划》,1986 年第 6 期。

[42]楼庆西:《梁思成、林徽因与北京城市规划》,《北京社会科学》,2003 年第 1 期。

[43]楼庆西:《我们的莫公》,《建筑创作》,2006 年第 12 期。

[44]卢绳:《对于形式主义复古主义建筑理论的几点批判》,《建筑学报》,1955 年第 3 期。

[45]吕舟:《梁思成的文物建筑保护思想》,《建筑史论文集》(第 14 辑),北京:清华大学出版社,2001 年。

[46]罗哲文:《古建筑园林文物保护 50 年回眸》,《古建园林技术》,1999 年第 4 期。

[47]罗哲文:《向新中国献上的一份厚礼——记保护古都北平和〈全国重要建筑文物简目〉的编写》,《建筑学报》,2010 年第 1 期。

[48]莫涛:《回忆我的父亲莫宗江先生》,《建筑创作》,2006 第 12 期。

[49]牛明:《梁思成先生是如何歪曲建筑艺术和民族形式的》,《建筑学报》,1955 年第 2 期。

[50]钱锋:《近现代海归建筑师对中国建筑教育的影响》,《时代建筑》,2004 年第 4 期。

[51]秦佑国:《从宾大到清华——梁思成建筑教育思想(1928—1949)》,《建筑史》(第 28 辑),北京:清华大学出版社,2012 年。

[52] 秦佑国：《梁思成、林徽因与国徽设计》，清华大学建筑学院编：《梁思成先生百岁诞辰纪念文集》，北京：清华大学出版社，2001 年。

[53] 瞿宛林：《"存"与"废"的抉择——北京城墙存废争论下的民众反应》，《北京社会科学》，2006 年第 3 期。

[54] 瞿宛林：《论争与结局——对建国后北京城墙的历史考察》，《北京社会科学》，2005 年第 4 期。

[55] 沈浩：《对建筑"民族形式"提法的几点意见》，《建筑学报》，1984 年第 5 期。

[56] 陶宗震：《纪念梁思成、林徽因先生及清华建筑系创办五十周年》，《南方建筑》，1996 年第 3 期。

[57] 陶宗震口述、胡元整理：《一场持续三十年的争论与"新北京"规划 陶宗震：〈梁陈方案〉救不了"新北京"》，《文史参考》，2012 年第 4 期。

[58] 涂欢：《东北大学建筑系及其教学体系述评（1928—1931）》，《建筑学报》，2007 年第 1 期。

[59] 王军：《北京城墙的最后拆除》，《世界建筑导报》，2005 年第 5 期。

[60] 王军：《建国初的牌楼之争》，《文史博览》，2005 年第 9 期。

[61] 王军：《梁陈方案的历史考察：谨以此文纪念梁思成诞辰 100 周年并悼念陈占祥逝世》，《城市规划》，2001 年第 6 期。

[62] 王凯：《从"梁陈方案"到"两轴两带多中心"》，《北京规划建设》，2005 年第 1 期。

[63] 王其明：《学习刘致平先生的治学精神》，《华中建筑》，1998

年第 4 期。

[64] 王世仁：《民族形式再认识》，《建筑学报》，1980 年第 3 期。

[65] 王世仁：《于平实处见精奇——对刘致平先生学术风范的再认识》，《华中建筑》，1999 年第 2 期。

[66] 王鹰：《关于形式主义复古主义建筑思想的检查——对梁思成先生建筑思想的批判与自我批判》，《建筑学报》，1955 年第 2 期。

[67] 卫莉、张培富：《归国留学生与中国近代建筑学的体制化》，《晋阳学刊》，2006 年第 1 期。

[68] 温玉清、谭立峰：《从学院派到包豪斯——关于中国近代建筑教育参照系的探讨》，《新建筑》，2007 年第 4 期。

[69] 吴良镛：《北京旧城保护研究（上篇）》，《北京规划建设》，2005 年第 1 期。

[70] 吴良镛：《北京旧城保护研究（下篇）》，《北京规划建设》，2005 年第 2 期。

[71] 吴良镛：《从梁思成为什么能够获得中国自然科学一等奖谈起》，《建筑学报》，2010 年第 1 期。

[72] 吴良镛：《纪念梁思成先生诞辰一百周年》，《世界建筑》，2001 年第 4 期。

[73] 夏铸九：《营造学社——梁思成建筑史论述构造之理论分析》，《台湾社会研究季刊》，1990 年第 1 期。

[74] 许冠儿：《国外对中国营造学社的接受史——从费慰梅到李约瑟》，《世界建筑》，2010 年第 4 期。

[75] 应若：《谈建筑中"社会主义内容，民族形式"的口号》，《建

筑学报》,1981 年第 2 期。

[76] 袁镜身:《回顾三十年建筑思想发展的里程》,《建筑学报》, 1984 年第 6 期。

[77] 袁鹏、谢旭东:《探析城市发展中建筑文化遗产的保护与更 新——以梁思成与北京城为例》,《华中建筑》,2008 年第 11 期。

[78] 岳进:《建筑教学中两条道路的斗争——记清华大学建筑系 的教学思想大辩论》,《建筑学报》,1958 年第 7 期。

[79] 曾自:《周恩来与新中国的文物保护事业》,《党的文献》, 1998 年第 1 期。

[80] 张敏:《历史地段保护规划的若干理论问题》,《华中建筑》, 2000 年第 2 期。

[81] 张淑华:《建国初期北京城墙留与拆的争论》,《北京党史》, 2006 年第 1 期。

[82] 张驭寰:《〈中国营造学社汇刊〉评介》,《中国科技史料》, 1987 年第 5 期。

[83] 赵海翔:《全球化视野下民族性建筑的再思考》,《中央民族 大学学报(哲学社会科学版)》,2011 年第 6 期。

[84] 郑宏:《北京牌坊牌楼景观的保护、恢复与增建》,《北京规划 建设》,2010 年第 5 期。

[85] 郑珺:《梁思成与北京城》,北京市社科联:《科学发展:文化 软实力与民族复兴——纪念中华人民共和国成立 60 周年 论文集》(下卷),北京:北京师范大学出版社,2009 年。

[86] 朱海北:《中国营造学社简史》,《古建园林技术》,1999 年第

4 期。

[87]朱涛:《新中国建筑运动与梁思成的思想改造:1949—1952
阅读梁思成之三》,《时代建筑》,2012 年第 5 期。

[88]朱涛:《新中国建筑运动与梁思成的思想改造:1952—1954
阅读梁思成之四》,《时代建筑》,2012 年第 6 期。

[89]朱涛:《新中国建筑运动与梁思成的思想改造:1955 阅读梁
思成之五》,《时代建筑》,2013 年第 1 期。

[90]朱涛:《新中国建筑运动与梁思成的思想改造:1956—1957
阅读梁思成之六》,《时代建筑》,2013 年第 3 期。

[91]朱涛:《"梁陈方案":两部国都史的总结与终结 阅读梁思成
之八》,《时代建筑》,2013 年第 5 期。

[92]朱自煊:《缅怀我的启蒙老师刘致平教授》,《华中建筑》,
2000 年第 1 期。

[93]邹德侬:《两次引进外国建筑理论的教训——从"民族形式"
到"后现代建筑"》,《建筑学报》,1989 年第 11 期。

[94]左川:《首都行政中心位置确定的历史回顾》,《城市与区域
规划研究》,2008 年第 3 期。

七、学位论文

[1]安沛君:《梁思成先生对中国建筑史研究所做的贡献——本
世纪上半叶中西学者对中国建筑史的研究情况》(硕士学位
论文),北京:清华大学,1999 年。

[2]陈燕丽:《1917 年到 1962 年期间北京的保护与更新》(硕士学

位论文),天津:天津大学,2010年。

[3]付晓渝:《中国古城墙保护探索》(博士学位论文),北京:北京林业大学,2007年。

[4]戈洪伟:《音容宛在——张奚若的生平与思想》(硕士学位论文),上海:华东师范大学,2007年。

[5]郭婷:《城墙的命运——20世纪中国城市空间的现代转型》(硕士学位论文),上海:上海师范大学,2012年。

[6]黄晓通:《近代东北高等教育研究(1901—1931)》(博士学位论文),长春:吉林大学,2011年。

[7]姜瑶瑶:《1912—1937年北京内城跨街牌楼变迁研究》(硕士学位论文),北京:北京师范大学,2007年。

[8]赖德霖:《中国近代建筑史研究》(博士学位论文),北京:清华大学,1992年。

[9]李来容:《院士制度与民国学术——1948年院士制度的确立与运作》(博士学位论文),天津:南开大学,2010年。

[10]刘晓婷:《陈占祥的城市规划思想与实践》(硕士学位论文),武汉:武汉理工大学,2012年。

[11]刘怡:《杨廷宝研究——建筑设计思想与建筑教育思想》(博士学位论文),南京:东南大学,2004年。

[12]路中康:《民国时期建筑师群体研究》(博士学位论文),武汉:华中师范大学,2009年。

[13]钱锋:《现代建筑教育在中国(1920s—1980s)》(博士学位论文),上海:同济大学,2005年。

[14]乔永学:《北京城市设计史纲(1949—1978)》(硕士学位论

文),北京:清华大学,2003 年。

[15]王运良:《中国"文物保护单位"制度研究》(博士学位论文),上海:复旦大学,2009 年。

[16]温玉清:《中国建筑史学史初探》(博士学位论文),天津:天津大学,2006 年。

[17]张帆:《梁思成中国建筑史研究再探》(博士学位论文),北京:清华大学,2010 年。

[18]张晟:《京津冀地区土木工学背景下的近代建筑教育研究》(博士学位论文),天津:天津大学,2012 年。

[19]张秀芹:《天津市重要城市规划事件及规划思想研究》(博士学位论文),天津:天津大学,2010 年。

后　记

2008 年 9 月，我有幸再次回到母校南开大学学习，忝列李喜所老师门下，攻读中国近现代史专业博士学位。六载寒暑，方完成博士论文，在求学上可谓是一名地道的笨学生，有负恩师厚望，自己亦深感惶恐。也正是因为如此，自己在学习过程中丝毫不敢懈怠，唯有踏踏实实地读书、写论文，认认真真地向诸位老师、同学请教，方能略补愚钝，有所进步。回首六年学习，有过迷茫、彷徨，但更多的是感恩、收获，以及由此而感受到的快乐和幸福。博士毕业以后，承蒙诸位老师、同学、同事和家人的信任和厚爱，自己能够再次鼓足勇气，将博士论文进一步修改完善，并就其中的一些问题继续挖掘史料，进行再思考，形成了这部书稿。

正如"绪论"部分所言，本书在充分汲取学界既有研究成果基础上，力求突破建筑史研究的窠臼，站在近现代社会文化史的角度，对梁思成的学术实践活动及其命运作出客观的观察和剖析。由于作者学识有限，尤其是缺乏建筑学专业学习背景，在对梁思成学术思想评述时,深感基于建筑学专业的思考和分析力不从心。此外,1955 年之后,梁思成的学术实践活动远不如 1930 年代和新中国成立初期活跃,但梁依旧在兢兢业业地从事建筑学教学、研究及相关的社会工作,从未中止其学术活动。因此,就梁思成的学术实践而言,本书现有的研究成果只是初步的和阶段性的。或许这是激励作者继续在这一领域持续用力研究的一个强大动力。我也希望在未来的几年内能将 1955 年之后梁思成的学术实践活动作一较为全面的梳理,力争形成一部涵盖其一生的学术实践史。

感谢恩师李喜所教授。对于我和我的家人而言,李老师不仅是我学业上的导师,更是我们全家至亲的长辈和亲人。从做学问,到做人、做事,我都得到了老师的悉心指导和帮助,获益终身。在确定将梁思成的学术实践作为研究选题之后,自己曾一度因史料搜集的困难和叙述角度的不确定而极度困惑,忙碌多日而无丝毫进展。李老师得知情况后,数次从海外打来电话,帮助我分析问题原因,寻找突破方法,最难忘的是 2013 年 4 月的一个夜晚,在和李老师又一次电话长谈之后,突然有了醍醐灌顶之感,在老师的引导下,困扰自己多时的几个关键问题被一一化解,当时的心情恍若雾霾散后的灿烂星空,感激、兴奋溢于言表。

感谢元青教授。元老师既是我十分敬重的老师,更是我的一位益友,不仅在学术研究上给予了我太多的具体指导和帮助,更在工作上给予我充分的关心和鼓励。如果没有元老师的理解和鞭策,自己恐怕很难下决心摈弃一切杂务,利用一切可能利用的业余时间,心无旁骛地坚持学术研究。

　　感谢中国社会科学院近代史研究所郑大华教授,南开大学历史学院江沛教授,南开大学马克思主义学院纪亚光教授,天津师范大学历史文化学院田涛教授,河北大学历史学院范铁权教授,诸位师长在书稿修改、出版项目申报等方面给予了我极大的支持和指导,也为我今后的研究工作及书稿的进一步修订完善提出了极有见地的意见。

　　感谢中华书局的张继海先生和邹旭女士。本书稿有幸从一篇博士毕业论文充实完善成一部学术著作,在很大程度上得益于两位的抬爱和支持。继海先生不仅对书稿的修改提出了具体的意见,更在书名的确定上给予了专业性的指导。

　　感谢南开大学历史学院门连凤书记、王先明教授、侯杰教授、李金铮教授、李少兵教授、蓝海副书记、刘晓琴副教授、王金连老师,感谢所有指导过我、帮助过我的师长。从 1990 年进入南开大学历史系本科学习到今天,多年来,自己有幸感受南开史学厚重魅力,聆听名师谆谆教导,南开史学的精神与风格,亦成为自己人生追求的方向和行为的准则,是我人生最宝贵的财富。

　　感谢李来容、李志毓、刘珊珊、贾菁菁、薛长刚、陈健、赖继年、靳志鹏、吕光斌等南开同学。承蒙各位同门的指点和帮助,获益匪浅,他们对于学术研究的专注和取得的成就亦是我学习的榜样。感谢我的同事徐晓东硕士和张鸿雁硕士,他们在资料搜集方面给我提供了很大的帮助。

　　本书稿作为天津市哲学社会科学规划后期资助项目成果,亦得到天津市哲学社会科学规划领导小组办公室各位领导、专家的大力支持和帮助,在此,向他们致以诚挚的谢意。

最后，要特别感谢我的家人。本书初定选题时，适逢我的女儿出生，读书、写作与女儿的成长相伴，忙碌之余更多几分温情和欢悦。如今女儿已是一名健康可爱的一年级小学生了。为了支持我的工作，妻子在自己工作任务非常繁重的情况下承担起了绝大部分的家务，并和我一起分担和克服写作过程中遇到的种种困难。我的妈妈、姐姐、妹妹，则一直在远方的家乡为我的每一分成长加油鼓劲。她们，是我一生的最爱，也是我做人、做事、做学问的动力源泉。

胡志刚

2016 年 6 月 16 日于墨尔本